CW01660714

SAMSARA

Tomek Michniewicz

SAMSARA

Na drogach, których nie ma

Wydawnictwo Otwarte
Kraków 2010

Copyright © by **Tomasz Michniewicz**

Projekt okładki: **Tomasz Larek i Małgorzata Wójcicka / www.tamtaram.pl**

Fotografie w książce i na okładce: © **Tomasz Michniewicz**

Mapy na s. 53, 105, 168, 174, 308: © **Carta Blanca**

Opieka redakcyjna: **Arletta Kacprzak**

Redakcja tekstu: **Robert Chojnacki**

Opracowanie typograficzne książki: **Daniel Malak**

Adiustacja: **Janusz Krasoń / Studio NOTA BENE**

Korekta: **Maryla Armata, Anna Szczepańska / Studio NOTA BENE**

Łamanie: **Agnieszka Szatkowska-Malak**

ISBN 978-83-7515-065-0

OTWARTE

www.otwarte.eu

Zamówienia: Dział Handlowy, ul. Kościuszki 37, 30-105 Kraków,
tel. (12) 61 99 569
Zapraszamy do księgarni internetowej Wydawnictwa Znak,
w której można kupić książki Wydawnictwa Otwartego: www.znak.com.pl

Wydawnictwo Otwarte sp. z o.o.,
ul. Smolki 5/302, 30-513 Kraków. Wydanie I, 2010. Dodruk 2016.
Druk: Drukarnia im. A. Półtawskiego, Kielce

Maćkowi i Mariannie, którzy są ze mną zawsze,
nawet gdy jestem daleko

Wszystkie wydarzenia i postacie opisane w tej książce są prawdziwe.

Koła samolotu wreszcie z hukiem zwaliły się na pas startowy, kończąc dwadzieścia siedem godzin podróży. Zmęczenie dawało znać o sobie na wszystkie możliwe sposoby, nawet samolot pocił się od środka.

Takie są uroki najtańszych biletów ukraińskich linii lotniczych oraz całonocnego koczowania na lotnisku w Delhi.

Za oknem przewijały się znajome widoki i znajome rysy twarzy. Stewardesa wreszcie otworzyła drzwi, do środka wtłoczył się znajomy upał.

Jestem w domu.

Oto Katmandu, stolica Nepalu. Miasto buddyjskich mnichów, masali w herbacie i żywych bogiń, którym bije się pokłony. Stolica małp, kolorowych strojów, Szerpów, yeti i hoteli trzy dolary za pokój. Miasto oświetlone płomieniami świec i lamp naftowych, które co wieczór przenosi się w dziewiętnasty wiek. Byłem już wcześniej w Katmandu i od tamtej pory wiedziałem, że muszę tu wrócić, bo to miejsce działa jak narkotyk.

To jednak nie będzie książka o Nepalu. Ani o Wietnamie, Laosie, Tajlandii, Kolumbii czy Mozambiku. To będzie książka o tym, co się dzieje, gdy pakujesz plecak i wychodzisz z domu z biletem w jedną stronę.

Gdy zamykałem drzwi mieszkania na trzecim piętrze artystycznie obdrapanej warszawskiej kamienicy, nie wiedziałem, kiedy wrócę ani skąd. Wiedziałem, że mam bilet do Nepalu i że reszta jakoś się ułoży. Nie wiedziałem, że będę pływał po rzece pełnej krokodyli i patrzył w lufy partyzanckich karabinów ani że po kilku dniach w dżungli będę pił wodę wysysaną z bananowca. Nie wiedziałem też, że przyjdzie mi spać w pokoju za trzysta pięćdziesiąt dolarów za noc i że świat będę oglądał z grzbietu słonia. I dobrze. Bo po to się wyjeżdża, żeby nie wiedzieć, co czeka za zakrętem.

SAMSARA

Samsara – w hinduizmie i buddyzmie wędrówka dusz, nieustający cykl zmiany, narodzin i śmierci, w którym kolejne wcielenie jest wynikiem działań w życiu obecnym.

Om muni muni may muniye svaha… Głosy mnichów z sali medytacyjnej wpadły przez okno, zagłuszając nawet cykady, które i tak nie pozwalały spać.

– Chłopaki, umówmy się… Jak śpiewamy, to śpiewamy, ale jak śpimy, to śpimy… – usłyszałem z łóżka obok. Zegarek pokazywał za siedem szóstą.

Gdy trafiliśmy do tego klasztoru, w progu przywitał nas pucołowaty mnich w karminowej szacie.

– Witajcie, witajcie! Skąd jesteście?

– Z Polski.

– Z Nowej Zelandii?

– Nie, z Polski, z Europy.

– Aaa… tak, tak. O szóstej zaczyna się pudża, o siódmej trzydzieści śniadanie. W ciągu dnia są egzaminy dla mnichów w nowicjacie. Możecie je oglądać, ale nie przeszkadzajcie za bardzo. A jaka jest pogoda w Nowej Zelandii o tej porze roku?

– Zapewne bardzo przyjemna, ale mogę tylko przypuszczać, bo jesteśmy z P o l s k i.

– Aaa… tak, tak.

– Lamo – grubasek zwrócił się do asystenta przełożonego gompy*, z którym koniecznie mieliśmy porozmawiać po przybyciu. – To są nasi nowi goście, przyjechali z Nowej Zelandii.

– *Namaste!* Jak tam pogoda w Nowej Zelandii o tej porze roku? – odezwał się lama Chodar.

– Fantastyczna, akurat nie za ciepło, więc to dobry sezon na wycieczki na Tasmanię – skapitulowałem.

To było wczoraj. Teraz, cztery minuty po pobudce, siedziałem pod ścianą sporej sali medytacyjnej, w której stu mnichów odprawiało poranną pudżę, siedząc w równych rzędach. Zaczęli od powitania dnia serią monotonnych mantr przeplatanych kanonadą trąb i bębnów. Następnie odczytali kilkanaście wersów jednego z pięciu głównych tekstów, które muszą opanować. A potem należało przywitać ranek czymś bardziej konkretnym niż strawa duchowa.

Dostałem do ręki miskę ryżu i kubek z herbatą. Ryż okazał się zaskakująco dobry. Nastawiałem się na kulinarną powściągliwość ułatwiającą oderwanie się od potrzeb cielesnych. A tu proszę, pyszny słodki ryż na mleku kokosowym, z rodzynkami i orzechami.

Inaczej sprawa wyglądała z herbatą, która najwyraźniej stanowiła obligatoryjny element ascezy. Kubek rzeczywiście zawierał herbaciany napar, ale z masłem z jaka i dodatkiem sporej ilości soli. Po przełknięciu pierwszego łyku poczułem, że dopóki nie będę w wysokich górach, gdzie wybór sprowadza się do tego czegoś lub wody filtrowanej jodyną, pozwolę sobie kontemplować nauki Buddy w inny sposób.

Rzuciłem okiem w prawo i zobaczyłem, że nie jestem w tym podejściu osamotniony.

– Nie jest dobrze – szepnąłem.

– Ta woda chyba jakaś niedogotowana... – odpowiedział Adam, rozglądając się jednocześnie bezradnie w poszukiwaniu możliwości pozbycia się zawartości kubka.

---

* Na końcu książki znajdziecie informacje praktyczne dotyczące opisywanych miejsc, wyjaśnienia trudnych terminów, porady i kontakty, które pomogą wam zorganizować podobną podróż. Tam szukajcie objaśnienia, czym jest gompa, albo namiarów na klasztor, w którym mieszkaliśmy.

Właśnie, poznajcie Adama. Będziemy razem podróżować po Nepalu. Jeśli potraficie sobie wyobrazić faceta, który wie wszystko o siłach specjalnych, nurkuje podlodowo, skacze ze spadochronem, nie nosi nic oprócz wojskowych ciuchów, nie strzyże się inaczej niż krótko i któremu sprawia radość, że przez dwa tygodnie może się nie golić, bo dzięki temu wygląda jak Pasztun, to widzicie właśnie jego.

Z Adamem znamy się od dawna, wcześniej przejechaliśmy razem kawał Azji i możemy na sobie polegać w każdej sytuacji. Dobrze zbudowany, wysportowany, wyszkolony w czym się tylko da, z całym wachlarzem licencji strzeleckich, paralotniowych, nurkowych... Wiecie, gość któremu faceci w barze schodzą z drogi.

Obaj kochamy niebezpieczeństwo i stale pakujemy się w kłopoty, włażąc tam, gdzie nikt nas nie prosi. Dzieje się tak, bo obaj zdajemy sobie sprawę, że ten drugi nie potrzebuje tatusia. Gdy robi się gorąco, potrafimy prysnąć w przeciwne strony, nie patrząc za siebie, bo każdy wie, że poradzi sobie bez pomocy.

Jeśli mam przed sobą trasę po niebezpiecznym terenie, to tylko z Adamem.

– Dzień dobry.

– Dzień dobry – odpowiedział lama Chodar, gdy po pudży zasiedliśmy ponownie, by podyskutować o filozofii.

Klasztor pod Katmandu był pierwszym i jak na razie jedynym zaplanowanym punktem na naszej trasie. Z Adamem zwykle podróżujemy zupełnie bez celu, na bieżąco wypatrując kolejnych destynacji. Nigdy nie wiemy, gdzie skończymy dzień i gdzie będziemy spać. Nie mamy planu do wyrobienia i nigdzie się nie spieszymy, a decyzje podejmujemy spontanicznie. Dzięki temu prawie zawsze trafiamy do miejsc, o których normalnie nawet byśmy nie usłyszeli. Albo w tarapaty, których normalnie byśmy uniknęli.

KLASZTOR

W klasztorze* chcieliśmy się trochę wyciszyć i wejść w rytm podróży, zostawiając za sobą codzienne sprawy, i przy okazji dowiedzieć się czegoś

* Symbol ↙ odsyła do strony internetowej www.tomekmichniewicz.pl. Znajdziecie na niej multimedia: filmy, photocasty i dodatkowe zdjęcia dotyczące opisywanych miejsc, które dla Was przygotowałem.

więcej o buddyzmie. Chodar i Nawang, dwaj mnisi, którzy byli naszymi gospodarzami, łączyli naukowy rygor z religijnym poświęceniem. Fakultety z tybetańskiego i filozofii oraz podróże do Europy pozwalały im patrzeć na nauki Buddy z zupełnie innej perspektywy. A także akceptować wiele różnych punktów widzenia. Pierwszorzędne źródło wiedzy.

Długo dyskutowaliśmy o buddyjskim Kole Życia i o znaczeniu poszczególnych części Drogi Środka. Gdy dobrnęliśmy do niuansów reinkarnacji, poruszyliśmy kwestię, która – jak się potem okazało – zmieniła całą naszą podróż.

– Skąd się biorą opowieści o lewitujących mnichach? – spytałem przy jakimś wątku, nawet już nie pamiętam przy którym.

– Z Tybetu.

– Ale to są bajki dla dzieci czy co?

– Dlaczego tak mówisz? – zapytał z pełną powagą lama Chodar.

– Bo jeśli strącę ze stołu ten kubek z herbatą, poleci w dół, a nie w górę. A lewitujący mnich musiałby przełamać prawa fizyki siłą swojej koncentracji.

– I uważasz, że to niemożliwe? – spytał Nawang.

– Cóż... mógłbym wysunąć takie śmiałe przypuszczenie i zapewne nie byłbym w nim osamotniony.

– Umysł jest potężniejszy niż ciało – powiedział zupełnie serio lama. – Widziałem ludzi, którzy tańczyli na szkle, chodzili po ścianach i odcinali sobie język, który nie krwawił.

– Ja widziałem mnicha, który przedzielił swoje ciało na pół – dorzucił szybko ten grubszy.

– Przepraszam, nie wiem, czy dobrze zrozumiałem. Przeciął się na pół?

– Tak, nogi i tułów z głową leżały oddzielnie.

– I ty to widziałeś?

– Tak, z dwóch metrów.

– A potem on wstał i poszedł dalej?

Chodar spojrzał na mnie z lekkim rozbawieniem, jak na dziecko, które stale pyta: „dlaczego?".

– Nie rozumiem, czemu tak cię to dziwi. Rok temu do Katmandu przyjechał czarownik, który na oczach wszystkich cofnął czas. Żebyś to dobrze zrozumiał... nie wskazówki zegarków, ale czas. Mogłeś zobaczyć, jak w dzbanku pojawia się woda, którą wcześniej wypiłeś, jak kwiaty ożywają zamiast więdnąć, jak słońce płynie po niebie w drugą stronę.

– Panowie, bądźmy poważni... – zaoponował Adam.

– W tradycji tybetańskiej są ludzie, których nazywamy wyroczniami albo czarownikami – włączył się Nawang. – Zapewne nigdy o nich nie słyszałeś. Ale to, że o czymś nie słyszałeś, nie znaczy, że nie istnieje.

– Nie chcemy was urazić – powiedział Chodar – ale musicie trochę otworzyć głowy. Gdy byłem w Anglii, zobaczyłem, że ludzie na Zachodzie są bardzo racjonalni. Wydaje się wam, że będziecie szczęśliwi, gdy zarobicie dużo pieniędzy, znajdziecie dobrą pracę i będą was lubić sąsiedzi. I często tak jest! Ale przy okazji staracie się wtłoczyć cały świat w ramy, które rozumiecie, które pasują do waszego wyobrażenia o nim. To, o czym tu mówimy, to dla ciebie magia, a dla nas popisy i zabawa – kontynuował. – Dla ciebie to pewnie inny świat, dla nas codzienność. Macie iluzjonistów, którzy ćwiczą latami, by wyciągnąć kartę z rękawa lub chowają się za zasłoną tak, by wyglądało, jakby zniknęli. A w naszym świecie ludzie naprawdę znikają, ale wy nie jesteście w stanie w to uwierzyć. Chcesz zobaczyć czary? Po to przyjechałeś do Azji? Chcesz zobaczyć, jak ludzie lewitują, jak nie krwawią, jak się zabijają? Jedź do Indii. Tam takich czarowników spotkasz na każdym kroku.

Do tej chwili nie wiedzieliśmy jeszcze, dokąd pojedziemy dalej. Może na północ i przez zamkniętą granicę do Tybetu? Może na zachód, do świata maoistów podkładających bomby? Ale wizja faceta, który odcina sobie nogi, a potem na nich staje i normalnie chodzi, wydatnie pomogła w podjęciu decyzji. Jedziemy na południe.

Na serio lub nie, ale zanosiło się na to, że podczas tej podróży będziemy szukać czegoś, co według naszego zachodniego sposobu postrzegania świata podobno nie istnieje. Czarów, magii, cudotwórców, tajemnych praktyk i innych tego typu dziwności.

Wtedy jeszcze miałem właśnie takie nieco protekcjonalne podejście.

DZIEŃ PÓŹNIEJ STAŁEM W ZADYMIONYM KORKU w Katmandu i zastanawiałem się, co myśleć o słowach lamy Chodara. Mógł się z nas nabijać, ale wyglądało na to, że mówił zupełnie serio. Słyszałem zresztą o cudach w Indiach i czytałem relacje, które przeczyły zdrowemu rozsądkowi.

A potem przypomniałem sobie, że sam widziałem już rzeczy, których nie potrafiłem wytłumaczyć. W Hongkongu, równo półtora roku wcześniej.

Kowloon, Hongkong, półtora roku wcześniej

– Znalazłem, szkoła mistrza Wan Kei Ho. Uczy po drugiej stronie miasta – powiedział Adam.

Wtedy też razem przecinaliśmy Azję i akurat zatrzymaliśmy się w Hongkongu, by dowiedzieć się czegoś więcej o kung-fu. Adam trenował od iluśtamnastu lat wietnamską sztukę walki viet vo dao i kochał wszystko, co było związane ze wschodnimi technikami samoobrony.

Przeleciał wzrokiem ulotkę.

– Wan Kei Ho spędził młodość w Shaolin, a potem przeniósł się na południe, żeby uczyć walki przygrubych obcokrajowców w garniturach.

– Widać dieta monoryżowa przestała mu służyć.

Godzinę później stanęliśmy przed szklanym biurowcem w biznesowej części Hongkongu. Spojrzeliśmy po sobie z niedowierzaniem, ale portier wskazał tabliczkę „Wan Kei Ho, nauczyciel, III p.". Korytarz doprowadził nas do zwykłego biura – dwudziestometrowej klitki, która ledwo mieściła komputer, szafę oraz stojak na miecze.

– Przestrzeń w Hongkong być bardzo droga – powiedział przepraszająco mistrz Wan Kei Ho wyglądający bardziej na rzutkiego biznesmena niż nauczyciela kung-fu. Azjatycki metr sześćdziesiąt, czterdzieści kilka lat, wysportowana sylwetka i błysk w oku, który zdradzał, że mistrz wie, jak się robi pieniądze.

W biurze zaczęli się pojawiać uczniowie i szybko się okazało, że to jedno pomieszczenie to nie tylko kwatera główna, ale i przebieralnia oraz właściwa sala ćwiczeń. Gdy jeden z uczniów wykonywał polecenia trenera, inni musieli wycofywać się na korytarz, lawirując między odzianymi w żakiety paniami z kawą, które przemykały pochłonięte rozmowami przez komórki.

Imponujące to nie było.

Do czasu.

Uczniowie zaczęli się ewakuować do domów i zostaliśmy w dość kameralnym gronie. Dopiero wtedy mistrz zainteresował się nami. Dość szybko namówiliśmy go na krótki pokaz i w ciągu sekundy trener Wan Kei Ho zmienił się z biznesmena w wojownika. Lata spędzone w klasztorze Shaolin widać było w precyzji ruchów, którą docenić może tylko ktoś, kto choć raz w życiu stał na macie, patrząc w oczy przeciwnikowi.

A potem to się stało.

Lama Chodar za kilkanaście miesięcy powie: „Mnisi, którzy dysponują jakimikolwiek mocami, nie pozwolą sobie na pychę ich pokazywania". Mistrz Wan Kei Ho najwyraźniej nie podzielał tej opinii. Spod swojego biurka wyciągnął pałeczki do jedzenia, zwykłe bambusowe patyki. Oparł jedną z nich na tchawicy, po czym bez zbędnych ceregieli huknął w nią drugą ręką, jakby chciał wbić sobie bambus do gardła. Drgnęliśmy z wrażenia, bo taki cios powinien spowodować, że mistrz otworzy sobie dodatkowe wloty powietrza, i to prawdopodobnie z obu stron. Bambus pękł z suchym trzaskiem.

Nie wiedzieliśmy, czy bić brawo, czy co, więc tylko patrzyliśmy w osłupieniu. Mistrz tymczasem podszedł do stojaka i wyciągnął z niego miecz.

– Ty znać Jackie Chan? Jackie Chan nie wojownik tylko aktor. Oni używać miękkie miecze, udawaczki – z szelmowskim uśmiechem zaczął tłumaczyć. Miecz zaśpiewał dźwięcznie, wyginany na wszystkie strony. – Zobacz, nieostry.

Faktycznie, krzywdy sobie tym nie zrobię, pomyślałem, choć ostrożnie, wciąż pomny prezentacji dwóch uderzeń mistrza, po których wciąż nie słyszałem na jedno ucho. Mistrz następnie zdjął ze ściany zakurzony miecz w zdobionej srebrem pochwie. Naoliwiona klinga bezszelestnie opuściła pokrowiec i świsnęła w powietrzu zaostrzonym końcem.

– A to być mój miecz, prawdziwy.

Test ostrości zostawił na dłoni kropelkę krwi. Z tym większym przerażeniem zobaczyłem, że mistrz wręcza mi broń i każe ustawić się w pozycji bojowej. Widziałem już oczami wyobraźni potężne uderzenie, które ścinając mnie z nóg, udowodni, jak niewiele jest wart dwumetrowy wielkolud z mieczem w porównaniu ze starożytną techniką.

Przed oczami już mignął mój brat na nocniku, karuzela na skwerze Kubusia Puchatka i pierwsze dni w przedszkolu otwierające dynamiczny montaż przewijanego filmu życia. W okolicach piątej klasy mistrz jednak nakazał oprzeć klingę na kolanie, stanąć pewnie i się nie ruszać.

A potem przytknął końcówkę miecza do swojego gardła, wciągnął głęboko powietrze, rozłożył ręce i oparł się na niej całym ciężarem swojego ciała.

Nie ma cudów, ostrze powinno dokonać błyskawicznej tracheotomii, rozpłatać gardło i z chrzęstem przebić się przez kręgi szyjne. Powinno, ale tego nie zrobiło. Mistrz wisiał na ostrym jak brzytwa mieczu i spokojnie oddychał, podczas gdy ja starałem się nie wypuścić żelaza z wrażenia.

– To być właśnie miękka energia – oznajmił Chińczyk z satysfakcją, pocierając lekko tylko zaczerwienioną szyję.

A WIĘC JEDZIEMY DO INDII szukać czarowników. Pewnie parę razy zboczymy z trasy, żeby zajrzeć tu i ówdzie, ale plan jakiś jest. Sam Nepal to takie małe Indie, zgodnie z wyświechtanym sloganem: „takie same, ale inne". W Katmandu też była więc nikła nadzieja na spotkanie cudotwórców.

W poszukiwaniu odpowiedzi na pytanie, czy niemożliwe jest możliwe, w Katmandu należy się skierować do Paśupatinath, duchowego centrum nepalskiego hinduizmu. Świątynia Paśupatinath leży nad rzeką Bagmati, która gdzieś tam daleko, po drodze zmieniając cztery razy nazwę, wpada do świętego Gangesu, sama też jest więc trochę święta. Wszyscy hinduiści mieszkający w Katmandu skończą swój żywot właśnie tu.

Oprócz hinduistów przychodzą też do Paśupatinath buddyści. Zresztą wszędzie widać buddyjskie korale i powiewające na wietrze flagi modlitewne. Niektóre mniejsze świątynie poświęcone hinduskim bogom pielgrzymi obchodzą zgodnie z ruchem wskazówek zegara. Kolejna buddyjska tradycja.

To pomieszanie religii nikogo w Nepalu nie dziwi. Do niedawna wielu Nepalczyków czciło góry i rzeki. W wioskach do dziś wyznaje się szamańską wiarę *bon*. Buddyści i hinduiści potrafią obchodzić te same święta i co rano na pudży budzić dzwonkami tych samych bogów.

RELIGIE W NEPALU

W kraju, w którym za nawracanie na inną religię idzie się do więzienia, każdy może wierzyć, w co chce.

Paśupatinath jest przesiąknięta atmosferą mistycyzmu. Ludzie przychodzą tu szukać odpowiedzi na trudne pytania i prosić o szczęście. W tym samym czasie na ghatach, wielkich schodach Paśupatinath, co rano płoną stosy pogrzebowe, rozsiewając zapach, którego nie zapomina się do końca życia. Również co rano na wody Bagmati tysiące pielgrzymów spuszczają miseczki z liści bananowca, a w nich pieniądze ofiarne, kwiaty i kadzidła. Dalej z biegiem rzeki, na trasie popiołów spływających leniwym nurtem ktoś się kąpie,

Stosy pogrzebowe w Paśupatinath

oczyszczając ciało i duszę. Ktoś rzuca kwiaty, recytując pod nosem mantrę. Ktoś maluje tikę, kropkę na czole, ktoś recytuje w sanskrycie Wedy.

A dwieście metrów niżej wielu innych wyławia bananowe łódki i ograbia je z pieniędzy.

Witajcie w świecie, w którym definicja niemożliwego jest mocno zawężona.

Nie przyszedłem tu jednak po tikę czy błogosławieństwo. Przyszedłem do nich. Do *sadhu*.

Rozpoznacie ich od razu, bo rzucają się w oczy. Ubrani będą tylko w kawał luźnego materiału niedbale przewiązany na biodrach. Będą pomalowani na biało, czerwono, pomarańczowo. Mogą mieć długie posklejane włosy upięte w wysokie fryzury lub ciągnące się po ziemi. W rękach może będą trzymać trójząb, symbol Sziwy – opiekuna, twórcy i niszczyciela. Ale na pewno będą się wyróżniać.

Sadhu to hinduscy święci mężowie, asceci i nauczyciele. Co kilka lat w Indiach odbywa się ich święto Kumbha Mela – festiwal fakirów, magów, ascetów, joginów, mędrców i cudotwórców. Ściąga na nie kilkanaście milionów ludzi. Jeśli ktoś ma nam pomóc odnaleźć czarowników, to właśnie oni.

SADHU

Sadhu nie mają pieniędzy ani potrzeb. Poświęcają swoje życie sprawom ducha. Są święci, ponad ziemskimi ograniczeniami.

O ile są prawdziwi.

Sadhu są w Paśupatinath codziennie, wystarczyło ich znaleźć. Trzystuletnia świątynia tętniła życiem, podobnie jak jeszcze starszy Patan, Bhaktapur i wiele innych miejsc w Kotlinie Katmandu. Budynki, które w Europie konserwator zabroniłby nawet sprzątać, tu po prostu wciąż były w użyciu. W świątyniach płonęły kadzidła maskujące słodkawy odór płonących ciał. Dzieciaki biegały po krużgankach, a w oborach skubały siano woły. Sprzedawcy zachwalali towary. Dziesięciolatek zawiadujący spichlerzem przerobionym na magazyn szykował kolejną kremację, związując sznurkiem polana.

Na schodach stanowiących centrum Paśupatinath, na całej ich dwustumetrowej długości trudno było znaleźć kawałek wolnego miejsca.

Wszędzie pielgrzymi składali ofiary lub przyjmowali tiki. Przeszliśmy przez most i zaczęliśmy wspinać się na schody prowadzące do kompleksu górującego nad ghatami. *Sadhu* siedzieli w trzech pod jedną z dzwonnic. Znudzenia nie byli w stanie przykryć nawet farbą na twarzy. Adam spojrzał krytycznie.

– Co to za teatr...? Z daleka zalatuje lipą.

Podeszliśmy bliżej. Na nasz widok *sadhu* wyraźnie się ożywili.

– Foto? Foto?

– Za ile? – Test ostateczny.

– Pięćset rupii.

– Dziękuję bardzo.

– To za ile?

– Sto.

– Niech będzie.

Święci mężowie ustawili się do zdjęć i cierpliwie trwali w wystudiowanych pozach, a potem przyjęli zapłatę, kręcąc nosem, że tak mało.

– Możemy pogadać? – spytałem.

– *Namaste!* – Po rozliczeniu znajomość angielskiego u ascety uległa gwałtownemu pogorszeniu. O rozmowie o cudach i tajemnicach mogliśmy zapomnieć.

Tydzień później dowiem się, że *sadhu* z Katmandu to jedni z najbogatszych ludzi w Nepalu, którzy po rannej pudży wracają do eleganckich domów drogimi samochodami.

Trąbki i dzwonki obwieściły początek ceremonii pogrzebowej, która miała się za chwilę odbyć sto metrów dalej. Obok nas przebiegł jakiś fotograf z Europy obwieszony markowymi obiektywami. Za nim – sprzedawca prażonych orzeszków.

„Sadhu" z Katmandu

Hochsztaplerzy udający *sadhu*. Świątynia Paśupatinath w Katmandu

Święte makaki w Swayambhunath, Świątyni Małp

RELIGIE W NEPALU

Jeden z setek
wizerunków
hinduskich bóstw,
pod którymi
w Katmandu
co rano składa się
kwiaty i kadzidła

Świątynia Kali, bogini czasu i śmierci. Składa się jej krwawe ofiary – dawniej ludzi, dziś koguty, barany i koziołki

(u góry)
Poranne ceremonie w tybetańskim klasztorze w Kotlinie Katmandu

(obok)
Stragan z buddyjskimi akcesoriami religijnymi: kadzidłem, młynkami modlitewnymi i *mala*, czyli sznurami do modlitw

Tybetańskie flagi modlitewne powiewające nad buddyjską stupą oddają myśli wierzących wiatrowi

Buddyjskie mniszki nowicjuszki kręcą młynkami, które „odmawiają" modlitwę

Kilkuletni mnisi myją naczynia po porannej pudży. Klasztor Kopan w Kotlinie Katmandu

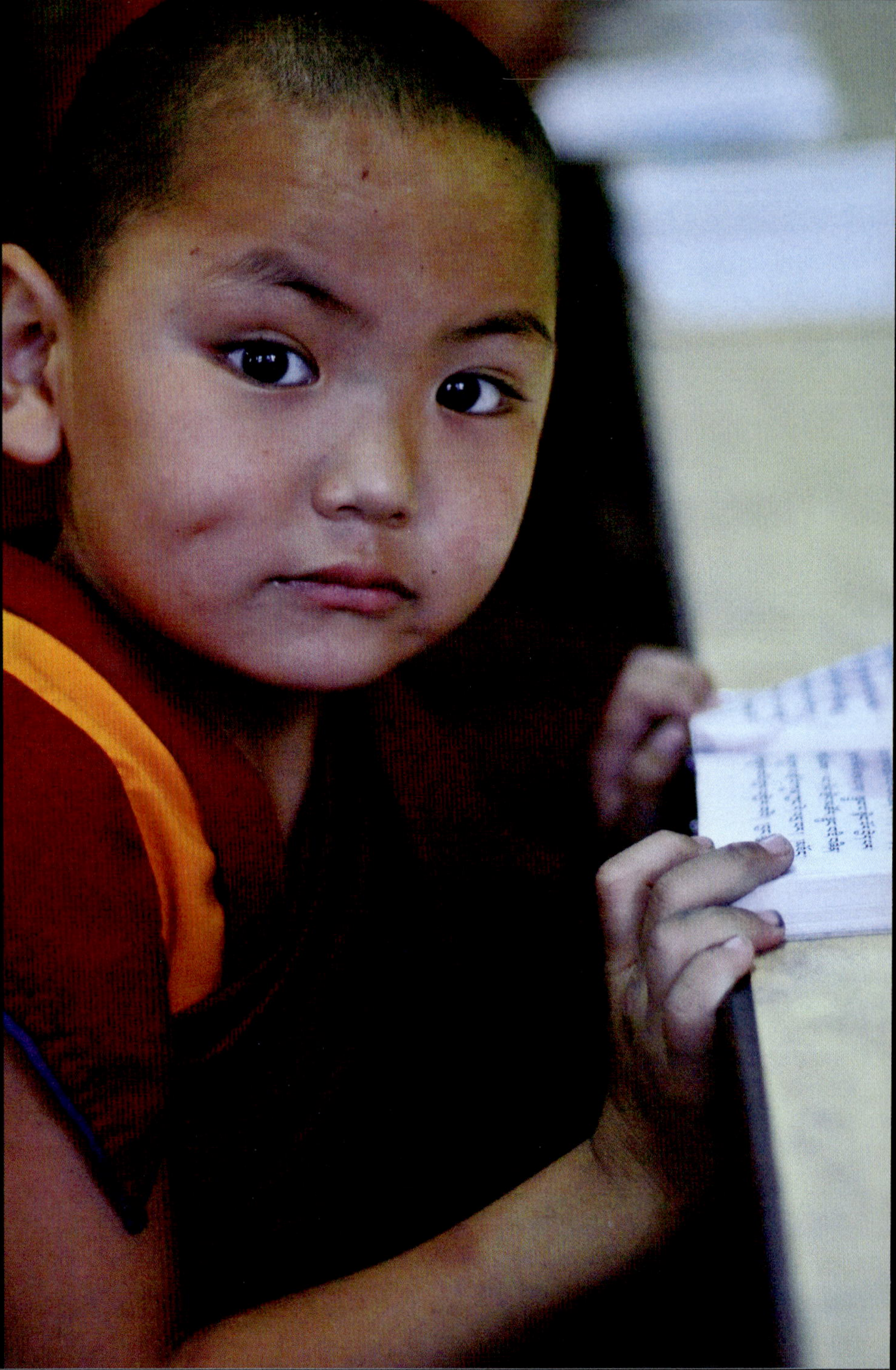

Tenzin Nyudrup, pięcioletni chłopiec będący inkarnacją poprzedniego lamy klasztoru Kopan

Kilka dni później ruszyliśmy dalej. Żeby dostać się na południe, musieliśmy nadrobić spory kawałek na zachód. W Nepalu nie ma zbyt wielu dróg. Trasa do granicy z Indiami powinna nam zająć trzy–cztery dni, o ile z niej nie zboczymy. Nikt nas nie gonił, więc jeśli trafi się po drodze coś interesującego, czemu nie. Czarownicy raczej nie uciekną, skoro tylu ich jest.

Zostawiliśmy za sobą huk klaksonów Katmandu, kierując się do kraju gajów palmowych, glinianych chat i górskich strumieni. Podróżowaliśmy lokalnym autobusem, który miał nas dowieźć do pierwszego większego miasteczka. Z okien obserwowaliśmy, jak cywilizacja z wolna ustępuje miejsca naturze. Nepal jest krajem wędrowców i poszukiwaczy ciszy. I w ich świat właśnie wjeżdżaliśmy.

Dotarliśmy na miejsc i wysiedliśmy na głównej ulicy. Na piechotę oddaliliśmy się w kierunku najgłośniejszego punktu we wsi, który zawsze można przyjąć za stację autobusową i nigdy się nie pomylić.

– Do Dumre? Ten duży. Właźcie na dach – poinformował konduktor, wskazując stary autokar dymiący czarnymi spalinami.

– Dzień dobry – ukłoniłem się grzecznie dwóm kozom, zajmując wskazane miejsce pomiędzy kołem zapasowym a workami z ryżem. Kozy beznamiętnie obserwowały rozwój sytuacji, skupiając się wyłącznie na perystaltyce jelit. Po chwili na dachu pojawił się jeszcze aluminiowy karnisz, dwieście kilo cementu, drewno na opał i hurtowa ilość bananów wraz z właścicielami w sile ośmiu. Autobus ruszył, sapiąc.

Po paru kilometrach kozie przestało odpowiadać towarzystwo. Najpierw próbowała wyskoczyć z dachu w trakcie jazdy, a sprowadzona na miejsce przez troskliwego właściciela, wyładowała swoją frustrację, trykając mnie z całej siły w plecy.

– Czy można? – zapytał znienacka facet, który przecisnął się przez okno autobusu i wdrapał na dach, bo w środku było mu za gorąco. Przesunąłem się, oddając mu tę resztkę miejsca, która pozwalała utrzymywać czucie w nogach.

Po obu stronach drogi przesuwały się w jednostajnym tempie pola ryżowe. Na wietrze kołysały się miarowo bananowce. Bezpańskie krowy żuły,

co chciały, dokładnie tam gdzie miały na to ochotę, korzystając z przywilejów swojej świętości.

– Osiemdziesiąt rupii – tym razem przez okno wylazł konduktor, żeby odebrać należność od reszty pasażerów. Wysupłałem odliczoną kwotę. Ktoś klepnął mnie w ramię.

– Chciałbym dać ci prezent, jeśli nie masz nic przeciwko – powiedział z zakłopotanym uśmiechem młody chłopiec. Z jakiegoś powodu poczuł najwyraźniej, że droga daleka, więc musimy się lepiej poznać, i w ten sposób przełamał pierwsze lody.

Prezent okazał się opaską z napisem „*Just For You*" i maszynowo wydzierganym sercem. Dowiedziałem się, że chłopiec ma na imię Saroz i mieszka w wiosce Damauli, a do Katmandu dojeżdża pobierać nauki w dziewiątej klasie. Opowiedział mi o całej swojej rodzinie i chorych płucach matki oraz wypytał, ile mam lat, czy jestem żonaty i ile zarabiam. Zwykła nepalska rozmowa, jak o pogodzie.

Adam w trakcie jazdy studiował mapę. Okazało się, że trzynaście kilometrów na północ od naszej trasy jest miasto Gorkha, w którym na wzgórzu stoi świątynia Kali, krwawej manifestacji boga zniszczenia Sziwy, a do niej pielgrzymują ludzie z całego kraju. Gorkha z niewiadomych powodów była też wiele razy celem ataków zbrojnych oddziałów maoistów i gościła regularnie ważnych polityków. Miasteczko na uboczu, niby nic ciekawego, a jednak coś w nim musi być.

Na rozstajach dróg zeskoczyliśmy z dachu, bo autobus miał zamiar jechać dalej swoją drogą, a my zmieniliśmy plany.

Gdy grzało słońce, w Gorkha było nawet przyjemnie, ale tylko wtedy. Siedziałem w herbaciarni i czekałem na Adama. Za drzwiami usłyszałem jakieś krzyki. Wyszedłem przed bar, wciąż trzymając metalowy kubek. Najpierw zobaczyłem czerwone transparenty, a potem tysiące ludzi. Manifestacja – sport narodowy Nepalu zaraz po krykiecie i polo na słoniach. Pochód się zbliżył i rozpoznałem sierp oraz młot, a chwilę później czerwone gwiazdy na białych koszulkach.

Maoiści, ale młodzi, jeszcze niegroźni. YCL. Young Communist League. Czoło pochodu minęło mnie, ukazując ciało właściwe manifestacji zorganizowane w karny szyk i podzielone na mniejsze grupki z megafonami. Ze swojego stanowiska obserwacyjnego patrzyłem na zaangażowanie młodych aktywistów i słuchałem wściekłych okrzyków. Trochę to nie w czas, pomyślałem, bo dopóki to wszystko się nie przewali, żaden pojazd stąd nie odjedzie. A to oznacza, że jesteśmy uziemieni w Gorkha, w której miała być fantastyczna świątynia Kali, a była taka sobie. I nic poza nią.

W końcu postanowiłem, że skoro i tak nie mam co robić, to pójdę z nimi. Zazwyczaj, gdy pchamy łeb tam, gdzie nie powinniśmy, dzieje się coś ciekawego.

Zgarnąłem Adama z księgarni obok, gdzie przeglądał książkę o uzbrojeniu Nepalskiej Armii Królewskiej. Pochód kluczył uliczkami Gorkha, a my z nim. Skandując: „Nepal! Nepal! Socjalizm!", doszliśmy do boiska piłkarskiego miejscowej szkoły, które tymczasowo zamieniono w punkt zborny wiecu. Z boku stała trybuna honorowa połączona ze sceną, którą upstrzono czerwono-białą krepiną. Na samej górze wywieszono portrety Lenina, Stalina, Mao i Che Guevary. Wszystkich pojawiających się na boisku witało płomienne przemówienie jakiegoś młodego aktywisty, którego głównym środkiem perswazji było walenie pięścią w pulpit. Głośniki ryczały, krepina falowała, tłum pod sceną gęstniał.

Nieśmiało zbliżyłem się do lin odgradzających scenę od części dla publiczności. Z bliska zobaczyłem, że obok mównicy stoją trzy rzędy krzeseł. Tylko pierwszy, i to do połowy, był zapełniony. Znudzone twarze wskazywały jasno, że oracja nie we wszystkich wzmogła potrzebę rewolucji. Ktoś rozmawiał przez telefon, ktoś czytał gazetę, ktoś nawet sennie pochrapywał.

Okrążyłem scenę, rozglądając się uważnie za jakimkolwiek sygnałem, że nie powinno mnie tu być. Nie odnotowawszy takiego, obszedłem namiot ustawiony obok. Ominąłem szykującą się do występu grupę dzieci w strojach ludowych i drugą, nastolatków w kimonach karate, na których ktoś ręcznie namalował logo światowej federacji taekwondo.

Obejrzałem się ostrożnie. Nikt nie patrzył. Szybko prześlizgnąłem przez liny ogradzające trybunę. Minutę później stałem już z boku sceny, robiąc zdjęcia wszystkim, którzy na niej siedzieli.

Najwyraźniej zadziałał ten sam mechanizm, który pozwala zamachowcom zbliżyć się do ważnych person. Ludzie myślą, że jeśli gdzieś nie powinno cię być, a mimo to tam jesteś, to pewnie jednak masz do tego prawo. Dwumetrowy, biały, zarośnięty drab z plecakiem na grzbiecie i aparatem w rękach w pobliżu trybuny honorowej nie wzbudził niczyich podejrzeń. Żeby uwiarygodnić to – i tak już doskonałe – przebranie, podniosłem z krzesła plakietkę, którą nosili wszyscy organizatorzy – żółte słońce z papieru, na którym widniały jakieś nepalskie napisy.

– Jesteś dziennikarzem? – usłyszałem.

Obok mnie stał młody człowiek schludnie odziany w białą koszulę i krawat śledzik. Wpatrywał się we mnie intensywnie, podejrzewając najwyraźniej wrogiego kontrrewolucjonistę.

– Eee... Tak? – bąknąłem niepewnie.

– Komunistycznym?

– Tak...?

– A jakiej doktryny? – nie dawał za wygraną.

– Marksizmu-leninizmu. Ale to bez znaczenia, bo i tak wszystko jest lepsze niż kapitalizm – zagrałem *va banque*.

Nieskrywane szczęście rozjaśniło jego śniade oblicze.

– Ja też! Rajendra Neupane – wskazał na siebie – pracuję dla „Gorkha Patra".

– Co tu się dzieje? – zmieniłem szybko temat.

Twarz żurnalisty stężała.

– Młodzież całego okręgu Gorkha wspólnie świętuje pomyślną przyszłość socjalistycznego Nepalu. Na wiec przyjechało dziesięć tysięcy sympatyków myśli maoistycznej. Niektórzy z nich szli aż piętnaście dni, spod granicy z Chinami – wyrecytował z pamięci, zdradzając tym samym, że tekst jest już gotowy, choć wiec się jeszcze na dobre nie zaczął.

Aktywista z mównicy zebrał blade oklaski i jego miejsce zajęła dziewczyna w identycznej białej koszulce z czerwoną gwiazdą, spod której wystawało sari. Zaczęła jazgotliwe przemówienie, pełne okrzyków i wezwań do czegośtam. Rajendra ujął mnie pod ramię.

– Ten człowiek w białej koszuli to Ittras Pande, czyli towarzysz Uttam z politbiura partii maoistycznej – wskazał mężczyznę siedzącego na honorowym miejscu w pierwszym rzędzie. Ma dla Nepalu doskonały plan, doskonały plan... Ten obok, w niebieskiej koszuli, to towarzysz Sonam, czyli Kulman Kesi, przewodniczący maoistycznej młodzieżówki, nasz lider! Ten obok to głównodowodzący jednego z oddziałów... Nie pamiętam nazwiska... – zafrasował się.

Liderzy, którzy tymczasem zapełnili cały pierwszy rząd, odebrali od dzieci girlandy sztucznych kwiatów. Jazgoczące dziewczę zaprosiło na scenę dwóch chłopców ze zniczem. Chłopcy, jeśli dobrze zrozumiałem, przejęli od towarzysza Uttama płomień rewolucji i postawili znicz na stoliku przed pierwszym rzędem. Gdy przed scenę wbiegła trupa tancerzy z bambusowymi kijkami, Rajendra szepnął konspiracyjnie:

– Chcesz usiąść na scenie?

Co za głupie pytanie. Chwilę później siedziałem w trzecim rzędzie, jako jedyny. Dzieci tańczyły, niekoniecznie może równo, bo jedno stale myliło strony i wpadało na sąsiada, ale widowisko miało najwyraźniej jakiś powab, gdyż politbiuro bawiło się coraz lepiej.

Po dzieciach przyszedł czas na minutę ciszy, co stało się znakomitą okazją do przeskoczenia z rzędu trzeciego o jedno oczko w stronę czołówki. Minutę ciszy później pod sceną objawili się zawodnicy taekwondo. Odmierzywszy wolne miejsce na podwyższeniu, uznali, że niechętnie będą spadać z dwóch metrów na ziemię i postanowili wystąpić na trawie poniżej.

Pokazowi również trochę brakowało do doskonałości, zwłaszcza w momencie gdy jeden z kopaczy nie trafił w naszykowaną podstawkę i rozbił deskę wyłącznie siłą rozpędu, i to plecami, a nie nogą. Niemniej zmiana scenariusza ze sceny na trawnik wymogła na pierwszym rzędzie liderów pozycję stojącą, by mogli cokolwiek zobaczyć. Ktoś się przecisnął do zdjęcia, ktoś wyszedł coś przekąsić, jakaś mała przepychanka i oto stoję ramię w ramię z towarzyszami Uttamem i Sonamem, wymieniając grzeczne uwagi na temat przedsięwzięcia.

Pierwsza linia maoistowskich oficjeli dystryktu Gorkha. Ittras Pande, towarzysz Michniewicz i Kulman Kesi

– मेरो विचारमा तीनिहरुले अलि बढि मेहेनत गर्न सक्थे होला । – powiedział towarzysz Uttam.

– Jak najbardziej – zgodziłem się.

– तपाईले केहि पनि बुझ्नु भएन बुझ्नु भयो र ? – dorzucił z szelmowskim uśmiechem towarzysz Sonam.

Roześmiałem się najbardziej naturalnie, jak potrafiłem, a Uttam poklepał mnie przyjacielsko po ramieniu. Wiec miał się ku końcowi. Płomień znicza rewolucji przypalał mi nieco tyłek.

Wojskowy jeep, który od trzydziestu lat tymczasowo pełnił rolę lokalnego autobusu, obwieścił klaksonem gotowość do odjazdu. Konstruktor obliczył go na pięć osób. W tej chwili siedziało w nim już dwudziestu jeden pasażerów. Szóstka na dachu, cztery osoby w szoferce, a reszta na dospawanych z tyłu ławkach. Wczesnym popołudniem ruszyliśmy z Gorkha i teraz kierowaliśmy się dalej na zachód, skacząc od miasteczka do miasteczka.

Dziesięciolatek zbierający pieniądze darł się w niebogłosy, zwołując ostatnich chętnych. Jego brat pełnił rolę kierowcy. Jeśli sądzić po sypiącym się dopiero co wąsie i piskliwym jeszcze głosiku, miał może sześć lat więcej. Siedział na poduszkach, by lepiej widzieć znad kierownicy drogę, i grzał już niemożliwie silnik, dając znać, że to już naprawdę ostatni dzwonek, jeśli ktoś chce się dostać do Bandipuru.

Na ostatni dzwonek z pobliskiego krawężnika podniosły się jeszcze trzy osoby.

– Przecież to niemożliwe – z przekonaniem obwieścił Adam.

Bonusowa trójka nie wiedziała, że to niemożliwe, i po chwili stan osobowy podskoczył do dwudziestu czterech.

Ruszyliśmy drogą do jednego z wielu „średniowiecznych" miast Nepalu, podobno niezwykle urokliwego. Średniowiecze. W tym kraju to określenie bardzo względne.

To jak szybko Nepal rozwinął się przez ostatnie pięćdziesiąt lat, jest wprost nieprawdopodobne. W czasie gdy my zakończyliśmy dwie wojny światowe i zaczynaliśmy myśleć o podboju kosmosu, tu nie było jeszcze ani jednej drogi.

Wtedy Nepalczycy jeszcze wierzyli, że ziemia jest płaska, po cichu w odległych rejonach kraju praktykowano sati, a całe południe było gigantyczną białą plamą na mapie, bo malaria skutecznie odstraszała podróżnych. Sati to stary rytuał, zgodnie z którym wdowa powinna rzucić się na stos swojego męża, popełniając samobójstwo. Król niby zakazał tej ceremonii w 1944 roku, ale niewielu chyba potrafiło przeczytać królewski edykt. Zresztą kto by chciał wieźć taki zakaz dokądkolwiek, skoro podróż poza Kotlinę Katmandu trwała kilka tygodni?

Do połowy XX wieku rodzice decydowali o ślubach swoich dzieci i legalna była poligamia. Najpopularniejszą trasą była ta, którą właśnie jechaliśmy, z Katmandu do Pokhary. Jakieś dwieście kilometrów, które pokonuje się w siedem, osiem godzin. Jeszcze trzydzieści parę lat wcześniej musielibyśmy tę trasę przejść i zajęłoby nam to pięć dni.

Brak dróg to jedno, a brak samochodów drugie. Wyobraźcie sobie: jest 1961 rok. Ray Charles właśnie wydaje *Hit the Road Jack*, Amerykanie testują pierwszą rakietę balistyczną, Rosja wystrzeliła w kosmos Gagarina. A mieszkańcy Pokhary, które już wtedy było drugim co do wielkości miastem Nepalu, właśnie po raz pierwszy zobaczyli pojazd kołowy.

Chociaż nie, faktycznie to przesada. Pierwszy pojazd z kołami zobaczyli w pięćdziesiątym drugim. Samolot, któremu zdarzyło się wylądować na pobliskiej łące. Samochód też zobaczyli wcześniej, w pięćdziesiątym ósmym. Wojskowego gazika – ten również przyleciał, innym samolotem. Więc tak sobie myślę, że tym większe brawa musiał zebrać pierwszy pojazd, który w tym sześćdziesiątym pierwszym faktycznie do Pokhary dojechał.

Zwłaszcza że była to furmanka.

Nasz jeep do Bandipuru męczył się niemożliwie. Lepki skwar lał się z nieba i niewielką ulgę przynosiło złudzenie wiatru powodowane jazdą na dachu. Jeep po kolejnym podjeździe pod górkę poddał chłodnicę i młodszy z braci oblewał ją wodą z pompy.

W tym upale aż trudno było uwierzyć, że niecałe sto kilometrów na północ leży śnieg i wieje mroźny wiatr. Himalaje, kraina lodu. Góry, które przyciągają z niewytłumaczalną mocą. Wystarczy raz na nie spojrzeć, choćby i z dwustu kilometrów, i coś się w tobie zmienia. Chodzi chyba o to obezwładniające wrażenie kruchości człowieka w porównaniu z potęgą natury. Niewiele miejsc potrafi poruszyć coś w środku tak mocno. Na pewno diuny na Saharze i Wielki Kanion Kolorado, ale nic nie może się równać z widokiem słońca wschodzącego nad iskrzącymi się od śniegu szczytami najwyższych gór świata. To jest widok, który – wybaczcie patos, ale tak właśnie jest – zmienia życie.

Ale tu, poniżej Himalajów, panował tropik. Ruszyliśmy dalej. Nasz szesnastoletni kierowca z rykiem klaksonu zabrał się do wyprzedzania ciężarówki pełnej krowiego nawozu, która ledwo wspinała się po zboczu. W przelocie zobaczyłem na niej kolorowy napis „Król szosy" i banany powtykane w szpary kół, na szczęście.

Poboczem spokojnie szedł jakiś ojciec rodziny z dumnie podniesioną głową. Za nim jego żona niosła na plecach kosz wyładowany cegłami. Kilka kroków dalej ich dziesięcioletni syn uginał się pod ciężarem drewna na opał.

Yeti jest symbolem śnieżnego królestwa Himalajów, z którym wszyscy kojarzymy Nepal, choć w Katmandu prawie nigdy nie pada śnieg, a większa część kraju to tropik.

Yeti był poszukiwany przez poważnych eksploratorów, naukowców i żołnierzy, między innymi przez zdobywcę Everestu Edmunda Hillary'ego, ekipę ekspertów zebraną w 1954 roku przez dziennik „Daily Mail" i obładowaną nowoczesnym sprzętem japońską ekspedycję w 2008 roku. Odkryto wiele tropów i śladów, ale nic, co można uznać za dowód. Japończycy znaleźli na wysokości 4800 metrów dwudziestocentymetrowy odcisk przypominający ludzką stopę, którego pochodzenia nie byli w stanie wyjaśnić.

Szczątki przypisywane yeti – skalpy, futra i zmumifikowany palec (dwa skalpy są do dziś trzymane w klasztorach w Pangboche i Namche Bazar) – były badane przez naukowców w Europie. Większość zidentyfikowano jako futro małpy lub kozy *serau*, ale co do pochodzenia niektórych nie było zgody. Jedni naukowcy twierdzili, że to fałszywki, inni – że eksponaty nie przypominają niczego znanego biologii.

Według Szerpów w Himalajach mieszkają tak naprawdę trzy yeti. Pierwszy to Teh-lma, stworzenie przypominające małpę, niewielkiego wzrostu, rude lub o jasnym futrze (wersja naukowców – gibon asamski). Drugi to Dzu-teh, ponaddwumetrowy zwierz pożerający bydło, który chodzi na dwóch lub czterech łapach (wersja naukowców – himalajski niedźwiedź błękitny). I wreszcie trzeci, Meh-teh, człekokształtny stwór pokryty brunatną sierścią, który żywi się ludźmi (wersja naukowców – drapią się po głowie).

My możemy się zastanawiać, czy yeti istnieje czy nie, ale rząd Nepalu wpuścił w góry ekipę Hillary'ego tylko pod warunkiem, że w przypadku odnalezienia Człowieka Śniegu zostawią go w spokoju, nie będą go próbowali schwytać ani zabijać.

Bo Nepalczycy w i e d z ą, a nie w i e r z ą, że yeti istnieje.

Himalaje widziane z wioski Nagarkot

Zobaczyłem, jak Adam gromi wzrokiem jakąś dziewczynę, która usiadła na jego plecaku. Czym prędzej przesiadła się na bagaże innych. Ktoś klepnął mnie w ramię.

– Pierwszy raz w Nepalu? – spytał pogodnie wcale niezłą angielszczyzną pasażer siedzący za mną.

– Nie. Byłem tu wcześniej.

– Kiedy?

– Półtora roku temu.

– Coś się zmieniło od tamtego czasu?

Mężczyzna, jak wielu innych Nepalczyków, widać bardzo chciał wiedzieć, co na Zachodzie myśli się o jego ojczyźnie.

– To zupełnie inny kraj niż ten, który zapamiętałem.

– W jakim sensie inny?

– Na przykład nie ma króla.

– No nie ma.

– I rządzi kto inny.

– Kto inny.

– I nikt nie podpala samochodów na ulicach.

Katmandu, Nepal, półtora roku wcześniej

Zazwyczaj wcześnie rano budził nas mróz. W hotelu Encounter ktoś zapomniał zamontować okna i firanki zasłaniały puste ramy. Tego dnia obudził nas gaz łzawiący. Wygrzebywanie się z barłogu poszło mi tym razem szybciej niż zwykle. Okazało się, że wzrok nie jest konieczny, by wyskoczyć z czterech warstw okrycia, wrzucić buty, wpaść do łazienki i wsadzić łeb pod lodowatą wodę.

Przez szum wody z kranu słyszałem krzyki i łomotanie. Nie było wątpliwości, że pod naszym hotelem trwa regularna bitwa. Nic nowego. Wrzeszczący tłum, strzały i walenie półcegłówek o tarcze zdążyły nam się już osłuchać.

Jeśli miałbym wnioskować na podstawie ostatnich dni, powiedziałbym, że Nepalczycy kochają się bić. Kiedy tylko mają okazję, rzucają kamieniami i wznoszą dramatyczne okrzyki albo uciekają przed policją. A jak wpadną za rogiem na swoich, to tę policję lubią też pogonić.

To był akurat taki moment, kiedy w Nepalu żyło się polityką. Żyło, czyli obserwowało walkę każdego z każdym – o władzę, wpływy i pieniądze.

Politycy próbowali przejąć kontrolę nad armią, której nie za bardzo podobał się ów pomysł.

Król musiał trzymać się tronu, bo wiatr rewolucji już nim nieco targał.

W samym parlamencie wojował każdy z każdym, choć koalicja rządząca składała się z siedmiu partii, nie pozostawiając na dobrą sprawę nikogo w opozycji. Program takiego rządu nie był do końca sformułowany, więc postanowiono skupić się na pozbawieniu króla Gyanendry korony.

Zwykli Nepalczycy mieli dość chłodny stosunek do polityków. W ich oczach polityk jeździł drogim wozem, miał dom na obrzeżach Katmandu, pojawiał się w telewizji i nosił jedwabne garnitury. I krzyczał, że chce, by tak już było zawsze, co nazywał demokracją. Wóz terenowy kosztował wtedy w Nepalu pięćdziesiąt tysięcy dolarów. Większość mieszkańców stolicy zarabiała trzy dolary dziennie. Nepalczykom trudno więc było pokochać demokrację.

W przepychance króla z parlamentem trwał permanentny pat. Król miał jednak w zanadrzu lojalną armię i opcję wprowadzenia stanu wyjątkowego, gdyby Nepal buntował się bardziej poważnie. Tak się już zdarzało – w jedną noc miasta zajmowało wojsko, lotnisko zamykano, a telefony i sieć odcinano na dobre.

Tak więc, gdy podróżując po Nepalu, wstajesz rano z łóżka i widzisz wprowadzony stan wyjątkowy, wiesz, że jest niedobrze.

Uwerturą do tego będzie obecność armii na ulicach. Gdy mundury zmieniają z się z niebieskich w zielone, a policyjne graty w duże wojskowe transportery, wtedy wiesz, że już jest prawie niedobrze.

Zamieszki w Nepalu trwały od tygodnia. Po trzech dniach obcokrajowcy uciekli z kraju, bo król zaczął przebąkiwać o „środkach wyższej

konieczności”. W Katmandu na każdym rogu zaczęły płonąć barykady i miasto zostało *de facto* odcięte od reszty kraju.

Czwartego dnia zamieszki objęły pozostałe miasta Nepalu, a demonstranci w stolicy przestali przepuszczać karetki pogotowia i zdemolowali ciężarówkę ONZ-u.

Piątego dnia zaczęli palić samochody, przewrócili ambulans jadący na sygnale, a reporter lokalnego radia stanął w obliczu linczu. Co działo się w pozostałych miastach Nepalu, wtedy nie wiedziałem, bo nie było jak opuścić stolicy.

Również piątego dnia na ulicach Katmandu mundury zmieniły się z niebieskich w zielone.

Trzeba było uciekać do Indii.

– Chyba trzeba będzie uciekać do Indii – powiedziałem trzy dni wcześniej, gdy siedzieliśmy na schodkach sklepu Sherpa Outdoor.

Wtedy również byłem tu z Adamem. Podróżowaliśmy po całej Azji i Nepal był jednym z punktów obowiązkowych. Tyle że raczej nie „podróżowaliśmy”, tylko siedzieliśmy w Katmandu, bo nie mieliśmy jak opuścić miasta. Od kilku dni mogliśmy tylko obserwować, jak atmosfera w stolicy gęstnieje.

Te nepalskie bitwy z policją z zewnątrz wyglądają groźnie. Zacięte miny, płonące stosy opon, demonstranci kontrolujący całe dzielnice. Ale w praktyce zamieszki są zwykłym elementem miejskiej rzeczywistości Katmandu, dokładnie takim samym jak dzieciaki grające w piłkę czy mnisi zbierający datki.

Z góry wygląda to tak, jakby demonstracja była regulowana światłami na skrzyżowaniu.

Zielone. Huk, policja strzela ślepakami, z balkonów sypią się odłamki cegieł, mały oddział wkracza na kładkę nad ulicą i przegania studentów ostrzeliwujących się petardami. Słońce przesłaniają kamienie, dwie czy trzy osoby padają na chodnik pod twardymi razami bambusowych pałek.

Czerwone. Po tej szarży dokładnie środkiem ulicy zaczyna płynąć normalne życie. Kobiety niosą kosze bananów, dzieciaki wracają ze szkoły, starsi panowie zapalają *bidi*, a riksze dzwonią, przeciskając się przez tłum.

Zielone. Z okien uniwersytetu sypie się wrzask i cegły, a za nimi lecą połamane krzesła i stoły. Policja przyciśnięta do muru może się tylko bronić, chowając się za tarczami z porysowanego kamieniami plastiku.

Czerwone. Obnośny sprzedawca bananów zachwala towar. Chodnikowy restaurator wraca do opalania kurczaka palnikiem, pogwizdując pod nosem. Wóz pchany przez właściciela w klapkach z opon mozolnie toruje sobie drogę przez tłum studentów nauk politycznych, którzy jeszcze chwilę wcześniej rozwścieczeni, teraz pomagają mu wykręcić w tłoku.

Demonstracja jest w Katmandu elementem wystroju zewnętrza, ogląda się ją z boku jak widowisko, schodząc jej ewentualnie z drogi, jeśli towarzystwo pierzcha w twoją stronę. Jeśli nie bierzesz aktywnego udziału w kolejnych kontruderzeniach, jesteś jak widownia, która nikogo nie interesuje. Do tego demonstrują stale wszyscy, nie ma miesiąca, by taksówkarze, pocztowcy, studenci albo emeryci nie tłukli się z policją.

Dlatego gdy wstajesz rano, za oknem bitwa, a do pokoju wdziera ci się gaz łzawiący, jeszcze nie ma się czym przejmować.

Gaz, dym i łeb pod lodowatą wodą. Wstałem z łóżka, za oknem niby bitwa, ale to jeszcze nic nie znaczy.

– Wyjdźmy na dach, zobaczymy, czy jest coś nowego.

– Nic nowego, znowu się ganiają – odpowiedział Adam, patrząc przez okno.

„Ganiają" to dobre słowo. Właśnie nie „walczą" czy „biją się", ale „ganiają". Pod nami, w wąskiej uliczce prowadzącej z Thamelu na północ w kierunku Gongabu, tłum wył z radości. Demonstranci widzieli, że policja nie ma jak zareagować na gradobicie kamieni i cegieł, którym ją nieustannie raczono.

Przykre życie mają ci młodzi policjanci, często w wieku jeszcze bardziej nasto- niż dziesto-, uzbrojeni tylko w długie kije oraz tarcze, zza których wystaje czubek zbyt dużego hełmu, stale opadającego na oczy. No nic nie mają, nic, czym mogliby się odgryźć. Bambusowe lagi niewątpliwie są przykre w odbiorze przy bliskiej prezentacji, ale zasięg mają ograniczony.

Staliśmy na dachu, pięć pięter nad głowami walczących. Z lewej strony skandujący tłum demonstrantów. Z prawej, w formacji przypominającej bezładną zbieraninę, w całkowicie nieszykownym rozproszeniu pozycje zajęła policja. Nad nimi z kolei, ze wszystkich okien, tarasów, poddaszy, dachów i szpar w murze wystawały głowy kibiców tego widowiska.

Demonstranci grali u siebie, wspierani dodającymi otuchy pokrzykiwaniami z góry. Jak było trzeba, z okien lała się też woda do przemycia oczu z gazu. Policja witana była równie owacyjnie – doniczkami, okruchami cegieł i dobrym słowem, którymi częstowali ją widzowie.

Co jakiś czas powietrze przecinała salwa kamieni, za którą nieodmiennie podążała taka sama odpowiedź stróżów prawa i porządku.

Choć z daleka wygląda to groźnie, z bliska widać, jak dobrze się wszyscy bawią. Nie ma ofiar, nie ma rannych, nie ma nawet na dobrą sprawę agresji. W jej miejsce jest niemal sportowa rywalizacja w rzutach kamieniami do ruchomych celów.

Za nami kolejne starcie, przed nami cały dzień, który trzeba było czymś wypełnić. Życie w mieście odciętym blokadami od reszty kraju oznaczało codzienny rytuał poszukiwania możliwości jakiegoś zajęcia. Jak co rano odwiedzimy rogatki i sprawdzimy szczelność blokad w poszukiwaniu transportu dokądkolwiek. Wejdziemy na jakiś dach, licząc

Jedyny pojazd, który przedarł się przez barykady w Katmandu – uprowadzony przez demonstrantów publiczny autobus

pióropusze dymów w poszczególnych częściach miasta, po których wywnioskujemy, czy jest lepiej, czy gorzej. Dzień wcześniej barykady płonęły co pięćset metrów.

Spojrzałem na walkę rozgrywającą się pod nami. Policja dostawała lanie.

– To co, lecimy? – spytał Adam, marszcząc brwi w wyrazie nadziei i radosnego oczekiwania.

Adam kocha broń, taktykę, walkę w terenie miejskim i wszystko, co wiąże się z pokonywaniem przeciwnika. W mieście płonących barykad czuł się jak w domu. Nic mu nie sprawiało takiej frajdy, jak oglądanie kolejnych starć od środka albo przynajmniej z kontaktowej odległości.

Zeszliśmy na dół. Zza bramy doleciał nas odgłos kolejnej salwy kamieni łomoczących o policyjne tarcze. Zaraz za nim radosny wrzask służb mundurowych, które zgodnie z zasadami pojedynku dały znać, że wszyscy są cali i zdrowi. Przecisnęliśmy się przez szparę w bramie i wyszliśmy na ulicę, stając dokładnie na środku, między dwoma stronami potyczki. Wolnym krokiem zaczęliśmy wdrapywać się pod górkę. Oddział policji kulturalnie nas przepuścił, a my grzecznie podziękowaliśmy.

Dzień jak co dzień, nie ma się czym ekscytować.

Waleczne oddziały policji nepalskiej

Dziś wiem, że byłem wtedy świadkiem historycznego momentu. To był początek końca monarchii w Nepalu. Kilka miesięcy później rozpisano wybory, władzę przejęli maoiści, a parlament zdetronizował króla i zaczął prace nad konstytucją.

Do tej chwili król Gyanendra opływał we wszelkie dostatki i mieszkał w pięknym pałacu otoczonym olbrzymim ogrodem. Podróżował samolotami, ubierał się w ceremonialne stroje i zgodnie z tradycją raz w roku kłaniał się Kumari, żywej bogini mieszkającej na placu Durbar w Katmandu.

Dziś Gyanendra kłania się co najwyżej pani w sklepie, gdyż z dnia na dzień król stał się zwykłym obywatelem. Płaci podatki, mieszka w zwykłym domu, a w jego starym pałacu mieści się teraz Ministerstwo Spraw Zagranicznych.

Nepal już nigdy nie będzie taki sam.

NASZ JEEP powoli zbliżał się do końca swojej trasy, średniowiecznego Bandipuru. Odwróciłem się do pasażera z tyłu.

– Nepalczycy chyba nie bardzo lubili króla Gyanendrę, prawda? – spytałem.

– Można tak powiedzieć. W końcu jako jedyny ocalał z masakry. Wiesz, o czym mówię?

– W 2001 roku któryś z książąt... Dipendra? Nie pamiętam. W każdym razie któryś z nich wszedł pijany do pałacu i zastrzelił dziewięciu członków rodziny królewskiej, a potem popełnił samobójstwo.

Chciałem zaimponować jakimś starym doniesieniem prasowym.

– Bzdura – odpowiedział mężczyzna. – Do dziś nikt nie wie, jak było naprawdę. Nie wiadomo, kto strzelał ani czy ktoś zlecił te zabójstwa. Wielu ludzi podejrzewało Gyanendrę, bo jako jedyny z rodziny był wtedy poza pałacem. Wielu uważa, że to jego ludzie rozstrzelali króla. Ale wielu też sądzi, że to pałacowa intryga. Może jakiegoś wysokiego rangą urzędnika?

KUMARI

Kumari jest dziewczynką, którą uznaje się za inkarnację bogini. Każde miasto w Kotlinie Katmandu ma swoją Kumari, ale za najważniejszą uważa się Kumari Katmandu, której kłaniał się król. Kumari wybiera się spośród kilkuletnich dziewczynek plemienia Newarów, klanu srebrników i złotników. Żeby zostać Kumari, dziewczynka musi spełniać szereg drobiazgowo określonych wymogów; dotyczy to między innymi kształtu zębów i dźwięku głosu. Najważniejszym wymogiem jest jednak udowodnienie, że ciało dziewczynki nie zostało nigdy skaleczone. Jakiekolwiek krwawienie wyklucza kandydatkę z grona pretendentek.

Pałac Kumari.
W tym oknie Żywa Bogini raz dziennie pokazuje się odwiedzającym

Dziesięć dziewczynek, które przejdą wstępną selekcję, poddaje się próbie strachu. Zostają wpuszczone do ciemnej sali, w której przebrani za demony mężczyźni próbują je przerazić i otaczają je okrwawione bawole głowy. Prawdziwa bogini nie przelękłaby się takiego teatru, więc dziewczynka, która okaże najmniej strachu, zostaje przedstawiona do ostatniej próby. Musi, podobnie jak inkarnacje tybetańskich lamów, wybrać spośród kilku przedmiotów te, które należały do poprzedniej Kumari. Potem sprawdza się, czy horoskop Kumari pasuje do horoskopu króla (w czasach, gdy król jeszcze był) i nowa Kumari może zostać wprowadzona do pałacu.

Od tego momentu jej rodzina mieszka z nią w rezydencji, a Kumari nie ma prawa dotknąć ziemi stopą ani opuścić pałacu. Nie ma też opieki lekarskiej (bogini nie choruje) ani nie pobiera nauk (bogini jest wszechwiedząca). Gdy Kumari się skaleczy lub objawi oznaki kobiecego dojrzewania, musi opuścić świątynię i wybiera się kolejną Kumari.

Każda Kumari otrzymuje spory posag, więc wiele rodzin bardzo się stara, by ich córki trafiły do pałacu. Po opuszczeniu pałacu bogini staje się na powrót zwykłą dziewczynką. Legenda głosi jednak, że Kumari przynosi nieszczęście, a mężczyzna, który ją poślubi, umrze wcześnie.

Miesiąc temu któryś z nich zwołał w Indiach konferencję prasową i ogłosił na niej, że to on stał za wszystkim i sam strzelał. I co? Nic. Nie ma nawet śledztwa. Każdy nowy rząd obiecuje wyjaśnić tę sprawę, a potem o niej zapomina. Bo nikogo już dziś nie obchodzi, kto zabił króla ileśtam lat temu. Dziś król nie istnieje.

Jeep dojechał do końca swojej trasy i zaczęliśmy zdejmować z dachu bagaże. Dziewczyna, którą Adam przegonił ze swojego plecaka, mruknęła coś w jego stronę. Adam spojrzał na nią przelotnie bez większego zainteresowania i wrócił do odcinania sznurków.

Pasażer, z którym rozmawialiśmy o polityce, podał mi swoją wizytówkę.

– Jadę na zachód, do Bardii. Gdybyś był w okolicy, odezwij się. Chętnie dowiem się więcej o tym, co piszą u was o Nepalu. Możecie się u nas zatrzymać.

Gdy maszerowałem w kierunku miasteczka, spojrzałem na skrawek papieru. „Radjan Chaudhary, Tiger Tops Karnali Lodge, Park Narodowy Bardia", przeczytałem na wizytówce, po czym wrzuciłem ją do plecaka.

Spędziliśmy dwa przyjemne dni w Bandipurze i wróciliśmy do miasteczka Dumre starym szlakiem tragarzy wśród skał i lasów. Dojechaliśmy do Pokhary, w której bez powodzenia próbowaliśmy dostać się do obozu brytyjskich Gurkhów, nepalskich górali wykonujących dla Królowej niebezpieczne misje. Sam bym odpuścił wizytę w jednostce, ale Adam nie potrafił ominąć żadnego punktu związanego z wojskiem. A ze służbami jakkolwiek specjalnymi zwłaszcza.

Rok wcześniej byliśmy w obozie szkoleniowym Gurkhów, wtedy akurat pustym. Zjedliśmy wojskowe curry pełniące rolę grochówki, a Adam kupił sobie nóż *kukhri*. Wielki, ciężki kawał żelaza będący symbolem Gurkhów.

Gurkhowie są nieprawdopodobnie wytrzymałymi góralami z Nepalu i północnych Indii, znanymi przede wszystkim z odwagi na polu bitwy.

Brytyjczycy szybko się połapali, z kim mają do czynienia i utworzyli góralski regiment, który miał służyć interesom Korony.

Wiele jest legend o odwadze Gurkhów. Moja ulubiona brzmi tak: brytyjski porucznik zebrał swój oddział Gurkhów i oznajmił:

– Panowie, mam dla was bardzo trudną i niebezpieczną misję. Zostaniemy zrzuceni z samolotu na tyłach wroga, w nocy i z wysokości zaledwie trzystu metrów. To jest niezwykle ryzykowne zadanie, dlatego zabiorę ze sobą tylko ochotników.

Z szeregu natychmiast wystąpiła połowa oddziału.

– Dziękuję, panowie. Przejdę teraz do szczegółów naszej operacji. Po odebraniu spadochronów, na których...

– Przepraszam, panie poruczniku – przerwał jeden z żołnierzy. – Czy to oznacza, że możemy użyć spadochronów?

– Oczywiście! Jakżeby inaczej?

W tym momencie z szeregu wystąpiła reszta oddziału.

Adam wiele by dał za trening z Gurkhami. Majora, który wprowadził nas do jednostki, stale pytał o ich legendarne szkolenie.

– Co za goście, jak SAS... – nie krył wrażenia, gdy major opowiadał o kolejnych sprawdzianach i trudnościach do pokonania, które stawiano przed ochotnikami.

Żeby dostać się do oddziałów Gurkhów, siedemnastoletni chłopcy muszą przejść katorżnicze testy wytrzymałościowe i sprawnościowe. Zakwalifikowanie się do oddziału oznacza dla nich pensję praktycznie nieosiągalną w Nepalu innymi drogami, wojskową emeryturę, ubezpieczenie i wiele innych korzyści. Ci młodzi chłopcy tak bardzo chcą wstąpić w szeregi brytyjskiej armii, że niektórzy kończą testowy bieg wspinaczkowy z obciążeniem trzydziestu pięciu kilogramów, mając pogruchotane stawy lub pęknięte kości.

Nie wiem, czy rozumiecie. Napisałem: k o ń c z ą, dobiegają do mety.

TO BYŁA DŁUGA DROGA na południe. Do granicy z Indiami, do magów, cudów i niemożliwości mieliśmy jeszcze co najmniej drugie tyle. Kolejni kierowcy i kolejne samochody zlewały mi się w jedno.

Pamiętam z tej podróży klaksony. Te montowane fabrycznie dobre są może na europejskich drogach. W Nepalu montuje się klaksony dodatkowe, wzbogacone chyba uranem. Taki klakson nie trąbi, on ryczy. To już nawet nie jest dźwięk, to jest coś poza skalą decybeli możliwą do wytrzymania przez człowieka. To jest sygnał, że jadę, i jeśli nie zejdziesz mi z drogi, zginiesz.

– Turruurruu!!! – ryknął nasz kierowca, chcąc wyprzedzać traktor.

– Tutturuttuttutu!!! – odpowiedział traktorzysta. – Masz z przodu autobus.

– Taratata-tata-ta! – radośnie objawił się autobusiarz, znikając z tyłu.

– Tutturuttuttutu. Teraz wyprzedzaj.

– Turruurruu. Z drogi.

Jezioro Phewa Tal
w Pokharze

Był też jakiś autobus, z którym walczyliśmy przez długie godziny, i to nepalskie jęczenie z głośników. Cały czas, cały czas. Strasznie mnie boli głowa. Duszno. Coś mnie trzęsie. Co jest, do cholery, chyba mam gorączkę.

– Jarlilililili... – zaintonowała piskliwym głosem wokalistka pod akompaniament indyjskich flecików. Straszne są te fleciki, świdrująco wgryzają się w uszy. I te krzesła miażdżą kolana na każdym wyboju. Oparcia trochę za krótkie, nawet nie można oprzeć głowy. I ten tłum, i ten smród spoconych ciał i niepranych ubrań. Nie wytrzymam. Czemu on tak wolno jedzie? Jedźże szybciej.

– Jirlalalala – zaczął się kolejny numer.

– Tirli tirli tirli – zawyły flety.

Ktoś wsadził rękę przez moje okno i otworzyłem oczy. Przed nosem miałem garść pełną zegarków Versace i Giorgio Armaniego. Zanim do mnie dotarło, co się dzieje, ręka znikła i w oknie pojawiła się twarz sprzedawcy wody. Postój chyba.

Spojrzałem na zegarek. Musiałem chyba zasnąć. Wstając, przywaliłem głową w sufit. Potknąłem się o małe taborety, na których siedzieli pasażerowie w przejściu, i wyrżnąłem czołem drugi raz, we framugę drzwi.

Boże, jak gorąco. Popołudniowe słońce grzało i tak już rozpaloną, spękaną ziemię. Mętnym wzrokiem rozejrzałem się dookoła.

– Jest ryż z jakimś ścierwem – Adam zdążył już sprawdzić zawartość garnków w stoiskach na stacji autobusowej.

– Chcę się tylko czegoś napić.

W ustach miałem suche wióry.

– *Hello!* Ty pytanie na móc odpowiedź z szacunek? – zapytał jakiś chłopak w czerwonej koszulce i okularach przeciwsłonecznych, rozdziawiając gębę w uśmiechu.

– Co?

– Ja angielski ty odpowiedź móc tobą z teraz, tak?

– Chłopie, daj mi spokój.

Nękacz złapał mnie za rękę i osadził w miejscu.

– Z szacunek dać pytanie odpowiedź ty?

– Dawaj to pytanie.
– Ja angielski słuchać ty bardzo dokładnie dać odpowiedź tak?
– No dawajżeż to pytanie.
– Nazwa kraju ty?
– Polska.
– Dolar polska co?
– Co?
– Ja angielski słuchać ty bardzo dokładnie dać odpowiedź tak?
– No tak.
Chyba chce podszkolić język, pomyślałem. Daleką ma drogę przed sobą, ale dobra, niech będzie. Skupiłem się ostatkiem sił.
– Polska dolar rupia?
– Nie, my swoja waluta mieć – zacząłem się powoli dostrajać.
– Ile rupii twoja waluta jeden?
– Chyba... dwadzieścia pięć rupii.
– Daj mi jeden polska dolar rupia.
O masz, zaczęło się.
– Nie.
– Dlaczego?
– Bo nie?
– Proszęproszęproszęproszę... Jeden dolar polska rupia.
– Nie, idź do pracy.
– Czemu?
– Jak to czemu?
– Proszęproszęproszęproszę... Jeden dolar polska rupia.
– Nie.
– Nie – powtórzył.
– To dobrze.
– Czemu nie? – atakował dalej.
– Bo nie i koniec. Marnujesz czas.
Jak strasznie to słońce praży, muszę się schować do cienia.
– Dobra, dobra, dobra – Nękacz nie dawał za wygraną. – Ja angielski ty odpowiedź móc tobą z teraz, tak?

– Dawaj to pytanie, ale ostatnie.
– Daj mi jeden polska dolar rupia tak?
– Której części słowa „nie" nie rozumiesz?
– Nie rozumiem – odpowiedział.
– Idź sobie.
– Ja sprawdzić twoje kieszenie nie mieć przeciwko nic?
– Mieć przeciwko wszystko.
– Ja sprawdzić twoje kieszenie nie mieć przeciwko nic?
– Mieć przeciwko wszystko.
– Dlaczego mieć przeciwko ja sprawdzić twoje kieszenie?
Ręce mi opadły. Wskazałem Adama.
– Idź do niego.
Wiedziałem, że Adam go po prostu zabije, i przynajmniej będę miał chwilę spokoju.
– *Hello!* Ty pytanie na móc odpowiedź z szacunek? – usłyszałem, jak Nękacz otworzył dialog kawałek dalej, kierując pytanie do Adama. Usłyszał coś w odpowiedzi, drgnął i szybko się odsunął.
Oparłem się o ścianę sklepu. Nękacz przypuścił drugi nalot, kierując się w moją stronę. Otworzył usta, żeby znowu coś powiedzieć.
– Idź stąd.
– Ja angielski słuchać ty bardzo dokładnie dać odpowiedź tak?
– Daj mi spokój. Nic nie dostaniesz.
– Proszęproszęproszęproszę... Jeden dolar polska rupia...
Odwróciłem wzrok i zacząłem go ignorować. Jeszcze coś mówił, nawet długo, ale w końcu odpuścił.
Kierowca autobusu pokazał, że ruszamy dalej. Wgramoliłem się do rozgrzanej puszki i przywaliłem głową w wystający z dachu głośnik. Znowu ten zaduch, tego się nie da wytrzymać. Opadłem na miejsce, wciskając się w okno. Pasażerowie zaczęli wtłaczać się jeden po drugim, niektórzy zrobili jakieś zakupy, więc teraz doszły jeszcze dodatkowe torby. Alеż mnie boli głowa.
Autobus przeturlał się kilka metrów i znowu się zatrzymał. Z boku podjechała wielka, świątecznie ozdobiona ciężarówka. Przez otwarte

okno zobaczyłem kratkę chłodnicy i wiedziałem, co się stanie, jeszcze zanim kierowca zdążył się zirytować.

Ciężarówka ryknęła mi klaksonem prosto w okno, wciskając uszy w głąb czaszki. To było niemal fizycznie odczuwalne, jakby z wielkiej trąby trysnęło sprężone powietrze. Autobusiarz znów podjechał kilka metrów, odpowiedział swoim klaksonem i włączył radio.

– Jalililili – jakieś dziewczę zaśpiewało.

– Tirli tirli tirli – odpowiedziały fleciki.

JEŚLI JEST JAKAŚ DEFINICJA NIEBEZPIECZEŃSTWA, to właśnie wyczerpywaliśmy jej *definiendum*. Jechaliśmy na dachu innego autobusu, górska droga ostro opadała, a hamulce czasem trzymały, a czasem nie. Pojazd był już w wieku mocno emerytalnym i na każdym zakręcie przechylał się nieciekawie na boki. Było bardziej niż pewne, że za którymś razem albo nie zmieści się w zakręcie i pofruniemy w przepaść, albo wyłoży się na bok i wtedy nasza pozycja na dachu nie będzie należała do najfortunniejszych.

Trzymaliśmy się kurczowo poręczy do przywiązywania bagażu i patrzyliśmy, jak w kierowcy budzi się dusza rajdowca.

To jest ten moment, kiedy muszę wam chyba przedstawić Rogera. Jakkolwiek dziwnie by to brzmiało, Roger jest moim wyimaginowanym przyjacielem. Widzieliście kiedyś w kreskówkach, jak koło głównego bohatera pojawiają się diabełek i aniołek i obaj mówią mu, co powinien zrobić? Roger jest mniej więcej właśnie czymś takim.

Roger to uczucie, które mi czasem mówi, że coś jest nie w porządku i trzeba uciekać. Nazywajcie to, jak chcecie – intuicją, przeczuciem, lękiem, paniką. To bez znaczenia. Roger na co dzień siedzi cicho i nie odzywa się. Ale czasami zaczyna drzeć mordę, gdy wyczuwa, że coś jest poważnie nie tak.

Musicie zrozumieć, że tu nie chodzi o jakiś zwykły strach związany z ryzykiem. Często chodzę po moście linowym albo spływam rwącą rzeką, adrenalina skacze, a Roger siedzi cicho. On się odzywa tylko wtedy, gdy mam do czynienia z czymś, co wykracza poza normy zdrowego rozsądku w jakiś nietypowy sposób. Roger odzywa się zanim ja sam się zorientuję, że trzeba uciekać.

Za każdym razem, gdy go nie słucham, pakuję się w kłopoty. Kiedyś wam o tym opowiem.

– Wysiadamy – zadecydowałem, bo Roger właśnie się rozwrzeszczał. Adam nie protestował za bardzo.

Walnąłem kilka razy ręką w dach autobusu i pojazd się zatrzymał. Zeskoczyliśmy na ziemię, a za nami z dachu zlazła reszta pasażerów. Najwyraźniej i oni uznali, że poziom ryzyka przekracza nawet bardzo tolerancyjne nepalskie normy.

– Wysiadamy na dobre, czy wchodzimy do środka? – spytał Adam.

– Jeśli on się wypieprzy w przepaść, siedzenie w środku nic nam nie da.

Ten autobus może dojechał na miejsce, a może roztrzaskał się na skałach. Nie wiem. Ale po to mam Rogera, żeby nie musieć się o tym przekonywać organoleptycznie.

– Chcesz zobaczyć małe słoniątka? Przyjedź do Saurahy – przeczytałem na plakacie, gdy staliśmy na jakichś rozstajach. – Widziałeś kiedyś małego słonia?

– Nie – odpowiedział Adam.

– Zróbmy przystanek. To tylko siedem kilometrów stąd.

Z tego co słyszeliśmy wynikało, że Sauraha to wypoczynkowe miasteczko pełne brytyjskich turystów – albo w klapkach, albo w koszulach safari, bo niedaleko dzicz. Tymczasem zobaczyliśmy ścianę lasu, pod którą tu i ówdzie stały gliniane chatki. W polu farmerzy ścinali ryż, kobiety myły naczynia pod ręcznymi pompami, a za linią drzew szumiała rzeka. Bardzo nam się ten widok spodobał.

Rozejrzeliśmy się po wiosce, czy raczej wśród tych kilku domostw, które ją tworzyły. W jednym można było nawet kupić colę.

Każdy, kto podróżuje, wystawia się świadomie na takie czy inne niebezpieczeństwo. I każdy jest też w szczególny sposób wyczulony na pewne wewnętrzne, prawie niezauważalne sygnały. Często trzeba podjąć decyzje, które mogą drogo kosztować. A mimo to podróżnicy bardziej słuchają intuicji niż analitycznego rozumu.

Bo gdy się jej nie słucha, wpada się w kłopoty.

Ja mam Rogera. Anka Olej-Kobus (Travelphoto, malypodroznik.pl) ma swój Instynkt, który ostrzega ją przed ludźmi, od których należy się trzymać z daleka, choćby byli zadbani, porządni i elegancko ubrani. I też ufa mu bezwarunkowo.

Romuald Koperski wierzy w Pierwszą Myśl. Z dwóch dróg wybierze zawsze tę, którą wskaże mu przeczucie, choćby analiza mapy sugerowała coś innego. Bo nauczył się już, że ta druga, lepsza, może i wygodniejsza droga zawsze z jakiegoś powodu kończy się po dwudziestu kilometrach i potem trzeba wrócić. Wojciech Cejrowski ma swoją włochatą panikę.

Marek Kubicki (arabia.pl) nauczył się wierzyć w intuicję w trakcie wojny w Iraku. Codziennie musiał podejmować wiele decyzji. Którędy pojechać, do którego urzędu, czy spóźnić się na spotkanie, gdzie skręcić. I raz impuls kazał mu skręcić w lewo, a na jego zwykłej trasie wybuchła bomba.

Być może dlatego wielu podróżników ma swoje małe, prywatne, przedwyjazdowe zwyczaje, które przynoszą szczęście. Albo tylko spokój. Artur Urbański (torre.pl) nie wyjedzie, jeśli nie napije się w spokoju herbaty. Michał Żakowski za każdym razem dzwoni z lotniska do bratowej. Monika Witkowska ma swoje amulety. Kobusowie żegnają się z domem (a potem, po powrocie, witają się z nim). Ja jem paskudne cukierki z lukrecją.

Co tylko działa, jak mawia Woody Allen.

Wszędzie, choćby na samym końcu świata, może nie być wody i prądu, a domy ogrzewać się będzie palonym łajnem, ale będzie sklep z colą. Jak oni to robią?

Doszliśmy do ostatniej zagrody i zobaczyliśmy drogowskaz „Sauraha 0,5". Zdziwiło nas to nieco, więc skręciliśmy tam, gdzie wskazywała strzałka.

Najpierw pojawił się szereg sklepów z suwenirami sprzedających chińskie spiczaste kapelusze i maski z Indonezji. Potem salon tatuażu Roman i budka agenta lotniczego. Minęła nas, terkocząc, tradycyjna konna bryczka hotelu Dziki z Natury, w której siedzieli chińscy turyści w szortach i koszulkach na ramiączkach.

Knajpa włoska, knajpa meksykańska, pralnia, drogeria i sklep z miodem Ekopszczoła. Ciąg luksusowych hoteli Jungle Lodge, Riverside Lodge, Jungle Resort, Riverside Resort... Środkiem przemaszerowały dumnie trzy słonie. Za nimi dwa wielbłądy niosące na garbach woźniców odzianych jak cyrkowi akrobaci.

Tyle jeśli chodzi o dzicz.

– Chcecie pojechać na safari na słoniu i zobaczyć tygrysa? – z zawodowo wyszczerzonym uśmiechem zaczepił nas jakiś naganiacz.

– A kiedy ostatni raz ktoś go tu widział? – spytałem.

– Trzy lata temu.

– To podziękujemy.

Słoniątka można było oglądać kawałek za wioską, w specjalnym ośrodku ogrodzonym drutem kolczastym. Za płotem stały wielkie słonice, a wokół nich kręciły się słoniowe maluchy. Ktoś rozwalił dwa segmenty ogrodzenia, by bobasy mogły wyjść do turystów.

Ale mamy nie zawsze są zadowolone z tego, że ludzie łapią ich dzieci za trąby, ustawiają do zdjęć i sadzają swoje ludzkie maluchy na ich grzbietach. A gdy mama słoń jest zła, mogłaby stratować turystów, więc wszystkie słonice przykuto do ziemi wielkimi łańcuchami. Stoją daleko i smutno trąbią, patrząc na świat, który ktoś kazał im oglądać.

– Chcecie pojeździć na słoniu? – spytał przewodnik.

– Nie.

O dziesiątej trzydzieści zobaczyliśmy tłum turystów, który maszerował środkiem Saurahy właściwej, niosąc klapki, ręczniki i krem do opalania. Słonie kąpano w rzece na końcu wioski i każdy mógł wziąć w tym ceremoniale udział. Dla wygody przyjezdnych przy brzegu ustawił się bar z napojami, a z głośników pobrzdękiwało wesołe reggae. Osiem gigantycznych słoni pluskało się w rzece, trąbiąc, tupiąc i bawiąc się w chodzący prysznic.

Przy brzegu turyści czekali na swoją kolej, bo każdy chciał wejść do rzeki na grzbiecie elefanta. Dziewczyny pozowały do zdjęć, chłopcy prężyli muskuły, jakaś pani kazała się ochlapać. W słońcu błyskały markowe stroje kąpielowe, torebki i okulary zupełnie niepasujące do nepalskiej rzeczywistości. Po rzece niósł się daleko śmiech i piski.

Słonie kochają wodę. Tak bardzo, że gdy wejdą do rzeki, zapominają o bożym świecie. Potrafią się w niej niespodziewanie położyć albo zacząć się bawić w przepychanki. Rozbawiony słoń jest niebezpieczny dla człowieka, bo przestaje o nim myśleć. Słonie trzeba więc jakoś kontrolować, w wodzie też. Treserzy i właściciele słoni mają na to sposób, a raczej dwa sposoby. Pierwszy to bambusowy kij, którym walą słonia z całej siły

w głowę. Drugi to metalowy hak, który mu w nią wbijają, gdy słoń nie chce słuchać bambusa.

Zobaczyłem, jak krew leje się strumieniem z głowy jednej ze słonic. Kierowca dźgał ją stalowym hakiem, próbując na niej wymusić wyjście na brzeg, tam bowiem następna grupa turystów już przebierała nogami, by wejść do rzeki na grzbiecie olbrzyma i poczochrać go po trąbie. Inny ciągnął swojego słonia za ucho, wieszając się na nim. Smutne oczy patrzyły w niemym wyrzucie pełnym bólu. Trzeci okładał słoniową głowę bambusowym kijem, bo olbrzym nie chciał oblać dwóch dziewcząt wodą. Słoń aż drżał od uderzeń, które musiały sprawiać mu ogromne cierpienie. Kilka metrów dalej kierowcy próbowali ustawić dwa zwierzaki do zdjęcia, kopiąc je z całej siły za uszami.

Patrzyłem na to wszystko i łzy cisnęły mi się do oczu. Nie mogłem uwierzyć, jak potwornie bezduszni potrafią być ludzie. Słoń ma na głowie bardzo delikatną skórę. Czuje nawet siadające na niej muchy i dlatego stale odgania je trąbą. Uderzenie bambusem odczuwa jak zacięcie batem przez gołe plecy. Metalowy hak zadaje ból nie do wytrzymania, powodujący, że słoń nie jest w stanie nawet myśleć. Oba narzędzia były w ciągłym użyciu, gdzie tylko spojrzałem.

Przed nami pojawił się jeden z treserów, szczerząc zęby w usłużnym uśmiechu.

– Chcecie...?

– Spierdalaj.

KONIEC Z PRZYSTANKAMI, szukamy tego, co podobno nie istnieje. Wprawdzie wciąż mieliśmy plan dotarcia do Indii i odnalezienia czarownika, który na naszych oczach pozbawi się głowy, ale przecież nigdzie nam się nie spieszyło. Zwłaszcza że czary, magię i inne niemożliwości mogliśmy też znaleźć bliżej. W wioskach plemion Tharu na zachodzie Nepalu.

Nepal długo nie wpuszczał na swój teren obcokrajowców, chyba że byli pielgrzymami. Zakaz wjazdu próbowano obejść, wysyłając na przeszpiegi agentów *incognito*. Brytyjczycy latami szkolili kupców zwanych punditami, by zbierali informacje kartograficzne. Dwóch z nich, Nain oraz Mani Singh, stało się prawdziwymi agentami specjalnymi, zostali zatrzymani na rogatkach kraju, rozdzielili się, przekroczyli nielegalnie granicę, podróżowali oddzielnie i przejechali w efekcie praktycznie cały Nepal, ryzykując życiem. I to w imię zapełnienia mapy, a nie zdobycia bogactw.

Inny pundita Hari Ram (kryptonim „Numer 9") przemykał się do Nepalu przez piętnaście lat, zawsze pieszo i tylko z kompasem.

Himalaiści też próbowali się dostać na teren Nepalu, żeby wspinać się na najwyższe góry świata. Słynął z tego Edmund Smyth, który zorganizował dwie nielegalne ekspedycje w Himalajach i był prawdopodobnie pierwszym Europejczykiem, który się tam wspinał. Inny śmiałek, Henry Savage Landor, miał mniej szczęścia – został złapany, uwięziony i torturowany przez Tybetańczyków, co nie przeszkodziło mu spróbować ponownie.

Nawet Brytyjczycy, którzy po wielu nieudanych próbach w końcu pokonali nepalskie wojsko i ustanowili w Katmandu swojego namiestnika, nie mieli lekko. Wyznaczono dla nich kwatery na starym cmentarzu nawiedzanym przez złe duchy, na pustkowiu i wygwizdowie, a traktowano ich jak więźniów.

Tharu zamieszkiwali podnóże Himalajów od wieków. Do niedawna ten rejon porastała gęsta dżungla, która odstraszała badaczy i podróżników tropikalnymi chorobami. Tharu jakimś sposobem wykształcili w sobie odporność na malarię i nauczyli się ją leczyć, co pozwoliło im tu przetrwać.

Do dziś niektóre wioski Tharu żyją w zgodzie z tradycją. Czasem cała społeczność mieszka w jednej wielkiej chacie mieszczącej sto pięćdziesiąt osób. W innych udziela się rozwodu, pod warunkiem że amant zwróci sumę, jaką stary mąż zapłacił ojcu za swoją obecną żonę. Świat jak przed wiekami, w wioskach pewnie jest jakiś szaman... Warto spróbować.

Tyle tylko że zachód Nepalu to trudny teren. Nie ma tam szos, lekarzy, mostów, trudno się po nim poruszać. Zachód to również kraj pod rządami maoistów, zbrojnych oddziałów partyzantki. Na swoich ziemiach maoiści zbierają podatki, naprawiają drogi, dbają o szkoły, a czasem potrafią pobierać opłaty wjazdowe od turystów. I strzelają do królewskich żołnierzy.

Maoiści mają swoją partię w parlamencie i armię w terenie. Sympatyzują z nimi głównie studenci w Katmandu, którzy nie widzieli, jak w starciach armii królewskiej z partyzantami giną cywile. Jak obie strony stosują tę samą taktykę – jeśli ktokolwiek jest choćby podejrzewany o kolaborację z drugą stroną, umiera. Czasem żołnierze gwałcili kobiety, czasem obcinali ręce, a czasem po prostu zabijali. Żołnierze obu armii.

Maoistowska Wojna Ludu wypłoszyła wielu Nepalczyków z zachodu i południa do Indii. Całe rodziny zostawiały swoje domy i przekraczały granicę, bo życie było dla nich cenniejsze niż polityczne mrzonki.

Wyciągnąłem wizytówkę Radjana, pasażera z jeepa do Bandipuru. „Park Narodowy Bardia" przy Nepalganj. Idealny punkt wypadowy na zachód albo na południe, do Indii.

I tak przecięliśmy pół Nepalu, jadąc dwa dni Mahendra Highway, najlepszą drogą w kraju. Przy drodze widzieliśmy coraz więcej posterunków wojskowych tworzących iluzję bezpieczeństwa. Żołnierze zatrzymywali samochody, szukając nie wiadomo czego. Kilkuosobowa obsada takiego przyczółku niewiele mogłaby zdziałać w konfrontacji z oddziałem maoistów, ale widocznie symbole też są ważne.

Średniowieczne miasto Bhaktapur

Boudhanath – dzielnica tybetańska w Katmandu

Świątynia Kriszny
w Patanie,
starożytnym
mieście Nepalu

Jedno z trzech milionów hinduskich bóstw

Sadhu w świątyni Dakshinkali, który towarzyszy krwawym obrzędom

Od półmetka naszej trasy najlepsza droga w kraju traciła stopniowo jakość – dwie ciężarówki mogły się minąć pod warunkiem, że któraś zjechała jednym kołem na pobocze.

Kiedyś w Afryce pobieżnie spojrzałem na mapę i policzyłem kilometry. Wyszło sto, może sto dwadzieścia. Okazało się, że na drodze wyrósł masyw górski, co jakoś umknęło mojej uwadze. Te sto kilometrów jechałem pięć i pół godziny, z czego połowę po ciemku. Nie lubię jeździć w nocy, wpakowałem się tak kiedyś w niezłe kłopoty. Kiedyś opowiem wam i o tym.

Pomny afrykańskiej przygody dokonałem dokładnej obdukcji mapy. Dwieście kilometrów po równym terenie. Żadnych poważniejszych wzniesień, żadnych przełomów rzeki, które trzeba pokonać, żadnych gór. Płasko jak po stole i droga też prosta. Autobus gnał aż miło, osiemdziesiąt na godzinę na pewno. Dwie i pół, trzy godziny i jesteśmy na miejscu.

Osiem i pół godziny później wysiedliśmy z tego samego autobusu w wiosce Ambassa. Do dziś nie mogę zrozumieć, jak to możliwe, że jechaliśmy tak długo. Gór nie było, autobus pędził, na drodze żadnych problemów. Albo ktoś źle zmierzył trasę, albo... albo nie mam pojęcia.

Autobus odjechał, zostawiając za sobą echo hinduskich flecików, które uprzyjemniały nam te osiem godzin, i zostaliśmy sami. Dwa dni z tymi flecikami pozbawiły nas już ostatków sił. Naprawdę, to była dawka nie do zniesienia. Wszystkie piosenki brzmiały identycznie, nawet instrumenty były te same. We wszystkich śpiewał chyba ten sam gość i ta sama kobieta.

Gdzieś w połowie drogi Adam, który od dwóch godzin dosłownie fizycznie cierpiał, nie wytrzymał.

– Podaj mi plecak, przykryję głośnik.

Plecak faktycznie wytłumił fleciki, choć żeński wokal nadal się przebijał. No, ale dobre i to.

Jak dobrze, że wchodzimy do lasu, pomyślałem, wysiadając z autobusu, tam przynajmniej nie będzie trzeba słuchać nepalskich piosenek.

– *Ameri amaaaa... rade rade Govinda... ameri amaaaa...* – usłyszałem zza pleców. Nie mogłem uwierzyć. Na drodze za nami stał miejscowy zapiewajło i na cały głos dzielił się swoim talentem przy użyciu nepalskiej piosenki. Adam spojrzał na niego zimno.

– Podaj mi plecak.

W Ambassie stały dosłownie cztery chatki, a w jednej z nich był telefon. Wykręciłem numer z wizytówki. Biiiiip... Biiiiip... Biiiiiip...

– *Ameri ameri ameri amaaaa...*

Biiiiip... Biiiiip...

– Słucham.

– Czy mogę rozmawiać z Radjanem?

– Sekundę.

Trzaski i stuki.

– *Ciatakra ciatakra ciatakra. Ameri amaaaaa...*

– Radjan – przedstawił się głos w słuchawce.

– Radjan, *namaste*! Tu Thomas, poznaliśmy się na jeepie do Bandipuru. Rozmawialiśmy o historii i polityce, o Gyanendrze i demonstracjach. Pamiętasz mnie?

Dopiero teraz pomyślałem, że trzeba było zadzwonić wcześniej. No, ale teraz już było za późno.

– A, tak, tak... *namaste*, Thomas. W czym mogę ci pomóc?

– Powiedziałeś, żeby zadzwonić, gdybyśmy byli w okolicy. No więc... jesteśmy.

– Świetnie, świetnie, bardzo dobrze! Może chcecie się u nas zatrzymać? Gdzie konkretnie jesteście?

– W Ambassie. Daleko stąd do was?

– *Ameri amaaa... Ciatakra ciatakra ciatakra* – zapiewajło zagłuszył odpowiedź.

– Powtórz, proszę, mam tu trochę głośno.

– To miejscowy wariat, Chaite – wyjaśnił Radjan. – On tak śpiewa cały dzień ten jeden motyw. Macie z Ambassy dziesięć kilometrów.

Jeepem pół godziny. Czekajcie tam, niedługo ktoś od nas będzie jechał do wioski, zabierze was, jadąc z powrotem.

– Wielkie dzięki.

Następną godzinę spędziliśmy, słuchając wioskowego idioty, który chodził w kółko, plując tytoniem i śpiewając wciąż te same dwa wersy. Samochód przyjechał, wrzuciliśmy plecaki i usiedliśmy z tyłu terenowego suzuki samurai.

ZAPIEWAJŁO

Tiger Tops Karnali Lodge okazał się luksusowym ośrodkiem dla najbogatszych turystów. Składał się ze sporej posiadłości na skraju lasu i obozu eleganckich namiotów w środku zieleni. Goście mieszkali w bungalowach stylizowanych na domy Tharu, a po lesie jeździli na słoniach. Wypielęgnowany trawnik przecinały ścieżki z równiutko ułożonych kamieni, po których w usłużnych ukłonach przemykali kelnerzy i pracownicy ośrodka.

Radjan wprowadził nas do głównego budynku, wielkiej chaty, w której mieścił się bar i *lounge* dla turystów. Zatrzymaliśmy się na chwilę w progu, bo wysokie na dwanaście metrów wnętrze robiło niesamowite wrażenie.

– Ile tu kosztuje noc? – zapytałem niepewnie, nie wiedząc, jaki charakter miało zaproszenie.

– Trzysta pięćdziesiąt dolarów.

Lepiej, żeby zaproszenie miało charakter inny niż kurtuazyjny.

Okazało się, że Karnali Lodge jeszcze przygotowywało się do sezonu i byliśmy jedynymi gośćmi. Normalne rezerwacje przyjmowano dopiero od późnej jesieni. Latem, przez cały czas trwania monsunu, ośrodek stał pusty. Radjan mógł nas więc po prostu zaprosić jako swoich znajomych i nikt nie miał mu tego za złe.

Dostaliśmy do dyspozycji dwuosobowy pokój, który wyglądał dokładnie tak, jak bogaci turyści wyobrażają sobie hotel w puszczy. Nad łóżkiem wisiał baldachim z moskitierą, a na ścianach jakieś etniczne ozdoby. Zamiast żarówek pokój oświetlały lampy naftowe, a zza okien dobiegały odgłosy lasu, głównie cykady. Brakowało tylko Roberta Redforda i Meryl Streep, ale i tak było blisko do kolonialnego ideału.

Adam przez cały czas naszego pobytu w Karnali Lodge prawie się nie odzywał. On w ogóle niewiele mówi, gdy jesteśmy w czyimś towarzystwie. Obaj natomiast fatalnie się czuliśmy, gdy wszyscy traktowali nas po wielkopańsku, choć przecież na to nie zasługiwaliśmy. Zwłaszcza że przez większość dnia pomagaliśmy Radjanowi w pracy.

Posiłki jadaliśmy w towarzystwie Radjana i jego starszego nauczyciela Ram Dina Mahato. Obaj pracowali jako przewodnicy po lesie, a po godzinach angażowali się w ochronę przyrody. Ram Din był herbalistą, wiedział też wszystko o tradycyjnej medycynie Tharu i zwyczajach zwierząt. Przy posiłkach, w tym niemal filmowym *entourage*'u luksusu w środku puszczy prowadziliśmy długie rozmowy o szansach lamparta w starciu z tygrysem albo o rozpoznawaniu jadalnych roślin. Uczyliśmy się zwyczajów dzikich zwierząt i dyskutowaliśmy o technikach przetrwania, gdyby komuś przyszło się zgubić w lesie.

Adam twierdził, że najbezpieczniejszym schronieniem na noc w lesie w tej części świata będzie kamienisty brzeg rzeki. Krokodyle nie chodzą po kamieniach, a wszystkie pozostałe potencjalnie niebezpieczne zwierzęta będą hałasować, dając człowiekowi szansę na reakcję.

Karnali Lodge przed sezonem

– A co jeśli nie ma w pobliżu rzeki? – nauczycielskim tonem spytał Ram Din.

– Wtedy posłania w konarach drzew, z dala od węży, skorpionów i tygrysów, które nie potrafią się wspinać.

– Bardzo dobrze – pochwalił starszy przewodnik.

Polecił nam też zawsze rozpalać ogień, który odstrasza drapieżniki. Jedna z podstaw survivalu.

Co rano przewodnicy ruszali do lasu na poszukiwanie śladów tygrysów. Sprawdzali w ten sposób, czy zwierzętom nic nie jest. Tygrysów w Azji jest coraz mniej, więc Radjan i pozostali pracownicy ośrodka nadawali poszczególnym osobnikom imiona. Potrafili rozpoznać po śladach, kiedy zwierzę przechodziło i czy nie jest chore. Praktycznie codziennie powinniśmy znajdować świeże tropy i tak też było.

Dwa czy trzy razy wybraliśmy się z Radjanem na takie „safari" na grzbiecie słonia. Gdy siedzieliśmy na tym olbrzymie, jego kołyszący chód wydawał się strasznie ślamazarny. Jednak za każdym razem, gdy zeskakiwaliśmy, żeby przyjrzeć się czemuś bliżej, okazywało się, że musimy iść szybkim marszem, żeby za słoniem nadążyć.

Pięciotonowa ślicznotka Raj Kali taranowała gęstą dżunglę, zostawiając za sobą drogę praktycznie przejezdną dla samochodu terenowego. Z jej grzbietu oglądaliśmy nosorożce zanurzone po nos w wodzie i gawiale, niegroźne krokodyle, wylegujące się na brzegu. Trafialiśmy też tyle razy na stada jeleni, że przestaliśmy na nie zwracać uwagę. Nad nami w koronach drzew buszowały małpy, a my cały czas bez sukcesu szperaliśmy gdzie się dało w poszukiwaniu węży. Zawsze słyszeliśmy, że jest ich mnóstwo, ale jakoś nigdy nie udało nam się żadnego złapać.

Podczas spacerów po dżungli nauczyliśmy się natomiast rozpoznawać całą gamę roślin, które przyrządzone według receptur zielarzy Tharu leczą wszystko, od chorych zatok po hemoroidy.

Rankami karmiliśmy słonie kanapkami z ryżu, soczewicy i trawy słoniowej, które wprost ubóstwiają. A w wolnych chwilach bawiliśmy się z Raj Kali, czochrając ją za uszami i siłując się z jej trąbą. Nawet Adam, zazwyczaj poważny niczym służba zasadnicza, nieco się rozklejał, gdy

Radjan Chaudhary podczas jednego z porannych obchodów

słonica wachlowała go uszami i pozwalała się przytulać. Co tu dużo gadać, bardzo się polubiliśmy.

Pływaliśmy też po Karnali, rzece przecinającej Bardię, przyglądając się nabrzeżom w poszukiwaniu krokodyli błotnych. Nad rzeką jakiś rybak zarzucał sieci, nie zważając na wystające z wody oczy. Jak się okazało, rok wcześniej w ten sam sposób jego kolega po fachu stracił nogę poniżej kolana, gdy czterometrowy potwór wyskoczył z rzeki.

Ani przez chwilę nie dawaliśmy się traktować jak *sirs*. Wtedy też Radjan po raz pierwszy w życiu zobaczył białych, którzy wiosłują, podczas gdy Nepalczycy odpoczywają. Bardzo go to wzruszyło. Nam za to dało do myślenia o białych paniczach przyjeżdżających do Bardii na wielką przygodę.

Z radością spędzaliśmy u Radjana kolejne dni, ciesząc się absolutnym spokojem lasu i brakiem niechcianego towarzystwa, co pozwalało nam się wyciszyć. Przy którymś z obiadów zdradziliśmy, że czymś na kształt naszego celu jest odnalezienie szamanów Tharu lub choćby jednego indyjskiego czarownika.

– Dziadugara? – spytał Ram Din.

Jak się okazało dziadugar to w Indiach właśnie mag, czarownik. Podobnie jak w klasztorze pod Katmandu, tak i tu zaczęły się opowieści o cudach i magii. I podobnie jak Chodar i Nawang, nasi gospodarze mówili o nich zupełnie naturalnie, jakby opowiadali o pogodzie na wiosnę.

– Kiedy to było? Z miesiąc temu? Obchodziliśmy właśnie Maghi, mieliśmy cały tydzień obchodów. Przyjechał do nas dziadugar z Indii. Przez siedem kolejnych dni, w dzień i w nocy, medytował, wisząc metr nad ziemią. Z ręki lała mu się woda do balii, która nigdy nie wypełniła się po brzegi.

– Radjan, ale czy ty na pewno rozumiesz różnicę między iluzjonistą a czarownikiem?

– Jasne, ale dziadugarowie to też iluzjoniści.

Przyznacie, jeśli szukaliśmy prawdziwej magii, zabrzmiało to cokolwiek niepokojąco.

– Jakim cudem?

– Bo oni tego wszystkiego tak naprawdę nie robią, przecież to wie każde dziecko. Widzisz iluzję, obraz, który każe ci widzieć dziadugar. Jak to się mówi...?

– Hipnoza?

– Właśnie, właśnie. Oni mają moc hipnotyzowania wszystkich, którzy na nich patrzą. Rzucają jakby zaklęcie, mają swoje sekretne mantry. Wtedy widzisz to, co masz zobaczyć. Dlatego wydaje ci się, że odcinają sobie głowę albo lewitują. Możliwe, że cały czas stoją twardo na ziemi, cali i zdrowi.

– Radjan, iluzja to jest cieniutka linka, która utrzymuje człowieka w powietrzu. To o czym mówisz, to czary.

– Eee tam, wcale nie czary – wtrącił się Ram Din. – Czary działałyby na każdego, a dziadugar nie oszuka kobiety w ciąży. W mojej wiosce wiele lat temu był przejazdem mag. Zebrał wszystkich na placu i kazał patrzeć uważnie, a potem zaczął skakać ponad domami. Odbijał się, frunął w powietrzu, spadał kilkanaście metrów dalej, skakał znowu i tak w kółko. Wszyscy dziwowaliśmy się bardzo, biliśmy brawo i sypaliśmy mu pieniądze. Wszyscy oprócz jednej kobiety, która była przy nadziei. Ta śmiała się z nas i mówiła: „Co wy się cieszycie, przecież on biega dookoła domów!”.

Małe dziecko niesie w sobie boski pierwiastek – kontynuował zupełnie poważnie – karmę, której nie można oszukać.

– Oprócz dziadugarów w Indiach jest też wielu oszustów – wtrącił się Radjan. – Nie dajcie się nabrać.

– Jest jakiś prosty sposób, żeby poznać prawdziwego czarownika?

– Nie pozwoli wam robić zdjęć, bo aparatu nie może omamić. Jeśli zabroni wam fotografować, wtedy znaleźliście, czego szukacie.

O dziadugarach i ich mocach rozmawialiśmy jeszcze długo. Mimo wielu prób nie udało mi się przekonać Radjana i Ram Dina, że jeśli ktoś potrafi nakazać innym widzieć coś niemożliwego, to my to nazywamy czarami. Dla nich to były tylko sztuczki.

NASTĘPNEGO DNIA usadowiliśmy się na grzbiecie Raj Kali, która tego ranka zjadła już swoje sto dwadzieścia kilo trawy i popiła je setką litrów wody. Ruszyliśmy jak co dzień na poranny obchód lasu, by wypatrywać śladów tygrysów i innych zwierząt. Z przerażeniem zobaczyłem w rękach trenera żelazny hak i bambusowy kij. Przez większość czasu kierowca po prostu opierał kijek na głowie słonicy, dając Raj Kali sygnały, w którą stronę ma iść. Ale co jakiś czas znienacka walił ją między uszy i za każdym razem słonica aż wzdrygała się z bólu.

– Masz ci los, następny – mruknął Adam.

– Czy on musi to robić? – spytałem Radjana.

– Mnie też się to nie podoba, ale nic na to nie poradzimy. Trenerzy słoni są jak gildia, stosują te same techniki od tysięcy lat. To jest tak zakorzenione w ich mentalności, że nikt nie jest w stanie im wytłumaczyć, że mają słoni nie bić. Ja się już poddałem.

Raj Kali, szeleszcząc, szła przez jakieś chaszcze. Kierowca zamachnął się ponownie.

– Czy możesz go w takim razie poprosić, żeby nie bił słonia w naszej obecności?

Radjan przetłumaczył naszą prośbę i w odpowiedzi usłyszał jakieś burknięcie.

– Czasami naprawdę trzeba słonia otrzeźwić bólem – zaczął tłumaczyć. – Naprawdę. Nie widzieliście nigdy słonia w amoku. Rok temu jeden w szale zabił swojego trenera. Ściągnął go z pleców i rozdarł na strzępy.

Adam tylko spojrzał na Radjana chłodno, dając do zrozumienia, jak bardzo współczuje martwemu treserowi. W razie potrzeby sam potrafił rozwiązywać problemy siłą, ale niczego tak nie nienawidził, jak znęcania się nad kimś bezbronnym. Słonica była w tym momencie tym kimś. Trener najwyraźniej wysłuchał jednak naszej prośby, bo Raj Kali nie otrzymywała więcej razów.

– Czasem trzeba słonia ostudzić dla jego własnego dobra – ciągnął Radjan. – Słonie wpadają w panikę na widok węża, tygrysa albo nawet innego, dzikiego słonia. Przerażony słoń zaczyna uciekać na oślep. Może wpaść w jakiś wykrot albo spaść ze skarpy. Naprawdę, wtedy dużo lepiej otrzeźwić go uderzeniem.

– Ale teraz idziemy spokojnie, a on ją leje – zauważyłem. Gałąź z sykiem przefrunęła mi przed oczami. Uchyliłem się w ostatniej chwili. – Dlaczego słoń miałby panikować na widok węża? – spytałem.

– Bo słonie wiedzą, jak bardzo węże są niebezpieczne. Co ciekawe, tak samo boją się myszy. Najwyraźniej wydaje im się, że myszy też są jadowite, ale to tylko moje podejrzenie.

– Wąż rzeczywiście może powalić słonia?

– Tylko jeden, kobra królewska, jeśli ugryzie go kilka razy.

Adam od razu się ożywił i zaczął się rozglądać. Obaj uwielbiamy węże, groźne i piękne równocześnie. Jeśli się nie mylę, drugim życiowym marzeniem Adama jest stanąć oko w oko z dziką kobrą. Pierwszym jest przejść szkolenie z survivalu w dżungli, najlepiej prowadzone przez któregoś z żołnierzy SAS. Widać kobra podskoczyła właśnie w rankingu.

Monotonne kołysanie wielkiego cielska działało na mnie nieco usypiająco. Ciszę przerywał tylko szelest tratowanych zarośli i mlaszczący odgłos nóg Raj Kali. Słonica zostawiała w błocie za sobą ziejące dziury. Po kilkunastu minutach trener uznał najwyraźniej, że taryfa ulgowa uległa wyczerpaniu i profilaktycznie zdzielił kijem Raj Kali w czubek głowy, aż poszło echo.

Raj Kali

– Jeśli zrobi to jeszcze raz, strzelę go równie mocno – wycedził przez zęby Adam.

Trener zrobił to jeszcze raz.

Tego nie mógł się spodziewać. Dostał w ucho potężne uderzenie na odlew i zobaczyliśmy tylko sandały, które zakreśliły w powietrzu interesującą trajektorię. Trener ciężko zwalił się na głowę w błocko. Sekundę później staliśmy już obok.

Żelazny hak pofrunął od razu w krzaki. Bambusowy kij w rękach Adama za to tylko świszczał, raz za razem spadając na trenera, który kulił się od uderzeń dokładnie tak samo jak przed chwilą słonica. Ja poprawiałem mu kopnięciami ciężkich trekkingowych butów, szukając wrażliwych części ciała, podobnie jak trener karał słonicę, na razy bambusa wybierając najwrażliwsze miejsca na jej głowie.

Raj Kali stanęła na dwóch tylnych nogach i zatrąbiła bojowo, po czym staranowała swojego oprawcę, mszcząc się za czterdzieści sześć lat bambusowych tortur. Żebra pękły z trzaskiem. Trener przestał krzyczeć i wgnieciony w błoto już tylko cicho jęczał.

Tak się nie stało. Trener kolejny raz uderzył słonicę, a my tylko popatrzyliśmy po sobie bezradnie. Świat jest często smutnym i strasznym miejscem. I prawie nigdy nie jesteśmy w stanie go naprawić.

Wieczorem tego dnia, gdy przytulałem się do Raj Kali, karmiąc słonicę jej ulubioną kanapką z ryżem, mogłem ją tylko przeprosić za to, co zrobili jej ludzie. Nawet nie chciało mi się już hamować łez, które spływały mi po policzkach.

Następnego dnia jechaliśmy z Radjanem na dachu jeepa, kierując się do budowanego właśnie dla turystów obozu w lesie. Minęliśmy młodego chłopaka, który na ręce miał czerwoną przepaskę z gwiazdą.

– Maoista? – spytałem, wskazując go ruchem głowy.

– Mają obóz zaraz za Chisapani – odpowiedział Radjan.

Adam i ja spojrzeliśmy na siebie. Następny cel podróży, nawet jeśli to tylko poboczny przystanek, stał się w tym momencie jasny. Nie mogłem uwierzyć. Mieliśmy wojskowy obóz maoistów na wyciągnięcie ręki.

Gdy dzień później żegnaliśmy się z naszymi gospodarzami, Ram Din spytał, dokąd się dalej udajemy.

– Najpierw do Chisapani, potem do Nepalganj i do Indii. Wszystko zależy od tego, co uda się tam znaleźć. Potem zobaczymy – odpowiedziałem.

– *Samsara* – odparł z uśmiechem starszy nauczyciel. – Nigdy nie wiesz, dokąd trafisz...

– Trafnie ujęte.

Siedzieliśmy pod wiatą przy bramie wojskowego obozu, którą zdobił emblemat z sierpem i młotem. Myśleliśmy, jaką przyjąć strategię, by dostać się do środka. Maoiści, jeśli wierzyć historiom podróżników, lubili turystów. Uważali, że muszą wypracować w świecie pozytywny wizerunek, więc byli dla przyjezdnych bardzo mili. Czasem ściągali z turystów opłaty przejazdowe w wysokości dziesięciu czy piętnastu dolarów, ale odwdzięczali się za to rachunkiem z pieczęcią, który stanowił suwenir pierwsza klasa. Tak więc wszyscy byli zadowoleni.

Maoiści nie mają też nic przeciwko zachodnim dziennikarzom, i to była druga metoda. Mamy aparaty i notatniki, możemy przecież pracować dla jakiejś dużej gazety. Pod wiatą siedziało już kilka osób i ciekawie nam się przyglądało. Z obozu wyjechał luksusowy wóz terenowy z przyciemnianymi szybami. Do grupy gapiów dołączyła dziewczyna w wojskowych spodniach.

Obok posterunku przy bramie pojawiło się dwóch młodzieńców i wymieniło uwagi z wartownikiem, a ten wskazał w naszą stronę. Chwilę później obaj stanęli przy nas.

– Jesteście skąd?

– Z Polski.

– Szukacie czego?

– Przygotowujemy reportaż o procesie pokojowym w Nepalu. Chcielibyśmy porozmawiać z komendantem obozu.

– Jaki reportaż?

– Robimy zdjęcia i zbieramy informacje. Chcemy poznać opinie obu stron. W jednostce gwardii królewskiej już byliśmy.

– Macie jakieś zaświadczenia?

– Nie, ale... – w głowie błysnął pomysł – byliśmy na wiecu w Gorkha i towarzysz Uttam powiedział, że możemy was odwiedzić.

Zacząłem szybko szperać w plecaku i wyjąłem emblemat w kształcie żółtego słońca, który podprowadziłem z wiecu i zatrzymałem na pamiątkę. Mogło być na nim napisane cokolwiek, łącznie z „Jakie piękne jest Katmandu! Ile domów, ile ludzi! Ile dumy i radości w sercach nam stolica budzi...".

Żołnierz wziął ode mnie emblemat i przeczytał głośno:

– Dziennikarz komunistyczny dystryktu Gorkha.

Nie mogłem uwierzyć, szansa jedna na milion. Od razu wyciągnąłem aparat, żeby pokazać zdjęcia z wiecu.

– To ja z Ittrasem Pande – wskazałem kadr, na którym maoista mówił coś do mnie przez ramię. Pod wiatą rozszedł się szmer poruszenia.

– Ooo... towarzysz Uttam – żołnierz był wyraźnie pod wrażeniem. Od razu pociągnąłem dalej.

– A tu z Kulmanem Kesi, towarzyszem Sonamem.

– Aha.

Kulman Kesi nie zrobił wrażenia. Niezwłocznie wróciłem więc do poprzedniego tematu i wyjaśniłem, że to właśnie towarzysz Uttam powiedział nam, że możemy odwiedzić obóz, jeśli chcemy aktywnie wesprzeć rewolucję. Chłopak odwrócił się i przetłumaczył na nepalski całą rozmowę mężczyźnie po trzydziestce, który od kwadransa siedział z nami pod wiatą i niczym się nie wyróżniał. Mężczyzna kiwnął głową i wyciągnął telefon.

– To dowódca brygady – wyjaśnił nam młody chłopak.

– Chyba jakiś spec od wywiadu, nieźle się przyczaił – szepnął Adam.

Odczekaliśmy może ze dwadzieścia minut. Brygadier gdzieś poszedł i ciszę mąciły tylko latające w skwarze muchy. Gdy wrócił, powiedział kilka zdań do tłumacza, który nie odstępował nas na krok.

WIEC MAOISTÓW

– Możecie wejść do obozu. Nie możecie robić zdjęć. Wszystkie pytania zadajecie dowódcy brygady. Możecie obejrzeć tylko pierwszą część obozu – wyjaśnił zasady.

Weszliśmy do środka. Bramy strzegli dwaj żołnierze z karabinami własnej produkcji. Obóz ciągnął się kilka kilometrów, choć nie przypominał raczej bazy wojskowej. Baraki mieszkalne były zrobione z dykty i kryte blachą, a tu i ówdzie pasły się kozy. Kilku żołnierzy myło się przy pompie, inni siedzieli w kantynie i oglądali telewizję, popijając kapitalistyczną colę. Wojskowego drylu raczej nie było widać.

– Jak duża jest armia? – zaczęliśmy „wywiad".

– Mamy dziewiętnaście tysięcy dwustu sześćdziesięciu trzech żołnierzy – padła odpowiedź.

– Jak wygląda wasz dzień?

– Jak wszędzie – dowódca brygady nie był chyba najlepszym rzecznikiem.

Wskazałem dwie duże anteny satelitarne do łączności wojskowej, które stały nieopodal.

– Jakim dysponujecie sprzętem?

– Mamy M-16, SLR, Minimi, AK-47, miny M18A1, granatniki, ckm-y... Robimy też sami broń, głównie materiały wybuchowe.

– Skąd to wszystko bierzecie?

– Zabieramy wojsku.

– Co chcecie osiągnąć? Jakie są wasze główne cele?

– Chcemy trwałego traktatu pokojowego.

– I po to utrzymujecie dwudziestotysięczną armię?

Pytanie narobiło trochę kłopotu.

– Chcemy, by Nepal miał silne wojsko. Gdy podpiszemy ostateczne porozumienie pokojowe, połączymy obie armie w jedną wielką – padła przemyślana i przedyskutowana odpowiedź.

Jasne.

Okazało się, że w obozie mieszka siedemset osób, w tym dwieście kobiet. Dowódca brygady uparcie twierdził, że wszyscy mają co najmniej dwadzieścia lat, choć wokół nas kręciło się sporo nastolatków.

Czas w obozie biegł dość leniwie. Rano jakieś ćwiczenia fizyczne, wieczorem gry sportowe, a reszta dnia to ogólne obijanie się. Najwyraźniej maoiści nie słyszeli maksymy wojskowej: „dobry żołnierz to żołnierz głodny i zły, bo od wygód i dostatku tylko gnuśnieje".

Obóz miał charakter typowo mieszkalny. Zamiast w szałasach w górach, w trakcie pokoju żołnierze mogli wygodnie żyć przy głównej drodze. Gdyby jednak walki zaczęły się ponownie, oddziały zostawią obóz i rozlokują się w kryjówkach w lesie w ciągu jednego dnia. Obozów takich jak ten w całym Nepalu było dwadzieścia osiem.

Dowódca brygady niewiele dał z siebie wyciągnąć i godzinę później szliśmy z powrotem w kierunku bramy. Młody chłopak pełniący rolę tłumacza powiedział:

– Jeśli chcecie zobaczyć nasz obóz szkoleniowy, musicie zdobyć zezwolenie. Możemy was potem do niego zaprowadzić, ale to kilka tygodni podróży.

Byłoby co opowiadać, pomyślałem. Zobaczyć taki obóz...

A potem przypomniałem sobie, że część żołnierzy, którzy tu mieszkają, porwano ze szkół do obozów reedukacyjnych, a potem siłą wcielono do wojska.

I że piętnastoletnim dzieciom jeszcze trzy lata wcześniej podawano narkotyki, by bez skrupułów strzelały do żołnierzy królewskich i bez strachu szukały min. Starsi okaleczali wieśniaków za samo podejrzenie współpracy z armią Nepalu i podpalali ich domy, wymuszając posłuszeństwo.

Przypomniało mi się, jak Radjan mówił, że wszyscy jego przyjaciele musieli uciekać do Indii albo zginąć, i jak został na swojej ziemi sam. Jak opowiadał, że każda rodzina musiała poświęcić jedną osobę na pracę dla maoistów i jak zaganiali ich na wiece poparcia.

I jak żołnierze królewscy reagowali na samo wspomnienie maoistów, którzy wielu z nich obcięli sierpami kończyny.

W głowie błysnęły depesze prasowe o kolejnych wysadzonych mostach, bez których ludzie nie mogli się dostać do lekarza, i autobusach, które wjeżdżały na miny.

Roger wyraźnie zasygnalizował swoją obecność.

– Wynośmy się stąd. Nie warto.

WRÓCILIŚMY DO GŁÓWNEGO PLANU, by odnaleźć dziadugara i zobaczyć czary. Coś, co nie istnieje. Azja pełna jest historii o ludziach, którzy dokonują rzeczy niemożliwych. Jedni są demaskowani, jak filipińscy uzdrowiciele dokonujący na oczach widzów krwawych operacji bez użycia narzędzi. Podczas „zabiegów" wyjmują z pacjenta narządy, krew sika, a potem przecierają skórę szmatą i nie ma śladu rany. Już dawno przyłapano ich na oszustwie. To zdolni iluzjoniści, a krew i flaki są sztucznie podawane przez ukrytą w ręku rurkę.

Ale na inne zjawiska nie ma racjonalnego wyjaśnienia. W Singapurze i Hongkongu w trakcie festiwalu Małpiego Boga ochotnicy zanurzają ręce we wrzącym oleju. I nikt tego jeszcze nie podważył. Naukowcy tylko drapią się po głowie.

Dziadugar czy nie dziadugar, jesteśmy tu, żeby zobaczyć coś takiego na własne oczy.

Wróciliśmy Mahendra Highway na wschód i dotarliśmy do miasta Nepalganj, w którym chcieliśmy przekroczyć granicę. Wiele już słyszałem o Indiach, ale nic nie mogło mnie przygotować na ten chaos.

Zbliżaliśmy się do przejścia nepalsko-indyjskiego i od kilkunastu minut stopniowo wzbierało we mnie przerażenie. Obserwowaliśmy rzekę ludzi nieprzerwanie płynącą w obie strony, robiło się coraz głośniej, duszniej i brudniej jak we wszystkich przygranicznych miasteczkach. Z dziesiątek tysięcy ludzi, którzy mijali posterunek, właśnie my, rzecz jasna, zwróciliśmy uwagę celnika. Oderwał się od towarzyskiej gry w karty i machnął na nas władczo ręką.

– Wpisać się do książki.

– Ale pokazać jakieś dokumenty czy tylko się wpisać?

– Wpisać.

Spojrzałem w zatłuszczony zeszyt, w którym straszliwymi bazgrołami odnotowywali swoją obecność kolejni podróżni. Przeczytałem wpisy w polu „imię i nazwisko" – Paul Weston, Greta Garbo, Netalie Devereaux, dr Bugs Królik, Chuck U. Farley, Józef Stalin... Na wszelki wypadek wpisałem prawdziwe dane, po czym zostałem puszczony i mogłem się udać na stronę indyjską.

– Na pewno nie potrzebujemy żadnego stempla wyjazdowego z Nepalu?

– Nie.

Po drugiej stronie jeszcze raz zostaliśmy wyłapani przez czujne służby graniczne, które natychmiast bezbłędnie odgadły, że nie jesteśmy Hindusami. Za stołem ustawionym pod drzewem siedział łysiejący mężczyzna w cywilu, z niemodnym od dawna wąsem. Żona najwyraźniej nie żałowała mu samosów, bo spod różowej koszuli widać było nadwagę pokaźnych rozmiarów. Na jego nogach błyszczały lakierki, a spod nich wyzierały nienagannie czyste białe skarpety. Machnął na nas z ponurą miną.

– Tam – wskazał ręką ciasny pawilon po drugiej stronie ulicy. Nad wejściem na żółtej tablicy nierównymi literami wypisane było „Kontrola epidemiologiczna".

Przebiliśmy się przez tłum i weszliśmy pod zadaszenie, gdzie stał stolik, kilka krzeseł i nie było nikogo. Po minucie czy dwóch pojawił się ten sam facet w różowej koszuli, usiadł naprzeciwko i zaczął drobiazgowo sprawdzać nasze paszporty.

– Jak znam życie, to spyta, czy jesteśmy zdrowi, i nas puści – wysnułem absurdalne przypuszczenie.

– Jesteście zdrowi? – spytał Koszula.

– Tak.

– Możecie iść.

– Gdzie się stempluje paszporty?

– Tam – wskazał drzewo, pod którym sam uprzednio siedział.

Przeszliśmy ponownie na drugą stronę, przeciskając się przez handlarzy żywym towarem, którzy na rowerach przewozili w obie strony kury, kaczki, świniaki, kozy, ryż, makaron i wodę w wielkich beczkach, co najwyraźniej nie podpadało pod kuratelę kontroli epidemiologicznej.

Pod drzewem cierpliwie poczekaliśmy, aż facet w różowej koszuli wróci na swoje pierwotne stanowisko. Wrócił, kazał wejść do biura, które, jak się okazało, było ukryte za drzewem, i podał nam plik papierów do wypełnienia, po czym przeszedł ponownie do drobiazgowego sprawdzania naszych paszportów.

Dwie godziny później, po stosie papierów, w których kilka razy trzeba było podawać te same, nikomu niepotrzebne dane, oraz po marszu z powrotem na nepalską stronę po brakujące stemple wyjazdowe, mogliśmy przekroczyć granicę Indii.

– Junior P.C. Sorcar – obwieścił z przekonaniem człowiek, który właśnie się dosiadł do naszego samochodu jadącego z przejścia granicznego do Lucknow w Uttar Pradesh. – Jeśli szukacie czarowników, tylko on, nikt inny się nie liczy.

Jechaliśmy już kilka godzin, z najwyższym trudem mieszcząc się w trzech na tylnym siedzeniu klasycznego ambassadora, samochodu o linii żywcem z lat pięćdziesiątych. Te cacka produkuje się w niezmienionym kształcie do dziś. Ambassadory, choć przeczy to logice, jakimś cudem radzą sobie na indyjskich drogach, na których więcej asfaltu nie ma niż jest.

Indyjskie ambassadory pełniły funkcję wspólnych taksówek, które woziły podróżnych od granicy z Nepalem do Lucknow będącym pierwszym większym miastem w pobliżu. Odjeżdżały, gdy zebrał się komplet pięciu pasażerów. Jechaliśmy więc z młodym eleganckim mężczyzną i dwoma starszymi panami ściśnięci do granic możliwości na siedmiogodzinnej trasie.

Gdy przyznaliśmy się, że przyjechaliśmy do Indii szukać dziadugarów, rozpoczęła się ożywiona debata, mająca na celu wyłonić najlepszy dla nas cel tych poszukiwań.

– Idźcie do klubu Baradari i poproście właściciela, on wam kogoś znajdzie.

– Idźcie na plac pod wieżą, oni tam często stoją.

– Jedźcie na południe.

– Jedźcie na zachód.

– Szukajcie w Lucknow człowieka nazwiskiem Kipan, wszyscy go znają.

– Dziadugar?

– Nie, mój kuzyn. Sprzedaje bardzo porządne dywany, na pewno się wam spodobają.

Junior P.C. Sorcar z tego zestawu faktycznie wyglądał najbardziej obiecująco.

Najpierw jednak trzeba było znaleźć nocleg. Lucknow okazało się małym, prowincjonalnym, dwuipółmilionowym miasteczkiem, w którym hoteli nie brakowało. Nawet to, że zjawiliśmy się dość późno, jakoś nas nie przerażało. Dziarsko skierowaliśmy się do pierwszego napotkanego hotelu.

– *Namaskar.* Potrzebujemy pokoju na dziś.

– Nie.

– Nie co?

– Nie.

Jakiś nie w sosie, pomyślałem. Nie będziemy się narzucać. Dosłownie drzwi obok była następna noclegownia, a na tej samej ulicy widać było jeszcze trzy kolejne.

– Pełno – mruknął właściciel drugiego lokalu, nawet nie podnosząc głowy znad papierów.

– Nie ma – usłyszeliśmy w trzecim.

W numerach od cztery do sześć już nawet nic nie słyszeliśmy. Witały nas tylko mruknięcia i bezceremonialnie nas wyrzucano, jakbyśmy kogoś obrazili chęcią zatrzymania się w hotelu.

Wtedy też pierwszy raz zobaczyłem indyjskie kiwnięcia głową, o których słyszałem już wcześniej wiele razy. Kiwnięcia, które mogą oznaczać tak, nie, nie wiem, możliwe, na pewno albo wynocha. Nikomu też jeszcze nie udało się pokazać mi tego gestu i teraz już się temu nie dziwiłem.

Tego się powtórzyć po prostu nie da.

Głowa Hindusa, który odpowiada gestem, rusza się we wszystkich płaszczyznach na raz. On nią kręci, kiwa, macha i obraca jednocześnie. I nigdy, ale to nigdy nie wiesz, co chce przez to powiedzieć.

Już nawet nie zadawaliśmy pytań. Wchodziliśmy, w progu witała nas ruchoma głowa i opuszczaliśmy lokal. W co drugim hotelu na ścianie wisiała większość kluczy. Wtedy słyszeliśmy, że są zarezerwowane. Czemu nigdzie nie chciano nas wpuścić, nie wiem do dziś.

Dwadzieścia dwa hotele później sytuacja zaczęła wyglądać niewesoło. Minęła właśnie północ i wyglądało na to, że czeka nas spanie w miejskim plenerze. Już od jakiegoś czasu bezskutecznie rozglądaliśmy się za parkiem, dworcem albo opuszczoną budową, gdzie moglibyśmy zdrzemnąć się kilka godzin.

– Ostatnie podejście, mam dość – powiedziałem, gdy wchodziliśmy do hoteliku Shimla Inn. Drzwi trąciły dzwonek. – Uszanowanie. Potrzebujemy pokoju dla dwóch osób.

– Mam tylko z jednym łóżkiem.

– Może być, wszystko nam już pasuje.

– Może być nawet jedynka z miejscem na karimatę, ale lepiej, żeby była – dorzucił Adam lodowato.

– Pięćset rupii – podał cenę hotelarz.

– Trochę dużo...

– No to czterysta rupii.

– Nadal trochę dużo...

– Mniej nie będzie.

– Bierzemy.

Hotelarz wyciągnął plik formularzy do wypełnienia. Po podaniu zawodu, daty urodzin, adresu domowego i terminu wygaśnięcia wizy poprosiliśmy o klucz.

– Potrzebuję jeszcze kopii paszportów – powiedział menadżer.

– A macie tu ksero?

– Nie – zafrasował się wyraźnie.

– No to może rano skoczymy do najbliższego? Jest już późno.

– No dobrze.

Wyciągnąłem rękę po klucz.

– Tysiąc rupii.

– Słucham?

– Tysiąc rupii zastawu.

Za co? – pomyślałem. W tym pokoju są pewnie tylko ściany i umywalka, nawet nie ma czego wynieść.

– Nie mamy tyle pieniędzy – pokazałem pusty portfel, wyjąwszy z niego uprzednio banknoty.

Menadżer najpierw popatrzył podejrzliwie, a potem gdzieś zadzwonił, zapytał, pomachał kilka razy głową i odłożył słuchawkę.

– Siadać tutaj.

Grzecznie usiedliśmy na krzesłach. Po kilku minutach wszedł gość pod czterdziestkę w samej bieliźnie – szarawych bokserkach i poplamionej koszulce na ramiączkach. Na nogach nosił klapki, a na twarzy wąs. Żując nonszalancko gumę, podszedł do recepcji i podniósł nasze paszporty, przeglądając je zawodowym ruchem inspektora.

– Idziemy – rzucił w naszą stronę.

– Bardzo przepraszam, kim pan jest? – spytałem najgrzeczniej, jak potrafiłem o pierwszej w nocy.

– Właścicielem tego hotelu.

Poszliśmy do gabinetu Szefa, który, jak się okazało, był również adwokatem. Na ścianach ciasnej klitki pełniącej rolę kancelarii, do której wchodziło się z hotelowej jadłodajni, wisiały dyplomy z Bombaju i Delhi, a na stoliku stała poplamiona flaga Indii. Szef kazał nam usiąść. Sam zajął miejsce za swoim biurkiem i zaczął wertować nasze paszporty, cały czas w skupieniu żując gumę.

– Dużo podróżujecie – zauważył.

– Dużo.

– I to w krótkim czasie.

– Czy ja wiem, czy takim krótkim?

– Dlaczego?

– Dlaczego co?

– Dlaczego tyle podróżujecie w tak krótkim czasie?

– Bo lubię podróżować?

– Aha.

Szef skończył wertować paszporty i spojrzał pod światło na indyjską wizę, a potem sprawdził, czy zdjęcia w dokumentach odzwierciedlają nasze prawdziwe fizis. Westchnął ciężko, zażuł gumę, z szuflady wyjął bloczek z formularzami i rzucił go na biurko.

– Uzupełnić.

Spojrzałem na papier. „Zarządzenie 14, załącznik C, wypełnić w dwóch egzemplarzach". Poniżej cała strona szczegółowych pytań. Zabraliśmy się do wypisywania, podając imię ojca, poprzednie miejsce pobytu, następne miejsce pobytu, czy chcę zostać zatrudniony w Indiach, a jeśli tak, to gdzie, a także kogo należy zawiadomić w razie wypadku.

Oddaliśmy papiery i Szef wypełnił swoją część, podając jakieś daty i dopisując kilka uwag. Następnie przeszedł do kopiowania paszportów na biurowym ksero. Maszyna wypluła stronę ze zdjęciem, potem wizę amerykańską, starą wizę z Kambodży i stemple wyjazdowe z Karaibów. Czując, że rano powtórzymy operację, bo Szef zauważy, że nie ma kopii indyjskich pozwoleń, powiedziałem:

– Skopiował pan wizę USA, a nie Indii...

– Tak ma być – nie dał się zbić z tropu. – Zdjęcie jest? Jest. Gdzie twoja wiza indyjska?

– Tu – wskazałem miejsce w paszporcie.

Odpowiednia strona wypadła z maszyny.

– Za te formalności należy się pięćdziesiąt rupii.

– Za zameldowanie się w hotelu? Jakim niby cudem?

– Bo menadżer wynajął wam pokój bardzo tanio.

Typowa indyjska logika.

– Nie mamy już pieniędzy – ponownie pokazałem pusty portfel.

– To jak niby będziecie jutro jeść, za co będziecie spać? – Szef zmierzał coraz bardziej w stronę prokuratury.

– Nie będziemy – odpowiedziałem.

– Aha.

Zapadła cisza. Popatrzyłem pytająco. Szef na chwilę przestał przeżuwać i oszacował najwyraźniej szanse powodzenia swojej próby wzbogacenia się na nas. Pomyślał może o ciepłym łóżku, z którego go wyciągnęli, i spojrzał smutno oczami spaniela.

– Nie zapłacicie, prawda? – zagrał w otwarte karty.

– Nie.

– Dobrej nocy.

W pokoju rzeczywiście stało tylko jedno łóżko, obok którego zamontowano wielki wywietrznik, który świeże powietrze pobierał z korytarza. Gdy położyliśmy na podłodze plecaki, nie było nawet jak się ruszyć.

– Prześpijmy się, jutro poszukamy dziadugara i znikamy stąd – Adam wydał dyspozycje, rozwijając śpiwór, bo pościeli nie było. Poszedłem umyć zęby w umywalce wielkości kubka i przez drzwi usłyszałem, że dzwoni hotelowy telefon. Na zegarze była pierwsza czterdzieści.

– Halo? – spytałem niepewnie, podnosząc słuchawkę.

– Śpicie czy chodzicie? – usłyszałem głos szefa.

– Śpicie.

– Idę do was – szef rzucił słuchawką.

Minutę później natarczywe pukanie kazało otworzyć drzwi. Za nimi stał Szef w obstawie dwóch pomagierów i trzymał w rękach bloczek z załącznikami C do zarządzenia numer 14.

– Pomyliłem się w dacie – powiedział bez emocji, wciąż żując gumę. – Trzeba wypełnić jeszcze raz.

– Nie ma ich teraz, nie ma. Byli tydzień temu, ale wszyscy wyjechali – usłyszeliśmy następnego dnia od rikszarza, pytając o dziadugarów.

Chodziliśmy po Lucknow od kilku godzin, przekonując się na własne oczy, że w tym mieście absolutnie nic na nas nie czeka. Krowy grzebały w odpadkach, ludzie myli się w rynsztokach, a na ulicach walały się śmieci. Życie płynęło normalnie.

– Nie ma ich teraz, nie ma – powtórzył rikszarz.

Szukaliśmy dalej.

– Tylko Junior P.C. Sorcar.

– Gdzie go znajdziemy?

– W Kalkucie.

– Nie ma, pojechali.

– Dokąd?

– Nikt nie wie.

– Jedźcie do Kalkuty.

Jedźmy.

Kalkuta bawiła się w deszczu. Był już późny wieczór. Na wszystkich domach i drzewach porozwieszano świecące lampki choinkowe. Po całym mieście jeździły ciężarówki pełne przebierańców z bębnami. Ludzie trąbili. Kadzidła pachniały. Na każdej ulicy stał namiot z zaimprowizowaną sceną, pod którą mieszkańcy składali ofiary. Durga Pudża. Cała Kalkuta świętowała.

Kalkuta, miasto przesycone kolonialną historią, pełne cudów architektury i milionowych slumsów. Kulturalna stolica Indii i finansowe centrum kraju, gdzie przepych i sztuka sąsiadują z chorobą i kalectwem. Kalkuta, Miasto Radości maskującej nędzę.

Siedzieliśmy w kolejnym ambassadorze. To znaczy ja wystawałem przez okno, bo jak zwykle się nie mieściliśmy. Adam za to spał na siedząco, demonstrując tym samym zadziwiającą umiejętność zapadania w sen w każdych warunkach. Jechaliśmy na Sudder Street, ulicę od dziesięcioleci ściągającą podróżnych i wolne ptaki.

Na miejscu zobaczyliśmy ciemną uliczkę oświetloną mrugającymi neonami, na której można by kręcić sceny do *Łowcy androidów*. Światła odbijały się w wodzie, zmieniając brudne chodniki w kalejdoskop kolorów. Tu i ówdzie snuli się sprzedawcy haszyszu, szukając chętnych na podróż w przestrzeń. W zaułkach słychać było przytłumione śmiechy i dźwięk placków rzucanych na gorący olej. Sudder Street, sławna dzielnica wędrowców. Tak musiała wyglądać Khao San w Bangkoku dwadzieścia lat temu.

Standard hoteli nie zwalał z nóg, jeśli można tak powiedzieć. Staraliśmy się wybrać taki, w którym grzyb ze ścian odpadał najmniejszymi płatami. W kilku hotelikach funkcję toalety pełniły po prostu dziury w podłodze, nawet w pokojach na trzecim piętrze. W innych szczury nawet nie uciekały na widok ludzi. Wszędzie bez wyjątku śmierdziało stęchlizną. Było mokro.

W kolejnym pokoju przywitał nas karaluch wielkości pudełka zapałek. Spojrzałem na pościel, poszarzałą i dziurawą. Dotknąłem poduszki mokrej od zimnej wilgoci w powietrzu. Zza okna dobiegał dźwięk za głośno nastawionego telewizora i wrzaski kłócącego się małżeństwa. Nozdrza atakował smród jak ze średniowiecznego lochu.

– Zostajemy. To najlepsze, co tu jest.

Zrzuciliśmy rzeczy i raz jeszcze wyszliśmy na Sudder Street. Bez pośpiechu rozejrzałem się dookoła, nie mogąc się pozbyć uczucia, że cofnąłem się w czasie o pięćdziesiąt lat. Przy krawężnikach stały żółte ambassadory, oddając swoimi kształtami hołd starym rolls-royce'om. Lampy migały zepsutymi świetlówkami, oświetlając niepokojącym, zimnym blaskiem handlarzy owoców i ich kramy. Ktoś sprzedawał wodę z budki skleconej z pozbieranych przypadkowo desek i uszczelnionej paskami gumy z opon. Przede mną przebiegł bosy rikszarz, ciągnąc swoje miejsce pracy. Deszcz właśnie skończył padać i w powietrzu zaczęła unosić się para, dodając jeszcze szczypty surrealizmu.

Tu i ówdzie widać było podróżnych z całego świata, którzy włóczyli się po ulicy bez celu. Pod ścianą na chodniku spało kilku Hindusów. Gdzieś za murem zaszczekał pies. Ulicą obok przemknęła ciężarówka z rozśpiewanym chórem i bębnami. Jak w Sylwestra, pomyślałem. Gdy wszyscy się bawią, a ty nie.

Nocą wszystko wygląda nierealnie.

RANO STANĄŁEM W PROGU HOTELU i przepuściłem stado kóz maszerujące chodnikiem. Za nimi przepychało się już kilku bosych rikszarzy. Dopiero wtedy zwróciłem uwagę na to, że w niewielu miejscach na świecie riksze ciągnie się jeszcze na piechotę. Nie rowerem, nie skuterem ani konno, ale pieszo, i to na bosaka.

Rikszarz, któremu oczy wychodziły z wysiłku na wierzch, ciągnął właśnie na wózku trzyosobową rodzinę. Pomyślałem, że nie widzę choćby jednego logicznego powodu, by zatrudniać kogoś, aby wiózł mnie wózkiem wolniej, niż gdybym miał ten odcinek przejść sam. Pewnie po prostu nie znam wystarczająco Indii. Na pewno powód jest. Może rikszarz to niedotykalny, parias? Może umrze z głodu, jeśli go ktoś nie zatrudni?

Z zamyślenia wyrwał mnie taksówkarz, który spał w bagażniku własnego samochodu i na mój widok wystawił głowę.

– Taxi? – zapytał z nadzieją.

Nie wiedziałem nawet, dokąd miałbym się udać.

Szybko dowiedzieliśmy się, że jest w Kalkucie kilka miejsc, w których można zobaczyć czarowników. Pod Victoria Memorial, kolonialnym pałacem z białego marmuru. Pod Shaheed Minar, pomnikiem wystającym nad stacją autobusową Esplanade. Na Shyambazar. I na Sudder Street, rzecz jasna.

I nigdzie nie było po nich nawet śladu.

– Gdzie teraz można spotkać dziadugarów? – spytałem taksówkarza. To zawsze dobre źródło informacji.

– Nie można – odparł, drapiąc się w głowę. – W trakcie Durga Pudża ich nie ma, wyjeżdżają.

– Niech go diabli – rzucił po polsku Adam.

– Choćby jeden...?

– Nie ma. Trzeba było przyjść tu trzy dni temu. Był tu gość, który chodził po wodzie. Ale już pojechał, jak oni wszyscy.

– A Junior P.C. Sorcar?

– Jeśli macie piętnaście tysięcy dolarów, na pewno chętnie was przyjmie.

– Piętnaście tysięcy?

– Gwiazdy się cenią, a to jest gwiazda numer jeden.

– No to chyba nie o takiego dziadugara nam chodzi.

Sytuacja wyglądała beznadziejnie. Nie mieliśmy szans na zobaczenie czegoś, co nie istnieje. Nie tu w każdym razie. A gdy sytuacja jest beznadziejna, poprawić ją może tylko jedzenie. W roli antydepresanta wystąpiły placki kaczori podawane z trzema sosami – słonym, słodkim i ostrym, których zjadłem nieprzyzwoitą ilość, popijając wieloma filiżankami słodkiej herbaty z mlekiem. Adam kontrował obwarzankami polanymi miodem. Żaden z nas się nie odzywał.

Najedzeni przystąpiliśmy do analizy dalszych możliwości, spacerując od niechcenia ulicami Kalkuty, zaglądając do sklepów i opędzając się od natrętnych jak zwykle sprzedawców podrabianych toreb i zegarków.

Nasz plan polowania na czarowników spalił na panewce. Dziadugarów nie było ani w Kalkucie, ani nigdzie indziej, i nie mieli się pojawić w przewidywalnej przyszłości. Junior P.C. Sorcar okazał się światowej sławy iluzjonistą, który miał stronę internetową, agenta i cennik.

Jakąś alternatywą było odwiedzenie Sathya Sai Baby, świętego guru mającego miliony wyznawców na całym świecie. O jego cudach słyszałem,

Victoria Memorial – pałac, pomnik i muzeum ery brytyjskiego panowania w jednym

od kiedy pamiętam. Krążyło o nich zbyt wiele opowieści, by wszystkie mogły być wyssane z palca.

Sai Baba jest jednym z najważniejszych indyjskich przywódców duchowych. Wielu uważa go za cudotwórcę, a jego zdolności dokumentowało już sporo dziennikarzy i naukowców.

Setki relacji opisywały niewyjaśnione zdarzenia z jego udziałem. Według nich potrafi materializować święty popiół *wibhuti* i drobne przedmioty. Przebywać w kilku miejscach jednocześnie. Zmieniać jedne substancje w inne, lewitować, uzdrawiać, czytać w myślach. Czynić cuda.

Teraz pytanie, w jakim stopniu te relacje są wiarygodne, skoro opierając się na nich, mamy telepać się na południe Indii. Ci naukowcy i dziennikarze to przeważnie wyznawcy Sai Baby, dla których ma on status boga. Tak zresztą każe się też nazywać. Więc z euforią na razie ostrożnie.

Sai Baba nigdy nie zgodził się na badanie w warunkach laboratoryjnych i w związku z tym ma wielu krytyków, którzy twierdzą, że jest oszustem i zdolnym iluzjonistą. Co ciekawe, jego najbardziej zajadłym przeciwnikiem w samych Indiach jest od lat... tak, tak, nasz przyjaciel, mister piętnaście tysięcy dolarów, Junior P.C. Sorcar.

A już zupełnie poza tematem cudów wokół Sai Baby krążyło też sporo poważnych zarzutów, w tym molestowania nieletnich i wyłudzania pieniędzy. Na pewno bardzo kontrowersyjny temat, któremu warto się przyjrzeć bliżej.

Sathya Sai Baba miał swój główny aśram w Puttaparthi na południu Indii. Był to jakiś pomysł na dalszą podróż, dobry jak każdy inny.

Zorientowaliśmy się też w sytuacji na granicach, która nie dawała nam zbyt wielu opcji. Rozważaliśmy Półwysep Indochiński, wśród backpackerów* najpopularniejszy region świata – tani, bezpieczny i kolorowy. Gra-

* Backpackerzy to ludzie, którzy zwiedzają świat bez pomocy biura podróży. Zawsze z plecakiem, niezależnie, na własną rękę i z otwartą głową. W niektórych miastach są całe dzielnice backpackerów, a Azja Południowo-Wschodnia jest ich ulubionym regionem świata.

nica Indii z Birmą była jednak zamknięta na dobre, więc najkrótsza trasa do Indochin odpadała. Mogliśmy wrócić do Nepalu, załatwić chińskie wizy, dwa tygodnie jechać do Yunnanu, a stamtąd od północy wjechać do Birmy. Odstraszała nas jednak liczba ograniczeń i wymogów, a także koniecznych permitów, zwłaszcza że lwia część pieniędzy, które musielibyśmy wydać z racji przejazdu przez Tybet i wjazdu do Birmy trafiłaby do reżimowych politruków, a tych akurat najmniej chcielibyśmy wspierać finansowo.

Mogliśmy też lecieć na Andamany i tam prażyć się na słońcu, ale tę opcję odrzuciliśmy od ręki, bo prażenia się na słońcu żaden z nas znieść nie potrafił.

Mogliśmy w końcu po prostu podróżować po Indiach, choć ten kraj nie przywitał nas szczególnie ciepło.

Rozważając różne za i przeciw, licząc koszty z kartką w ręku, łaziliśmy po mieście. Słońce zajęło już najwyższą pozycję z możliwych i bezlitośnie smażyło wszystko co na ziemi. Omijając krowie placki i pasące się tu i ówdzie kozy, przeszliśmy przez Maidan, kawał miasta zrównany z ziemią, by

brytyjskie wojsko miało gdzie paradować. Zrobiliśmy kilka zdjęć pod Victoria Memorial i przeszliśmy przez okolicę kolonialnych willi, dziś pełną zamkniętych na cztery spusty ruin.

Po kilku przecznicach ciszy znów trafiliśmy w jazgot klaksonów, bębnów i sprzedawców kserowanych przewodników. Skręciliśmy za róg, omijając wózek z pieczonymi plackami roti, a tam drogę zagrodziła nam kolejka wypełniająca chodnik i ciągnąca się do połowy ulicy, która skutecznie hamowała ruch samochodów w obie strony.

– Idziemy do kina?

– Co grają?

– A jak myślisz?

– Bollywood?

– Nowy Boney Kapoor z Salmanem Khanem w roli głównej. Czego chcieć więcej.

Boney Kapoor był jednym z najpopularniejszych producentów filmowych w Indiach. Z jakiegoś powodu na plakatach jego nowego przeboju nie było nazwisk reżysera ani aktorów, więc widocznie producenci są wyżej cenieni.

Salman Khan to z kolei supergwiazda Bollywoodu, taki numer dwa zaraz po ubóstwianym na równi z pomniejszymi z milionów hinduskich bogów Shah Rukh Khanem. Salman Khan to ukochane, niegrzeczne dziecko indyjskiej kinematografii – wielki umięśniony facet stale w kłopotach z prawem. Gra w filmach, w których dużo się biją, biegają i strzelają. Na plakacie zresztą dzierżył wielką spluwę i grzał z niej przez okno samochodu na tle rozświetlonych biurowców Bombaju.

– Wygląda na sensację, może nie będą za dużo śpiewać? – rzuciłem retorycznie, bo to, że się strzelają, jeszcze niczego w Indiach nie oznacza.

– Ile trwa projekcja? – spytałem w kasie.

– Dwie i pół godziny.

– Może da się wytrzymać. Jest przerwa?

– Jest.

– Dobry ten film?

– Kapitalny! Tylko trochę za mało śpiewają – odrzekł bileter.

No, jak za mało śpiewają, to gra muzyka. Kupiliśmy bilety i ustawiliśmy się na końcu kolejki, już głęboko na przeciwległym pasie jezdni. Mogłem stamtąd obserwować, jak taksówkarz, któremu blokujemy przejazd, nie ma do nas o to żadnych pretensji i tylko spokojnie czeka, dłubiąc w nosie. Widać też lubił Boney Kapoora.

Głośny aplauz zaanonsował pracownika kina, który od środka zaczął otwierać kraty tarasujące wejście, zdjąwszy pierwej żelazną sztabę. Tłum powoli zaczął się wlewać do środka, skąd już dobiegała muzyka.

Pokonaliśmy drzwi i zobaczyłem wnętrze, które dokładnie odzwierciedlało moje wyobrażenie na temat kin w Nowym Jorku w latach czterdziestych. Czerwone dywany, stare plakaty, elegancki bar i marmury na ścianach. Wszystko oświetlały stylowe kinkiety, idealnie pasujące do mosiężnych stojaków podtrzymujących purpurowe liny z aksamitu. Nad wejściem wisiał nieczynny neon „Paradise" i tablica z kinowym regulaminem.

„Zabrania się żucia i palenia tytoniu. Osoby plujące zostaną wyproszone", przeczytałem.

Sala swoim rozmiarem robiła wrażenie, które potęgowały jeszcze drewniane trzeszczące krzesła ustawione w ciasnych rzędach. Z głośników waliła już głośna muzyka, budując nastrój pełnego napięcia oczekiwania. Patrzyłem, jak kino powoli się zapełnia, i uświadomiłem sobie, że jest dwunasta w południe. Tu nikt nie pracuje czy jak? Tego dnia miały być jeszcze cztery seanse.

Chwilę przed południem na ekranie zaczęły migać zwiastuny nadchodzących przebojów, a po nich pojawił się roztrzęsiony kadr, pokazujący dokument, który obwieszczał, że Indyjska Rada Filmowa dopuściła ten materiał do obrotu, ponieważ nie zawiera nieprzyzwoitej golizny. Muzyka ucichła i światła przygasły, a na sali zrobiło się cicho. Bardzo lubię ten moment, gdy w kinie zaczynają się napisy początkowe, bo zawsze wtedy mam cichą nadzieję, że to będzie najlepszy film, jaki zobaczę w życiu.

Tym razem już od pierwszej sekundy takiej nadziei nie było.

Zaczęło się od jakichś widoczków Bombaju, przejechał samochód, ruszyła muzyka, pojawiły się pierwsze anonimowe twarze. A potem pokazało się wnętrze jakiegoś garażu czy sali fabrycznej, błysnęły światła jak na scenie, ekran obsypały iskry, a z nich wyłonił się Salman Khan, gotowy do walki.

Sala oszalała.

Jeśli potrafilibyście na moment przeskoczyć nasze europejskie wyobrażenie o odbiorze filmu i przenieść do sali kinowej publiczność z piłkarskiego meczu, to bardzo poproszę. To nie była owacja, to była histeryczna ekstaza, szał jak w tym siedemdziesiątym drugim czy siedemdziesiątym czwartym, gdy Polacy raz w życiu strzelili coś Anglikom, i to jeszcze u nich w domu. Gdyby widzowie mieli szampany i race, to właśnie teraz wszystko by odpalili.

Połowa publiczności zerwała się na równe nogi i dźwięk z filmu został przykryty przez ogłuszający ryk. Faceci bili brawo, dziewczyny krzyczały, chłopcy ze łzami w oczach gwizdali, matki płakały, ojcowie byli dumni i wszyscy bez wyjątku dawali radośnie wyraz swoim emocjom, waląc z całej siły w dłonie.

– Całe życie na coś takiego czekałem! – wrzasnąłem.

Po tych polskich smutasach w kinach, co to się nawet nie uśmiechną, gdy z ekranu sypią się arcydzieła dialogistyki, wreszcie mam wokół siebie swoich ludzi! Zerwałem się z krzesła i choć pierwszy raz w życiu widziałem na oczy Salmana Khana, już wiedziałem, że od tej chwili będzie to mój ulubiony aktor.

Więc biliśmy brawo, poklepywaliśmy się po plecach i wymienialiśmy znaczące spojrzenia, mówiące: „to jest facet, którego tu wszyscy potrzebujemy", i pozwoliliśmy Salmanowi wytrwać dłuższą chwilę w wystudiowanej pozie, ewidentnie przewidzianej przez ukrytego w gąszczu napisów reżysera na taką właśnie reakcję publiczności.

Salman rzucił jakiś nic nieznaczący tekst i wróciliśmy na miejsca. Zapomniałem nadmienić, że film nie posiadał napisów w jakimkolwiek znanym mi języku, więc fabułę mogłem śledzić wyłącznie, albo i aż, na podstawie gry aktorskiej, która nie pozostawiała na szczęście złudzeń co do charakteru okazywanej emocji. Pomocne były również okazjonalnie wtrącane angielskie frazy, choć te niewiele niestety jednak wnosiły. Bo tego, że ona go kocha, można się było domyślić po maślanym spojrzeniu i muzyce, która z grą aktorską pracowała *unisono*.

Więc to jest bożyszcze kobiet w Indiach, pomyślałem, patrząc na napakowanego draba, który wcale nie wyglądał na swoje czterdzieści pięć lat. Reżyser go ubrał w ciuchy nastolatka, a w ucho wsadził srebrny kolczyk jak z lat dziewięćdziesiątych. Wytarte jeansy nijak się miały do bandamki noszonej na nadgarstku, a wełniana czapa skopiowana z teledysków nie bardzo pasowała do parnego trzydziestostopniowego upału. Wtedy jeszcze zwracałem na takie bzdety uwagę, bo nie rozumiałem, że w kinie w Indiach chodzi o coś innego niż film, i fakt, iż Salman u Antonioniego raczej by nie zaistniał, nie ma najmniejszego znaczenia.

Pojawiła się niewiasta, a Salman bezwstydnymi ruchami obwieścił, że to ona będzie perypetią miłosną. No, akcja nabiera tempa, pomyślałem. Co pewien czas nasz bohater przerywał ganianie bandziorów i w stroju maharadży odśpiewywał jakiś kawałek, koniecznie w grupowym układzie choreograficznym. Ale przeważnie jednak biegał i strzelał albo biegał i bił złoczyńców, co wychodziło w gruncie rzeczy na to samo.

Film przestał mnie interesować już po tej pierwszej owacji, ale wytrwałem do końca i obejrzałbym go jeszcze raz, ale tylko w indyjskim kinie. Gdy Salman stawał w tej swojej pozie pod oklaski albo rzucał jakąś ciętą ripostę, na reakcję nie trzeba było długo czekać. Od razu zrywały się ekstatyczne brawa.

Czasem wstawali pojedynczy widzowie, gdy już nie mogli wytrzymać napięcia, i wpatrzeni w ekran jak w żywego dziadugara krzyczeli coś, żeby rozładować emocje przekraczające granice ich wytrzymałości. Czasem ktoś podrzucał dialogi, czasem wszyscy krzyczeli: „nie idź tam, nie idź!" albo: „lej go po pysku, drania!".

Gdy Salman oblany płonącą benzyną strzepnął ogień jednym ruchem ręki, nagrodzono go owacją na stojąco. Później jego ukochaną pochwycił w brudne łapska główny szwarccharakter, korumpownik policji, jakiś bandzior o wyglądzie koniokrada. Salman zerwał się z plaży na greckiej Rodos, która udawała wybrzeże Bombaju, po czym ruszył biegiem przez pół świata na ratunek, a do boju zagrzewało go całe kino.

A gdy w końcu zapaliły się światła, w załzawionych oczach chłopaka siedzącego obok zobaczyłem, że ci Hindusi nie oglądali filmu. Oglądali świat, o którym myślą, że naprawdę istnieje i o którym marzą. Świat, którego nigdy nie zobaczą, bo nigdy nie opuszczą zasmrodzonej Kalkuty, w której śpią pod gołym niebem na ulicy i przerabiają stare durszlaki na części zamienne do rowerów.

Film, który mnie śmieszył, dla nich był oknem na inną rzeczywistość. Mitycznego Bombaju, odległego nie o dwa tysiące kilometrów, a o dziesięć tysięcy rupii, których wielu nie zobaczy przez całe swoje życie. Salman Khan to nie był facet, który gania złoczyńców. Dla tych rikszarzy i sprzedawców kokosów to był człowiek, którym byłby każdy z nich, gdyby urodził się w innej kaście. To był człowiek, który uciekł od biedy i nie wylądował w czteromilionowym slumsie w Delhi, tylko dokonał niemożliwego.

Przez te trzy godziny aktor był dla każdego z tych młodych chłopaków bohaterem narodowym, który pozwala mieć nadzieję, że jutro będzie lepiej niż dziś.

A może po prostu lubią, jak Salman Kahn tańczy i śpiewa.

– No i co dalej? – wróciliśmy do punktu wyjścia.

Wylądowaliśmy w Kalkucie, dziadugarów nie znaleźliśmy i nie mieliśmy żadnego planu.

– Może jednak Sai Baba?

– Do Puttaparthi? To trasa przez cały kraj.

– Ile będziemy jechać?

– Ze cztery tygodnie, mniej więcej – oszacowałem.

– Nie ma mowy. – W tym jednym zdaniu Adam zawarł całą wizję kilkutygodniowego przedzierania się przez cyrk na drogach, chaos i biurokrację Indii. – Nie na moje nerwy.

– No to lećmy gdzieś indziej – odpowiedziałem.

– Do Wietnamu.

– Czemu akurat tam?
– Mówię ci, do Wietnamu.
– Mówiąc szczerze, akurat w Wietnamie nie słyszałem o dziadugarach ani nikim w tym stylu.
– Ja ci tam pokażę cuda, nic się nie bój.
Adam kochał bowiem Wietnam we wszystkich jego przejawach. Od architektury, przez taniec, po sztuki walki ze swoim viet vo dao włącznie. Nie dość, że Adam ten kraj lubił, to jeszcze nieźle go znał.
Przynajmniej nie będziemy się nudzić.

W FILMACH, gdy ktoś ląduje w Wietnamie, zawsze skacze z helikoptera z M-16 w rękach. My natomiast spokojnie wyszliśmy z terminalu w Hanoi. Cud globalnej wioski. W cenie obiadu w eleganckiej restauracji pokonaliśmy trzy strefy czasowe.

Zatrzymaliśmy się w Old Quarter, zakątku miasta, który mógłby posłużyć za pocztówkę Azji. Wąskie uliczki tętniły życiem. Na każdym chodniku stało kilka barów ze stolikami pod gołym niebem. Większość z nich podawała zupę pho, rosół z kurczakiem lub wołowiną. Pho ma w Hanoi status wyższy niż darmowa służba zdrowia. Bez lekarza mieszkańcy mogą żyć, ale gdyby miłościwie im panująca partia socjalistyczna zabroniła jedzenia pho, socjalizm w Wietnamie skończyłby się jednego dnia. Zapewne w drodze krwawej rewolucji.

Pomiędzy barami kręcili się sprzedawcy warzyw. Na drewnianych pałąkach nosili plecione kosze z batatami i zieleniną. Wszystkich bez wyjątku chroniły przed słońcem tradycyjne szpiczaste kapelusze, które z pałeczkami i ryżem tworzą triadę ikon Azji.

– Nie wierzę, że takie miejsce naprawdę istnieje – szepnąłem.

Naprawdę nie mogłem uwierzyć. Byłem w Hanoi pierwszy raz w życiu. Do tej pory słyszałem, że to zapyziałe, prowincjonalne miasto. Ale patrzyłem na co innego – na Azję, której wyobrażenie miałem w głowie od dzieciństwa.

Ucieleśnienie mojego wyobrażenia Azji z czasów pacholęctwa – szpiczaste kapelusze, rowery i skutery. Old Quarter, Hanoi

Zwłaszcza te szpiczaste kapelusze, których widziałem właśnie przed sobą setki.

W powietrzu poczułem zapach już nie masali, nie kaczori i nie samosów, a ziół dodawanych do każdego dania oraz parzonej zielonej herbaty. To tylko trzy strefy czasowe różnicy, pomyślałem, a wygląda jak inny świat. Niby nadal ten sam kontynent, ale zmieniliśmy Azję znajdującą się pod wpływem Indii, na Azję tradycji chińskiej twórczo rozwijanej przez poszczególne narody.

Przede mną policjant zatrzymał rowerzystę, wsiadł na bagażnik i nakazał jechać dalej. Przy pasie miał solidną drewnianą pałę.

– Oni tymi lagami zdejmują z siodełek motocyklistów – kiwnięciem głowy wskazał go Adam.

Wąskimi uliczkami Hanoi przelatują nocą prawdziwe wyścigi. W Wietnamie nie można mieć bez specjalnego pozwolenia motocykla o pojemności większej niż sto pięćdziesiąt centymetrów, ale dzieciaki podkręcają swoje maszyny i prują zaułkami sto dwadzieścia na godzinę, bez świateł. Policjanci nie mają czym nawiązać uczciwej rywalizacji, więc nawiązują nieuczciwą. Gdy tylko dopadną takiego szczeniaka, uderzeniem kija albo kolby karabinu sprowadzają go do parteru, często przy pełnej prędkości. A jeśli okaże się, że to syn jakiegoś znanego partyjniaka, wzywają jeszcze telewizję.

Tak, reżim socjalistyczny w Wietnamie nie jest nazbyt surowy.

W Wietnamie można zresztą iść do aresztu za wszystko albo za nic. Można spędzić osiem godzin na przesłuchaniu, bo zameldowałeś się w hotelu z dziewczyną, która nie jest twoją żoną. Albo stracić licencję na lokal, bo nie zamknąłeś go o północy, jak stanowi prawo w Mieście Pokoju i Kultury, gdzie ma być porządek, więc żadnych nocnych libacji.

No, chyba że zapłacisz komu trzeba.

Gospodarka Wietnamu stoi na nieopodatkowanych przepływach gotówki z ręki do ręki. Płaci się non stop i za wszystko. Urzędnikom, policjantom, bankierom, politykom, wojskowym, celnikom... Sto tysięcy dongów, dwieście, niewiele. Możesz robić, co chcesz, ale musisz za to zapłacić.

Wszystkie knajpy otwarte po północy opłaciły się policji. Wszystkie teksty w gazetach zostały napisane na zamówienie, a dziennikarze dostali z góry polecenia lub pieniądze. Wszystkie pary żyjące na kocią łapę płacą regularnie komu trzeba, by nie figurować w raportach. I tak dalej.

Płaci się naprawdę każdemu.

Z CUDÓW jak na razie w Hanoi widzieliśmy tylko cuda architektury i bardzo przyjemny spektakl teatru lalek na wodzie. Tego, co nie istnieje, jakoś chwilowo nie było.

Teatr lalek na wodzie to przejaw fascynującej wietnamskiej kultury w samym centrum miasta. Pięć spektakli dziennie dowodzi niezbicie, że sztuka ma się dobrze i na brak widowni nie narzeka. W nastrojowo oświetlonej sali znajdował się basen pełniący rolę sceny. Ponad nim na podwyższeniu siedział zespół akompaniujący w sobie tylko zrozumiały sposób, dający co jakiś czas popis wirtuozerii na jęczącym *dan bau* czy lokalnej bałałajce. Na powierzchni wody, a czasem i pod nią, drewniane lalki opowiadały historie z wietnamskich legend. Smoki ziały ogniem, rybacy łowili

ryby, dzieci szukały skarbów, a król Le Loi wręczył magiczny miecz wielkiemu żółwiowi.

Lalki poruszane są przez ukrytych za kotarą lalkarzy, którzy stoją po pas w wodzie i długimi kijami wprawiają je w ruch, wykazując się przy tym nadludzką siłą. Wietnamskie dzieci w pierwszym rzędzie patrzyły na tę magię oniemiałe, z szeroko otwartymi ustami. Piękne.

Wracaliśmy właśnie z teatru, był już późny wieczór. Obwoźne garkuchnie zniknęły z ulic i pootwierane były tylko nieliczne sklepy. Po pustawych już o tej porze uliczkach przemykały skuterki i taksówki. W podcieniach sklepów spali ich właściciele, a w restauracjach, za barami, na swoich matach i kocach drzemali kelnerzy.

Pochłonięci rozmową nie zauważyliśmy, że obok zatrzymała się jakaś kobieta na motorku i zaczęła coś do nas mówić.

– Słucham? – pochyliłem się, bo nie mogłem dosłyszeć.

– Massaa...? Massaa...?

– Massaa...? – nie zrozumiałem w pierwszej chwili.

– Pełny masa? Masa specjal? Bum bum?

– Znaczy seks?

– Ses.

– Podziękuję.

Zaraz za nią zatrzymał się inny skuter i zsiadła z niego kobieta pod czterdziestkę w obcisłej, półprzezroczystej bluzce skrywającej koronkowy stanik. Odepchnęła tę, która prezentowała ofertę masaży po hanojsku, i przeszła od razu do sedna.

– Chcę się z tobą kochać.

Ależ mam dziś powodzenie, pomyślałem.

– Trzydzieści dolarów.

Tak, to jest to, co każdy facet chce w życiu usłyszeć. Zmyliśmy się cichaczem w kierunku hotelu, odmawiając obu uprzejmym prośbom.

Pod Hanoi, Miastem Kultury i Pokoju, żyło inne miasto. Korupcji, seksu i narkotyków.

Prostytucja w Hanoi była i jest nielegalna, ale akceptowana społecznie. Paradoks, który pozwalał najstarszy zawód świata uprawiać z wyboru, a następnie zmienić branżę bez konsekwencji. Szacunek lub jego brak, którym były obdarzane prostytutki, sprowadzał się do tego, że dobre prostytutki się szanowało, a złych nie. Można to chyba nazwać profesjonalizacją.

Salony masażu w całym Wietnamie były przykrywkami dla mniej lub bardziej niegrzecznych usług oferowanych przez masażystki, które chyba nawet nie za bardzo udawały, że o leczniczych masażach cokolwiek wiedzą. Może i odchodziło tam jakieś masowanie, ale mające się do masażu mniej więcej tak jak herbata na trawienie do diety.

Narkotyki płynęły żwawym strumieniem przez Hanoi od czasu, gdy niedaleka Tajlandia zaostrzyła walkę z przemytem. Okazało się najwyraźniej, że łatwiej nadrobić trochę kilometrów, niż stale się użerać z tajskimi służbami mundurowymi. Efektem tego był nowy kanał przerzutowy biegnący przez Hanoi i Hajfong do Zatoki Tonkińskiej, a potem dalej w świat. Uprawy ze Złotego Trójkąta, niedawnej stolicy narkobiznesu, strefy, gdzie łączą się granice Wietnamu, Chin, Laosu, Birmy i Tajlandii, przeniosły się w mniej oczywiste miejsca. Zalesionych zboczy w tych krajach nie brakowało, podobnie jak nieobecnych na mapach wysepek. Mimo obowiązującej w wielu krajach karze śmierci za narkotyki, produkcja szła więc pełną parą. Podobnie jak transfer przez Wietnam.

Narkotyki powodowały masowe zarażenia HIV, a te z kolei epidemię gruźlicy. Niezbity dowód, że opłaty tranzytowe w wielu przypadkach uiszczane były w naturze, a spożycie substancji zakazanych rosło z roku na rok.

I to pod nosem łaskawie panującej partii i wszechobecnej *cong an*, policji i administracji. Które kontrolowały zapewne sporą część rynku.

Mieliśmy ulubiony bar z sajgonkami, w którym codziennie jedliśmy śniadanie, i ulubioną uliczną garkuchnię z makaronem, w której co wieczór jedliśmy kolację. Obiad stanowił za to pewną zmienną.

– Poproszę zupę pho i tę zieleninę – powiedziałem, wskazując górę warzyw. – Ale bez sałaty i ogórka. I herbatę z cytryną, ale bez lodu.

Adam popatrzył na mnie jak na wariata. Patrzy tak za każdym razem. Z mieszaniną politowania i rozbawienia.

– Ja to samo, ale normalnie, bez wygłupów.

Pani przyjmująca pieniądze i tak nie zrozumiała żartu, ale ja wiedziałem, że nie był skierowany do niej. Usiedliśmy przy stoliku, który jedną nogą wystawał już na jezdnię, i zaczęliśmy przecierać pałeczki limonkami, by je choć trochę odkazić. Mycie naczyń w barach w Azji nie jest tożsame z nadawaniem im czystości.

Adam ciężko westchnął, popatrzył na mnie poważnie i rozpoczął, po raz setny, tę samą rozmowę o jedzeniu.

– Dlaczego stale zamawiasz coś bez sałaty albo bez ogórka?

– Bo je myją w wodzie, o której nic nie wiem. I mogę przypuszczać z dużą dozą prawdopodobieństwa, że jest to zwyczajna kranówa. Czyli nie chcę się opić kranówy.

– A co by ci się niby mogło stać?

– Mówiłem ci sto razy co.

– To powiedz jeszcze raz.

– Spadówa.

On to robi specjalnie. Za każdym razem każe mi wymieniać groźne choroby, a potem oznajmia, że jestem wrażliwą panienką. Od kiedy go znam, Adam jadał absolutnie wszystko i wszędzie. I naprawdę nigdy nic mu się nie stało. Nigdy się nie zatruł, nigdy nic ze sobą nie przywiózł do domu. Ani razu.

A inni przez lata leczą jelita po amebozie albo biegają po lekarzach z jakąś inną giardią lamblią.

– Jak pierwszy raz coś złapiesz, też będziesz wybierał jedzenie – przestrzegłem po raz setny.

– Z pewnością.

Do swoistego rytuału po tej rozmowie należy to, że Adam ostentacyjnie chrupie swoją sałatę, bez słowa, ale z niemą, komicznie poważną miną, mówiącą „popatrz, popatrz, nic mi nie jest", a następnie popija herbatą z lodem niewiadomego pochodzenia.

W Wietnamie partia ma swoje legalnie prosperujące interesy, podobnie jak policja, armia i wszelkie inne duże agendy.

Wojsko na przykład dba o swoje bezpieczeństwo finansowe za pomocą własnego banku (MB, Military Bank) oraz giganta Viettel, sieci telekomunikacyjnej i internetowej. Do tego dochodzą fabryki, firmy budowlane, a nawet produkcja farb (Hai Au Paints). Wojsko (jak to wojsko) dobrze się jednak kamufluje i nie do końca wiadomo, co należy do armii, a co nie.

Partia i administracja – jak w PRL – mają pod kontrolą prawie wszystko, bo niemal wszystko jest państwowe. A ponieważ ostatnio do Wietnamu dociera idea prywatyzacji, wiele zakładów przechodzi w prywatne ręce, czyli... w ręce państwowych dyrektorów tych zakładów w cywilu, którzy mogą kupić czterdzieści dziewięć procent udziałów po preferencyjnych cenach.

Albo jest niezniszczalny, albo ma szczęście przekraczające normy. Nie wiem.

Wiem natomiast, że ja już swój limit wyczerpałem.

Kuala Lumpur, Malezja, trzy lata wcześniej

Wysiedliśmy z autobusu w biegu, w środku miasta, nie czekając, aż dojedzie do monstrualnej zajezdni autobusowej Puduraya. Strasznie się w tym autobusie obżarłem chipsami, które kupiłem sobie na drogę. Całkowita i niewybaczalna zdrada wszystkich moich zasad, która na pewno się zemści.

– Nie wyobrażam sobie, że będziemy chodzić po mieście na czczo – powiedziała Marianna. – Proponuję klasyczne roti chennai z sosem.

Z Marianną podróżowaliśmy wtedy po Azji bardziej z nutą wakacyjnego luzu niż przygodowej wyprawy. Marianna jest typem osoby, która z podróży wyciąga ile się da. Jeśli trzeba, będzie spać w zapchlonych norach i śmierdzących motelach, ale to nie znaczy, że sprawia jej to przyjemność. Jeśli będzie mogła wybrać, wybierze dobre jedzenie, czyste ręczniki, trochę kultury i małe zakupy co jakiś czas.

Etatowo poważna pani dyrektor, a w przerwach na podróże na koniec świata po prostu uśmiechnięta dziewczyna, która kocha egzotykę i lubi słońce.

Nie dotarliśmy w końcu na naleśniki roti chennai, bo czułem się jakoś niewyraźnie, pewnie przez te chipsy. Miałem nadzieję, że po łyku świeżego powietrza będzie mi lepiej.

Po przejściu dwóch przecznic byłem już pewny, że lepiej nie będzie.

– Strułem się czymś. Musimy szybko znaleźć jakiś hotel.

Marianna ma żelazny żołądek i nie zna terminu „struć się", ale o nim czytała, więc mogłem liczyć na odrobinę współczucia. Hotele w Chinatown okazały się strasznymi dziurami. Normalnie by mi nie przeszkadzały, ale czułem się coraz gorzej i wiedziałem, że lada moment będę potrzebował czystej łazienki, pościeli i klimatyzacji. Łazienki w szczególności, najlepiej zaraz przy łóżku. Marianna zaproponowała Mandarin Pacific, trzygwiazdkowy hotel z marmurem drugiej świeżości w hallu i obsługą w znoszonej liberii. Postanowiłem nie wybrzydzać.

Gdy tylko dowlokłem się do pokoju, padłem na łóżko.

– Chyba mam gorączkę.

– Niedobrze, niedobrze... Ciekawe, co ci tak zaszkodziło? To roti rano? Nie chce mi się wierzyć.

– Stawiałbym na te chipsy.

– A ty unikałeś sałaty i ogórka.

– Przepraszam na moment.

Skoczyłem do łazienki, a tam zatrucie wyrwało się na wolność wszelkimi dostępnymi drogami. Po kilkunastu minutach spędzonych z głową w porcelanie nie miałem już czym wymiotować, ale żołądek nadal próbował. Myślałem, że umrę. Gorączka uderzała mi do głowy, zachwiałem się, próbując wstać. Drżąc z zimna, dowlokłem się do łóżka i zakopałem pod kołdrą. To nie było zatrucie, jakie każdy zna, tylko jakieś tropikalne świństwo. Nigdy nie przeżyłem czegoś takiego.

Klimatyzacja ziębiła nie do wytrzymania, nie byłem w stanie utrzymać w sobie niczego. Każdy rajd do łazienki stanowił wyzwanie ponad siły i za każdym razem wracałem, trzymając się ścian. Marianna przygotowała mi herbatę i leki, a po troskliwym upewnieniu się, że nie może mi już nijak pomóc, wyszła na zakupy. Leżałem w przepoconej pościeli i trząsłem się z zimna.

Nie wiem, czy spałem. Pamiętam tylko deliryczną gorączkę i jakieś potworne, męczące wizje, od których nie mogłem się uwolnić. Zamykałem oczy i czułem, że zaraz eksploduję ściśnięty gigantycznymi dmuchanymi balonami. Z nieba spadały budynki i z hukiem waliły się wokół mnie. Kolory wirowały i nie dawały się uchwycić. Boże, dlaczego ja słyszę *Kulig* Skaldów...? Nienawidzę Skaldów. Czerwonych Gitar też. A tej głupawej przygrywki na początku w szczególności. Pa pa pa pa, pa pa pa pa, pa pa pa pa, pa pa. Niech to się skończy. Ciekawe, czy da się posmarować chleb sałatą? Zawsze... Zaraz. Zawsze zassię... Zraraz. Ktoś powinien założyć zespół saksofonowy It Sax*. Zawsze się zastanawiałem, kim bym był, gdybym urodził się gdzie indziej? Bymbyłbymbym... Hahhha...

– Rany boskie, fatalnie wyglądasz – usłyszałem nagle Mariannę. Dotknęła mojego czoła. – Strasznie jesteś rozpalony.

– Co?

– Ile wypiłeś wody? Nic nie wypiłeś. Przez dwie godziny!

Marianna rozpuściła mi w wodzie jakiś proszek.

– Możesz wyłączyć klimatyzację? – poprosiłem.

– Jest wyłączona, gorąco tu jak w piecu. Masz, wypij to.

Mdłe i muliste.

– Jeśli nie przejdzie ci do jutra, dzwonimy po lekarza.

Marianna wstała z łóżka i gdzieś odpłynęła. Głowa zapadła mi się w poduszkę i zapadała się coraz głębiej i głębiej, aż miękkie pierze przesłoniło mi oczy i zacząłem bezwładnie spadać.

Mógłbym wymyślić nowy język... Askan, meren, kati, nase... Nasi padang. Jaka to ładna nazwa. Nosi padang. Nosi pan dang. Nosi pan de. Pande. Pandech. Pandechr. Pachr. Pacha. Pacha łacha wacha flacha. Kto to nie lubi słów z acha? A lubi ciasto marchewkowe... i śledzia pod pierzynką... Pierzynka... Pierzynka... Pantalony... Parasole... Parasole. O, parasole są super. Sucho ci, a stoisz w deszczu... Szczczczszcz... Jak na dyktandzie w szkole... Skąd ja znam takie słowa jak laseracja? Albo konterfekt? Głowa mała, a tyle w niej bałaganu...

Ocknąłem się. Marianny nie było w pokoju. Gorączka spadła chyba odrobinę, ale nadal drżałem z zimna. Wypiłem kilka łyków wody, czując, jak rozpalone mam gardło. Jakimś cudem udało mi się utrzymać płyn w środku. Opadłem na poduszkę.

Sięgnąłem po pilota i włączyłem telewizor. Były w nim trzy kanały. Pogoda, wiadomości z chińskiej telewizji i jakiś lokalny, na którym szedł serial malajskiej produkcji. Niech będzie serial.

---

* Nieprzetłumaczalna gra słów. „It sax" brzmi jak „to saksofon" albo „to jest beznadziejne".

Aktorzy aferowali się trochę za bardzo i podawali dialogi jak w teatrze, wkładając w każdą scenę wszystko, co mieli. A że mieli niewiele to już inna sprawa. Oświetlenie było natomiast trochę za ostre i takie jakieś rozmydlone, jak w brazylijskich romansach. Był on i ona, i chyba jej matka. Mieszkali w nienaturalnie czystym domu i stale się o coś kłócili.

No, ten to idzie na Oscara, pomyślałem o młodym chłopaku, który zagrywał się na śmierć w roli zrozpaczonego kochanka. Płakał, łkał i walił w drzwi pięściami, a potem osunął się po nich bezsilnie. Akcja gdzieś się przeniosła.

– *Selamat pagi. Saya sedang menkari Nadira* – powiedziała jakaś dziewczyna, stojąc w drzwiach zupełnie innego mieszkania. Kobieta w sile wieku, która jej otworzyła, spojrzała nienawistnie.

– *Saya tidak faham!* – odpowiedziała ze złością.

No, może się chociaż będą lać, pomyślałem. Młoda dziewczyna uśmiechnęła się złowróżbnie i wycedziła przez zęby:

– *Saya tidak faham? Maafkan saya. Nama saya Dian.* Nadira jest mi winna pieniądze. I lepiej, żeby miała je do jutra.

Ostatnia kwestia wyrwała mnie z letargu. Aż zamrugałem z wrażenia i spojrzałem baczniej na telewizor, wytężając uwagę.

– *Tolong sampaikan ukap selamat saya kepada Nadira* – rzuciła przez ramię młoda dziewczyna i weszła do windy. Kamera uchwyciła jeszcze jej powłóczyste spojrzenie i kolejny jadowity uśmiech. Ta druga zapatrzyła się w przestrzeń, ujawniając intensywny proces myślowy.

Jasny gwint, kto to jest Nadira i jakie znowu pieniądze? I dlaczego ja to zrozumiałem!?

Akcja serialu snuła się usypiająco. Kochankowie znowu się kłócili, a matka próbowała ich rozdzielić. Potem jakiś facet wysadził z samochodu małego chłopczyka, który pobiegł z tornistrem do szkoły. W następnym ujęciu mężczyzna wszedł do biura i przywitał się z elegancką sekretarką o nazbyt wyeksponowanej fryzurze.

– *Ini dia* – powiedział, podając jej teczkę z dokumentami.

Sekretarka otworzyła teczkę i nagle aż podskoczyła, zakrywając dłonią usta, a z oczu spłynęła jej łza. W środku czekał pierścionek z diamentem.

– *Adakah anda menyukainya?* – spytał mężczyzna.

– *Ya. Saya amat menyukainya!* – odparła ona, po czym padli sobie w objęcia i już oboje popłakali się ze wzruszenia.

Znowu jakoś słabiej się poczułem i skupiłem uwagę na wsłuchiwaniu się w ewentualny gwizdek startowy w biegu do sedesu.

– *Saya mencintai anda!* – powiedziała z telewizora ona.

– Mam nadzieję, bo dla ciebie odchodzę od mojej żony – odpowiedział on, patrząc na mnie z ekranu.

Jasny gwint, potrzebuję natychmiast lekarza. Gorączka gorączką, ale takie omamy to już poważna sprawa. Przestraszyłem się nie na żarty. Gdzie jest Marianna?

Marianny nie było jeszcze jakiś czas. Trochę się uspokoiłem, upewniwszy się, że nadal nie rozumiem nic z tego, co słyszę w telewizji. Drogą dedukcji powiązałem natomiast imiona z postaciami. Jednak gorączka wróciła i przestałem myśleć klarownie. Oczy i głowa zaczęły działać niezależnie. Musiałem sprzęgać je ze sobą siłą woli, bo bez kontroli oczy oglądały serial, a głowa odpływała w te koszmarne majaki.

Drzwi się otworzyły, szorując po wykładzinie, i do pokoju weszła Marianna.

– Kupiłam ci banany i wodę. Musimy cię jakoś wzmocnić.

– Dobra, dobra, nieważne. Słuchaj, zacząłem rozumieć po malajsku!

– Co ty mówisz? – Marianna spojrzała na mnie podejrzliwie.

– Serio, popatrz. To jest Nadira, ona jest winna pięćdziesiąt tysięcy ringgitów innej panience, jakiejś Dian. To jest matka tej blondynki i ona nienawidzi chłopaka swojej córki, bo wie, że ją zdradził z jej siostrą. O, a ten facet odchodzi od żony dla tej z czarnymi włosami i ma synka w trzeciej klasie.

– Skąd ty to niby wiesz?

– Mówię ci, r o z u m i e m malajski!

– W porządku, wszystko jasne. Dzwonimy po lekarza.

Marianna podniosła słuchawkę hotelowego telefonu i nagle zamarła w bezruchu. A potem roześmiała się wdzięcznie.

– Patrz, znowu zrozumiałem! Ta Dian ją szantażuje, bo ma jej zdjęcia z innym facetem! – ekscytowałem się, jakbym dokonał przełomowego odkrycia. – Niesamowite, ja rozumiem malajski! Co za nieprawdopodobna sprawa!

– Brawo Einsteinie, brawo – powiedziała Marianna i zobaczyłem, że śmieje się z e m n i e. – Pogadamy o tym jutro.

Podniosła z ziemi pilota i wyłączyła telewizor, odbierając mi jedyną radość, jaka mi w tym życiu pozostała: napawanie się moją fascynującą umiejętnością.

– Musisz odpocząć. Wypij trochę herbaty i idź spać.

– Ale ja chcę jeszcze pooglądać!

– Masz gorączkę. Musisz spać.

– Dobrze, mamo.

– Nie mów do mnie mamo.

– Dobrze, tato.

Następnego dnia było dużo lepiej. Temperatura wróciła do normy i przestał mi przeszkadzać dźwięk skarpet na dywanie, który dzień wcześniej boleśnie drażnił uszy. Zjadłem papkę z bananów, popiłem herbatą i nic się nie stało. Nadal byłem zbyt osłabiony, by wyjść z hotelu, ale przynajmniej miałem już z górki.

Marianna włączyła telewizor.

– Chciałabym ci coś pokazać. Będziesz się nieźle śmiał.

Przeskoczyła kanał z pogodą oraz chińskiego prezentera wiadomości i na ekranie błysnął mój ulubiony serial.

– Więc to jest Nadira, tak? – spytała Marianna.

– Tak.

– A to Dian?

– Zgadza się.

– A skąd to wiemy?

– Mówiłem ci, zacząłem rozumieć malajski!

– Tak? To gdybyś był tak uprzejmy i przetłumaczył mi, co oni teraz mówią.

Nadira i jej chłopak jechali samochodem. Po grze aktorki wnioskowałem, że Nadira musiała być umierająca. Czuła się źle jak jeszcze nikt dotąd.

– *Saya berasa sakit. Sila berhenti di sini* – powiedziała. Wysiadła z samochodu i przyklękła.

– Przecież nie rozumiem wszystkiego, tylko co jakiś czas. Ale to i tak nieźle jak na kilka tygodni, prawda?

– Dobra, dobra. Oglądaj dalej.

– *Berikan benda ini kepada saya* – powiedział chłopak Nadiry, odbierając jej torebkę. Pewnym ruchem wyrzucił wszystko ze środka i podniósł kopertę, w której były zdjęcia. – Wiedziałem od dawna, że się z nim spotykasz, dziwko – dokończył lodowatym tonem.

Po angielsku.

Brytyjska obecność w Malezji zostawiła wiele śladów. W szkole angielski jest jednym z języków wykładowych, niektóre malajskie reklamy i etykiety na produktach też są w tym języku. Na ulicach króluje *manglish*, połączenie malajskiego i angielskiego.

I, z jakiegoś powodu, aktorzy w malajskich serialach również co jakiś czas wrzucają dwa zdania po angielsku. I to nawet nie puenty, tylko tak, bez powodu, gdzieś w środku.

A mój przegrzany mózg nie był w stanie połączyć faktów. Dobrze, że to nie była denga, bo pewnie skoczyłbym z okna, myśląc, że potrafię latać.

W Hanoi nie znaleźliśmy nic, co podpadałoby pod kategorię „coś, co podobno nie istnieje". Co wcale nie oznacza, że nie było warto tam pojechać. Adam wynalazł wioskę łapaczy węży Le Mat. Miała się znajdować na obrzeżach Hanoi. Podobno były to restauracje hodujące kobry królewskie, więc coś w sam raz dla nas.

Wyszliśmy na ulicę. Przed nami płynęła rwąca rzeka rowerów, skuterów i motocykli, która sprawiała, że przed zejściem z chodnika wielu przyjezdnych zaczynało się modlić.

HONDA

W Azji jest wiele miejsc, w których przejście przez jezdnię to sport wyczynowy. W moim prywatnym rankingu Hanoi mieści się na wysokim miejscu w pierwszej piątce, bo na ulicach dzieje się dużo i we wszystkich kierunkach jednocześnie. Ale idąc spokojnie, równo i z zamkniętymi oczami, zazwyczaj można bezboleśnie dobrnąć na drugą stronę jezdni, bo kierowcy motorków ominą cię za plecami, nawet nie zwalniając. Jednocześnie dość umownie traktowane przepisy ruchu drogowego pozwalają tu przejść w dowolnym miejscu przez sześciopasmową autostradę albo pokonać rondo pod prąd, jeśli tak jest bliżej.

Bangkok również plasuje się wysoko. Tam jeździ się dużo szybciej, przez co błędy w ocenie wielkości luki między pojazdami mogą drożej kosztować. Słyszałem też straszne rzeczy o Bombaju i Delhi, w które po tym kawałku Indii, który widziałem, jestem skłonny uwierzyć. Ciekawe rzeczy dzieją się też na drogach w Chinach i na Filipinach, ale to jednak poza podium.

Numer jeden w moim rankingu od lat niezmiennie zajmuje jednak Katmandu, bo tylko tam możesz zostać przejechany, jedząc obiad w barowym ogródku.

O, tam to jeździ się i chodzi bezpardonowo. Nie za sobą czy obok siebie, tylko na sobie. Każdy chodnik czy zaułek, a nawet i wejścia do sklepów – wszystko jest dobre, by uciec przed innym kierowcą lub zdobyć nad nim przewagę. Ludzie ryzykują życie, wskakując w drodze do warzywniaka pomiędzy pędzące samochody, i je ratują, umykając przed motocyklistami, co nie znają strachu i hamulca.

Tak, Katmandu jest niepowtarzalne.

Specyfika Hanoi polega na wszechobecności motorków i skuterów. Kilka lat wcześniej dominowały jeszcze rowery, ale potem zaczęto wydawać coraz więcej pozwoleń na samochody, więc teraz ulice się korkowały, a wieczorem przez centrum przemykały czarne lśniące limuzyny bez tablic rejestracyjnych.

Mimo to ulica w Hanoi to ulica motorów. Motor w Wietnamie nie jest środkiem transportu – jest wszystkim, co akurat potrzebne. Ciężarówką, autobusem, chłodnią, leżanką, ścigaczem, wehikułem dwu-, trzy- lub czterokołowym, poczekalnią, kawiarnią, magazynem albo pojazdem rodzinnym. Kierowców motorów w Hanoi ogranicza tylko wyobraźnia.

– Zobacz, ten wiezie prosiaki – ruchem głowy Adam wskazał motorek, na którym leżały nieprzytomne trzy wieprzki przewiązane sznurem.

– A za nimi jedzie łóżko – pokazałem palcem skuterek, który na bagażniku wiózł materac typu *king size*. Gdy terkocząc, minął nas, zobaczyliśmy, że za materacem wisiała w powietrzu jeszcze jakaś kobieta, utrzymując się na czterocentymetrowym kawałku siedzenia dzięki sile rąk, którymi obejmowała materac.

Obok przemknął skuterek z pięcioosobową rodziną wiozącą zakupy, a za nimi kwiaciarnia. Potem jakiś facet wiozący luzem gigantyczne bloki lodu, a następny z tysiącem parasoli.

Z chodnika obok nas zeszła sprzedawczyni bananów, niosąc na ramionach pałąk z dwoma koszami pełnymi owoców, i wkroczyła w rzekę pojazdów, niknąc nam chwilowo z oczu. Wyłoniła się ponownie po drugiej stronie jezdni i pomaszerowała dalej, nawołując klientów.

– Mogę tu przyjechać i tysiąc razy i nie przestanie mnie to zadziwiać – powiedziałem.

Zatrzymaliśmy *moto* i po chwili handryczenia się o cenę zasiedliśmy w trzech na siodełku. Przeciążone amortyzatory aż stuknęły, protestując. Skuter ruszył i skręcił w pierwszą przecznicę, kierując się ku wielopasmowej autostradzie przecinającej miasto. Na szosę nasz kierowca bez najmniejszego zawahania wjechał pod prąd. Lawirując między samochodami, pomknął jakieś pięćset metrów do następnego skrzyżowania, na którym włączył się do ruchu już po właściwej stronie jezdni.

Rzeka motorków płynęła bardzo równomiernie, wszyscy jechali mniej więcej z tą samą prędkością, dzięki czemu stworzyła się tymczasowa eskadra kierowców jadących obok siebie. Po lewej mieliśmy jakąś panią, która musiała wracać z biura. Ukłoniliśmy się uprzejmie, otrzymując w zamian grzeczne skinienie głową. Przed nami jechał skuter zdecydowanie bagażowy, wioząc w kartonie ochronnym wielgachną lodówkę. Po prawej kierowca wiózł pasażera, który na skuterze siedział bokiem z nonszalancko założoną nogą i obserwując ulicę, palił znudzony papierosa, jakby był w kawiarni.

Kto jechał za nami, niestety nie widziałem, gdyż nie miałem odwagi się odwrócić. Taki manewr zmieniłby geometrię naszego pojazdu jadącego osiemdziesiąt na godzinę.

Zaczęło się już ściemniać, gdy wysłużona maszyna dowiozła nas do Le Mat. Kierowca wysadził nas przed dość obskurnym budynkiem wyglądającym na magazyn i coś obwieścił – chyba, że poczeka, aż będziemy wracać.

Weszliśmy do środka, rozglądając się niepewnie, bo wnętrze nijak nie przypominało restauracji. Śliskie kafelki, które wiele już widziały, jakieś kable, kraty i worki, kilka glinianych dzbanów i przywiązany sznurem pies, któremu nie chciało się nawet wstać.

Stanęliśmy na środku i po chwili wyszedł do nas młody chłopak, wycierając ręce w niegdyś biały fartuch. Po wietnamsku znaliśmy tylko kilka słów, które musiały wystarczyć w związku z brakiem zdolności językowych gospodarza. Po dłuższej chwili udało się wyjaśnić na migi, że przyszliśmy zobaczyć węże i nasz człowiek (nazwijmy go Nam, z braku porozumienia) podprowadził nas do worów ułożonych luzem na ziemi. Z bliska mogliśmy zobaczyć, że w workach leżą węże, w paskudnych kłębowiskach, wijące się jednostajnie powolnym ruchem.

Nam złapał jeden z worków, a uwięziony wąż rzucił się kilka razy wściekle. Chłopak rozwiązał sznurek i z kamienną twarzą wsadził do środka rękę. Chwilę później na podłogę wypadła z sykiem wężowa głowa, a za nią cała reszta czarnego cielska.

– Stary, to jest kobra – szepnąłem do Adama, gdy tylko zobaczyłem kształt łba.

– Co ty opowiadasz...

Kobra wściekle rzuciła się w rękach Nama, rozkładając kaptur. Adam drgnął z wrażenia. Nam trzymał kobrę lewą ręką za ogon, a prawą w połowie długości ciała, dokładnie tak jak nie powinien. W tej pozycji wąż był w stanie ukąsić go w dowolny sposób. Nam stosował jednak starą sztuczkę łapaczy kobr – potrząsał gadem za każdym razem, gdy ten podnosił głowę, szykując się do ataku.

Nam prezentuje
kolejne węże,
wszystkie jadowite,
od dwudziestu
do stu dolarów
za sztukę

Gdy potrząsa się kobrą, jej zmysł równowagi szwankuje i wąż nie wie, co się dzieje. Zamiast gryźć, opada na ziemię i potrzebuje chwili na dojście do siebie. Nam potrząsał kobrą co chwila, gdy tylko wykazywała chęć do zabawy.

Do czasu, gdy wąż wypadł mu z rąk i swobodnie pomknął pod ścianę.

Nie muszę dodawać, że gdy tylko zobaczyliśmy, jak wąż opuszcza ręce łapacza, odruchowo cofnęliśmy się ze dwa metry. Dokładnie tak jak nie powinniśmy w tej sytuacji. Większość węży (a wszystkie kobry) reagują tylko na ruch. Bardzo słabo widzą i nie potrafią ocenić poprawnie odległości, jeśli obiekt się nie porusza. Dlatego próba ucieczki pozwoli im zaatakować, dostarczając potrzebne dane. Jeśli stoisz nieruchomo w miejscu, masz dużo większe szanse.

Nam, niezrażony, po prostu ponownie złapał kobrę i trzymając ją kurczowo przy głowie, zapytał:

– Siedemdziesiąt dolarów?

– Nic tańszego? – odparłem. Zresztą kobry są już prawie pod ochroną, więc zjedzenie jednej z nich nie wchodziło w grę.

– Pięćdziesiąt. Ten mniejszy.

Nam wrzucił wciąż syczącą kobrę do worka i zawiązał go powrozem, po czym z dużym respektem z innej siatki wyciągnął półtorametrowego węża o jasnej, połyskującej skórze.

– Jadowity? – spytałem.

Nam wskazał znacząco swoją dłoń okrytą sporym opatrunkiem. Popatrzyliśmy po sobie, ważąc w myślach, czy czterdzieści dolarów jest warte przygody zjadania jadowitego węża.

– Chłopie, ja już wiele słyszałem o tych restauracjach, tu się nie ma nad czym zastanawiać – określił się Adam i widziałem w jego oczach, że to jest chwila, na którą długo czekał.

– Za czterdzieści możemy spróbować – powiedziałem do Nama.

Jego matka, do tej pory stojąca w kuchennych drzwiach, powiedziała coś po wietnamsku i Nam kiwnął głową, zgadzając się na naszą cenę. W Azji wszystkie ceny są negocjowalne.

Mało zachęcający parter w stylu magazynu nie zapowiadał tego, co zobaczyliśmy na piętrze. Na wyższym poziomie urządzona była restauracja. Cała w rzeźbionym ciemnym drewnie, z masywnymi stołami i trzema salami, które mogły pomieścić pięćdziesiąt osób. Przestrzeń raczej się marnowała, ponieważ byliśmy jedynymi gośćmi.

Usiedliśmy przy stole i odczekaliśmy chwilę. Po minucie po schodach wszedł Nam z pomagierem, który przyniósł stalową tacę, komplet noży, szklany dzbanek i dwa kieliszki. Pomagier układał wszystko na podłodze, podczas gdy Nam trzymał mocno wciąż wijącego się węża.

A potem jednym z noży rozpłatał go od głowy po ogon i wypruł z niego wnętrzności.

Węże mają dwa serca, które w mitologii wietnamskiej dają moc i siłę. Każde z nich po chwili znalazło się w oddzielnym kieliszku i zostało zalane krwią zmieszaną z wódką ryżową. Serca biły jeszcze kilka dobrych minut, przepompowując trunek. Podczas gdy my zbieraliśmy się na odwagę, by wlać w siebie napój, Nam dokończył formalności. Wąż wijący się jeszcze *post mortem* został pozbawiony głowy i wszystkich organów wewnętrznych, a na koniec skóry.

Widok, który odbiera apetyt, uwierzcie.

Kieliszek wódki z bijącym sercem węża i jego krwią

Namowi przy tej operacji odpadł opatrunek, ukazując pogryzioną dłoń, rozciętą chirurgicznym skalpelem. Żółknąca opuchlizna była przerażająca.

– Kiedy to się stało? – zapytaliśmy na migi.

– Tydzień temu – padła jednoznaczna odpowiedź.

Nam następnie wrócił na dół, gdzie jego matka i siostra miały przyrządzić dla nas sześć dań, i zostaliśmy sami. Popatrzyliśmy po sobie i Adam zapytał:

– Będziesz to pił?

– A jak myślisz? Zważając na to, że biorę sajgonki bez sałaty?

– Jesteś żałosny bardziej, niż myślałem – powiedział i jednym ruchem wrzucił sobie trunek do gardła. Skrzywił się tylko lekko, gdy pulsujące jeszcze serce przechodziło przez przełyk, a potem popatrzył na mnie z wyższością.

Zanim zdążyłem usłyszeć pierwsze drwiny, pomagier Nama pojawił się z przystawkami, w całości z węża – smażoną na tłuszczu skórą i chrupkami, pochodzenia których wolałem nie znać. Skóra smakowała fatalnie, ale prażynki, zwłaszcza oblane sosem sojowym, były wprost wyborne. Po chwili pojawiła się zupa z szeroko pojętymi flakami i sajgonki z mięsem. Na tym etapie obrzydzenie podchodzące falami do gardła już skutecznie przeganiało radość z kulinarnego doświadczenia.

Po sajgonkach pojawiły się jeszcze jakieś dania, których nie zapamiętałem, bo serce bijące wciąż w drugim kieliszku nieco mnie rozpraszało.

Wtedy myślałem, że to najobrzydliwsze, co w życiu jadłem, ale gdy zastanowiłem się nad tym spokojnie później, doszedłem do innych wniosków.

Yeosu, Korea Południowa, prawie dwa lata wcześniej

Podczas pobytu na południu Korei jakimś przedziwnym zbiegiem okoliczności zostałem zaproszony na obiad przez burmistrza miasta Yeosu i jego trzech zastępców. Siedziałem w Korei od tygodnia. W tym czasie najadłem się może raz, jogurtami z supermarketu. Koreańska kuchnia ma to do siebie, że zazwyczaj przybysz z Europy nie potrafi rozpoznać, co je. I pytaniem nie jest – czy to bakłażan, czy cukinia? Raczej – czy to mięso, czy warzywa?

Podstawą koreańskiej kuchni jest kimczi, fermentowana potrawka z kapusty, chili, imbiru i krewetek. Podawana do każdego dania skutecznie maskuje smak wszystkich pozostałych składników, skutkiem czego mięso może nie być mięsem, a świeże warzywa mogą nie być świeże. Tak jak z curry – ukryć w nim można wszystko.

Dania w Korei podaje się na kilkunastu malutkich miseczkach, a zjada w określonym porządku i kolejności, raz wrzucając ryż do zupy, a raz polewając warzywa sosem. Jednym razem wszystko po kolei, a jeszcze innym w konkretnych zestawieniach. Wiele lat musiałoby minąć, bym to wszystko pojął.

Zrozumiałym niepokojem napełniał mnie więc fakt, że oto zmierzam z wyfraczonymi urzędnikami do najlepszej restauracji w mieście, najwyraźniej reprezentując swój kraj w konkurencji, w której nie za bardzo czuję się na siłach.

To, że większość potraw była dla mnie nieprzełykalna, stanowiło tylko jeden z potencjalnych kłopotów. Drugim były cieniutkie metalowe pałeczki, którymi w Korei jada się posiłki. W standardowych drewnianych pałkach wszelkiego rodzaju czuję się już niemal ekspertem, ale śliskie stalowe sztućce stanowiły zupełnie nowe wyzwanie.

Roger coś tam przebąkiwał, wzywając do rejterady, i czułem, że ma rację, wiedząc, jak gościnni są Koreańczycy, i jak lubią się chwalić lokalnymi specjałami.

A dumą południa Korei były owoce morza. Na surowo.

W drzwiach restauracji przywitały nas kelnerki przyodziane w tradycyjne stroje. Kłaniając się w pas, zaprowadziły nas do prywatnej sali, gdzie przygotowano stół. Najwłaściwszym słowem dla tego lokalu byłoby chyba „ekskluzywny". To ten typ restauracji, w której jest więcej kelnerów niż gości, a za rachunek można wygodnie żyć przez miesiąc.

Usiedliśmy na podłodze, przy tradycyjnym niskim stole, prowadząc jakąś grzecznościową rozmowę, aż burmistrz przerwał.

– Zamówiliśmy wszystko, co jest w menu, żebyś mógł docenić różnorodność koreańskiej kuchni – oznajmił teatralnym szeptem.

– Cudownie – odparłem.

Przystawki dały mi pewną nadzieję. Idealnie ugotowane, pięknie podane i bardzo smaczne. Szkoda tylko, że nierozpoznawalne. Rozmawialiśmy też już trochę swobodniej, przynajmniej do czasu, gdy na stole pojawiła się ośmiornica pocięta elegancko na cienkie paski.

Burmistrz wziął pierwszy kęs i podał mi półmisek. Strategicznie wybrałem kawałek tułowia wyglądający na bardziej zdatny do przełknięcia, bez tych okrągłych przyssawek. Trudno powiedzieć, czy ośmiornica była surowa, lekko sparzona czy odrobinę ugotowana. Smakowała jak surowa i tryskała sokiem. Do tego była twarda jak guma arabska, a więc dała mi nad wyraz dużo czasu na zastanawianie się, co przeżuwam.

Po ośmiornicy pojawiły się kalmary, zarówno gotowane, jak i surowe.

Po nich kraby, którym należało odgryźć odwłok i wyssać z nich żółtą maź lejącą się w dół gardła.

Następnie kilka gatunków ryb i konik morski.

Potem gae-bool, morski robak na surowo.

A potem już przestałem pytać.

Z czasem oficjalna atmosfera nieco się rozluźniła. Moi gospodarze zdjęli marynarki i poluzowali krawaty, a na twarzach zakwitły im rumieńce od wina malinowego. Burmistrz zapytał w pewnym momencie, co się jada w Polsce.

– Jak to co, smalec, kefir i kiszoną kapustę – odparłem.

Poproszony o wyjaśnienia, wytłumaczyłem, że kefir to zepsute mleko stojące kilka dni w cieple. Kapustę Koreańczycy znają i cenią, więc musiałem tylko objaśnić, że tłuczemy ją i zamykamy, by spokojnie fermentowała, a potem to nadgniłe warzywo jemy do kotletów. Następnie wspomniałem o płuckach, ozorkach, flakach, żołądkach i cynaderkach. Gdy tłumaczyłem różnicę między serwatką i maślanką burmistrz uznał, że on by chyba tego jednak nie przełknął.

Gdy gospodarze poprosili o rachunek, uznałem, że bezpiecznie mogę się przyznać, jak bardzo się cieszę, że nie musiałem zjeść tych macek ośmiornicy.

Zostały natychmiast zamówione, przyrządzone i podane specjalnie dla mnie. Koreańczycy moją uwagę odebrali jako wyrzut.

OBUDZIŁ MNIE SZUM hanojskiej ulicy i silniki skuterków. Węża zjadłem, ale nieprędko ten manewr powtórzę. Wciąż czułem smak przypalonego dania ze skóry. Zacząłem szorować zęby, starając się nie zwracać uwagi na grzyba, który pokrywał ścianę łazienki. Zza drzwi dobiegł przytłumiony operowy śpiew. W hotelikach dla backpackerów spotkać można różnych ludzi. Adam posłuchał przez chwilę i stwierdził ze znawstwem:

– *La Traviata* Verdiego. Połowa drugiego aktu.

O ile nie dziwili mnie już w Hanoi kierowcy skuterów, których ograniczała jedynie wyobraźnia, o tyle taka uwaga w ustach kogoś, kto na świat patrzy przez wojskowy noktowizor, musiała zrobić wrażenie. Najwyraźniej miałem oczy jak pięciozłotówki, bo Adam ze stoickim spokojem wytłumaczył:

– A co ty myślałeś, że ja tylko strzelam do tarczy? Ja, proszę ciebie, śpiewałem w chórze Warszawskiej Opery Kameralnej.

No proszę, znamy się tyle lat, a tu nadal takie zaskoczenia.

Aż postanowiłem sprawdzić, kto tak ćwiczy, bo to jednak dość niecodzienna sytuacja. Nie przerywając szorowania, ze szczoteczką w paszczy wyszedłem na bosaka na klatkę schodową i zszedłem piętro niżej, po czym zapukałem do drzwi, zza których dobywał się śpiew. Otworzył mi młody chłopak w spodniach od piżamy, również ze szczoteczką w ustach.

– *Bravo! Bravissimo!* – złożyłem dłonie do wytwornych oklasków, starając się nie wypluć pasty.

– Marcus, to chyba dla ciebie – chłopak zwrócił się do kogoś w środku. Śpiew ustał i zza załomu wyłonił się blondyn z dreadami.

– Takie tam wygłupy... – powiedział skromnie.

Marcus, jak się okazało, był w podróży od czterech miesięcy. Uciekł z Niemiec od decyzji, czy poświęcić się śpiewaniu, czy ulec rodzicom, którzy widzieli w nim prawnika. Dał sobie pół roku na zrozumienie, czego sam chce. Kodeksu ze sobą nie zabrał, ale na wszelki wypadek codziennie ćwiczył śpiew, gdyby zdecydował się jednak na operę.

Jak sam się wyraził, w podróży życie jest prostsze. Nie zastanawiasz się nad swoją przyszłością, tylko nad tym, gdzie tego dnia będziesz spać.

– Wracam do domu – oznajmił Adam trzy dni później, gdy w naszym ulubionym barze wciągaliśmy sajgonki, które trochę już jednak nam się przejadły.

Nie zdziwiło mnie to oświadczenie. Narzeczona Adama już od kilku tygodni słała alarmistyczne wiadomości wzywające do natychmiastowego powrotu pod groźbą surowej kary. Na dobrą sprawę mniej więcej od drugiego dnia podróży.

– Skąd chcesz lecieć?

– Z Bangkoku.

– Odwiozę cię. Możliwe, że się tam z kimś spotkam.

Sprzedawczyni bananów w centrum Hanoi. Czasy obecne

Dzieciaki uczą się *tai-chi* na lekcji WF-u

Lunchtime w Hanoi, biznesmeni w przerwie grają w karty na skwerze przed biurowcem

Stoisko sprzedawcy bębnów na Festiwalu Środka Jesieni

Park nad brzegiem jeziora Hoan Kiem w centrum Hanoi

Mimo coraz większej liczby samochodów, Hanoi to wciąż miasto motorów i skuterów

Zatoka Ha Long, 150 km na wschód od Hanoi.
Miejsce *must-see*, ale jeden rzut oka w zupełności wystarczy

MONSUN

Adam odleciał do kraju, a ja zostałem w Azji. Siedziałem na hotelowej werandzie, popijając zmrożoną lemoniadę, i czekałem na mojego przyjaciela Kaczora, który tego dnia miał przylecieć do Bangkoku. To zawsze strasznie miłe uczucie, zobaczyć znajomą twarz na końcu świata.

Kaczor ma wprawdzie na imię Tomek, ale nie pamiętam, by ktokolwiek mówił do niego po imieniu. Wszyscy, może oprócz jego babci Adelki, zwracają się do Tomka per Kaczor. To typ z gatunku übergrzecznych – poproszę, dziękuję, pozmywam, pomogę cioci... Znacie takich.

Kaczor to na co dzień klasyczny informatyk we flanelowej koszuli, żyjący w zerojedynkowym świecie wielkiej korporacji. Ma metr osiemdziesiąt, figurę sugerującą siedzący tryb funkcjonowania, okrągłą twarz i krótkie ciemne włosy.

Kaczor ma też dziwaczne zainteresowania, jak wszyscy jego koledzy po fachu. Gdy nie ma co robić, czyta o sztuce funeralnej i niemieckich pułkownikach lotnictwa z czasów drugiej wojny światowej. Kocha też horrory klasy B i ogląda je seriami, choć przerażają go jak mało co. Nietuzinkowa postać.

Ale gdy zakłada plecak i wrzuca sprane bojówki, zmienia się w podróżnika uniwersalnego. Naprawdę, niewiele jest rzeczy, które w trasie potrafią zbić Kaczora z tropu. Obojętnie, czy nie ma gdzie spać, nie ma czym jechać, nie mamy co robić czy nie mamy pieniędzy – Kaczor przyjmuje wszystko ze stoickim spokojem, co pozwala zawsze mieć nadzieję, że jakoś to będzie. To jest typ człowieka, z którym aż lubi się podróżować.

Do tego Kaczka jest jednym z najśmieszniejszych ludzi, jakich znam. Sami zresztą zobaczycie.

– Doktor Livingstone, jak sądzę...

– Kaczka! Dobrze cię widzieć! Jak lot?

– Wtpljści towrzstwo, obsdemzlat siedmdzątych iledwosię wyrbinaprześdkę.

Aha, zapomniałem dodać – Kaczka bardzo szybko mówi, ale będę tłumaczył dla wygody.

– Kaczor, jeszcze raz.

– Wątpliwej jakości towarzystwo, obsługa rodem z lat siedemdziesiątych i ledwo się wyrobili na przesiadkę. Tyle mam do powiedzenia na temat ukraińskich linii lotniczych.

W tym sezonie Aerosvit wygrał w konkurencji „najniższa cena do Azji Południowo-Wschodniej" i wszyscy nim latali, choć potem wszyscy również pluli sobie w brodę.

Gdy podróżuję z Adamem, trasę układamy spontanicznie. Z Kaczorem wręcz przeciwnie – lubimy mieć konkretny plan. Cel do osiągnięcia, do którego dopasowujemy całą resztę. Opowiedziałem mu pokrótce o naszych nieudanych poszukiwaniach dziadugarów i zaproponowałem kontynuację działań. Bardzo mu się ten pomysł spodobał.

Tym razem postanowiliśmy jechać do Laosu, a konkretnie do północnej jego części i tam dotrzeć do wiosek miejscowych plemion, które przechowują tajemną wiedzę, wciąż praktykując szamańskie rytuały. Kolejna próba odnalezienia tego, co podobno nie istnieje.

Najłatwiej było tam dotrzeć, jadąc najdalej jak to możliwe po tajskiej stronie granicy, gdzie drogi były lepsze, samochodów więcej i mogliśmy mieć nadzieję, że kilometrów przybywać będzie szybciej niż lat. W Laosie nie jest to gwarantowane ze względu na stan dróg, których nie ma.

Jedyny problem w Isaanie, północno-wschodniej części Tajlandii, przez którą musieliśmy się przebić, był taki, że mało kto mówi tam po angielsku, bo i turystów niewielu się w te okolice zapuszcza.

O to jednak się nie martwiłem, bo Kaczor wśród wielu zalet dysponuje również i taką oto, że zawsze potrafi się dogadać. Miałem okazję to obserwować, gdy przecinaliśmy autostopem Maroko kilka miesięcy wcześniej. Angielski nam się nie przydawał, niemiecki również nie. Jedynego przydatnego francuskiego Kaczor uczył się może dwa lata w głębokiej podstawówce, a ja miałem trzy miesiące na studiach – akurat tyle, by umieć przeczytać poprawnie „*chambres confortables*".

Kaczka dał wtedy popis sięgania pamięcią wstecz i już po tygodniu podróży, bodajże na wysokości Chefchaouenu, wyprowadził taki oto dialog, poprawnie zrozumiany i zinterpretowany:

– Poprosimy dwa kebaby na cienkim cieście, z baraniną i jajkiem.

– Na ostro?

– Może być na ostro, ale dla kolegi bez cebuli, a dla mnie normalny.

– Na wynos?

– Nie, zjemy tutaj.

– Siedemdziesiąt dirhamów.

– Bardzo proszę.

Jak z podręcznika, prawda? Wtedy naprawdę spojrzałem na niego z uznaniem, zwłaszcza że sam uczyłem się w szkole cztery lata rosyjskiego, a pamiętam z niego tylko „spartiwnaja płaściatka" i „kanikuły".

Tak więc Isaan, choćby mówił tylko i wyłącznie po tajsku, nie był jakoś specjalnie przerażający. Chociaż, gdy się nad tym głębiej zastanowiłem... Bywało i tak:

– Kaczor, muszę się dowiedzieć, jak się nazywa ta gra – z wypiekami na twarzy pokazywałem nerwowo Berberów w kapturach i dżelabach, którzy cięli w karty. I co ważniejsze, pozwolili się fotografować, co w Maroku należy do wydarzeń o randze specjalnych. – Jak to się mówi po francusku?

– Spróbuj... *Quelle nom de jeu, c'est ça?*

– *Quelle nom de jeu, c'est ça?* – wypaliłem bez zawahania w kierunku rozdającego.

– Hę?

– *Quelle... nom... de jeu... c'est ça...?*

Śmiech grających aż się odbił echem od ściany glinianych dzbanów sprzedawanych nieopodal.

– Kaczka, co to jest „*c'est ça*"...? Bo oni nic nie rozumieją...

– Nie wiem, tak jakoś dodałem, żeby było bardziej po francusku*.

Od tej pory już uważniej śledziłem lingwistykę swojego przyjaciela, choć kilka razy i tak uratował nam tyłki. Największym odkryciem było dla nas w Maroku „*sortie de la ville*", czyli „wyjazd z miasta", co pozwoliło skrócić czas tłumaczenia zatrzymanym kierowcom, o co nam, do diaska, chodzi, z dziesięciu minut do trzydziestu sekund.

Więc francuskojęzyczny Laos też jakoś przetrwamy. *C'est ça.*

DWÓM FACETOM przeważnie ciężko podróżuje się autostopem, ale to był nasz ulubiony środek transportu. Obliczyliśmy, że z krótkimi postojami przy kilku ruinach i kompleksach świątynnych mamy do zrobienia tysiąc pięćset kilometrów. Po czterech godzinach jazdy mieliśmy za sobą prawie trzysta, co było wynikiem, który uznaliśmy za satysfakcjonujący.

– *Get your motor runnin'*... – zaintonował Kaczor jakiś stary szlagier, ustawiając się po raz kolejny na poboczu drogi krajowej nr 2 biegnącej na północny wschód kraju, od Bangkoku do Udon Thani. – ... *head out on the highway*...

Kaczka bardzo lubi stare piosenki. I co lepsze, zna je wszystkie na pamięć, co obwieszcza światu, zawodząc niemiłosiernie *à la* wczesny Tom Jones.

– ... *lookin' for adventure*... – włączyłem się, co było robić.

– ... *and whatever comes our way!***

W Tajlandii autostop należy do najlepszych na świecie. Ludzie podwozili nas do celu, nawet jeśli sami mieli skręcić gdzieś wcześniej. Do-

* *C'est ça* – franc. „to jest to, racja, właśnie tak".

** Steppenwolf *Born To Be Wild*, 1968, MCA Records. W wolnym tłumaczeniu: „Odpal silnik i wyjedź na szosę, szukając przygody, czy co tam się trafi".

Przede wszystkim ufaj swojej intuicji – jeśli masz złe przeczucie, nie wsiadaj do samochodu.

Jeśli już jedziesz i widzisz, że kierowca nie dysponuje najpewniej prawem jazdy albo i kwalifikacjami do niego, wysiądź jak najszybciej, nawet jeśli będziesz musiał krzyczeć, udając wariata.

Jazda autostopem nie jest wbrew pozorom darmowa. Zapłatą jest twoje towarzystwo: odmienność, historyjki z daleka, przygody. Postaraj się więc trochę, nie siedź cicho. Zaprzyjaźnienie się z kierowcą daje sporo profitów: może cię podwieźć kawałek dalej, załatwić nocleg, zaprosić na obiad itp. Bardzo miłym gestem jest też poczęstowanie kierowcy ciasteczkami, owocami czy cukierkami, jeśli je masz.

Jeśli robisz tabliczkę na autostop, zapisz nazwę miasta w lokalnym języku albo zrób jakąś wesołą, która może rozbawić kierowcę.

Bierz pod uwagę fakt, że czasami utkniesz w szczerym polu na pół dnia (albo dwa dni), prześpisz się przy drodze i zmarnujesz mnóstwo czasu.

Gdy jeździsz autostopem, miej ze sobą (na wierzchu): coś przeciwdeszczowego, wysokokaloryczne jedzenie (batony, orzechy, suszone owoce), wodę, mapę oraz latarkę.

Dużo łatwiej złapiesz okazję, gdy schludnie wyglądasz, uśmiechasz się i wchodzisz w pantomimiczny dialog z nadjeżdżającym kierowcą. Twoje szanse zmniejszają za to: okulary przeciwsłoneczne i czapka z daszkiem, wygląd menela i ponura / groźna mina. Słowem wszystko, co sugeruje, że jesteś sprawcą potencjalnych kłopotów.

Najłatwiej się łapie stopa damsko-męskim parom, w następnej kolejności samotnej osobie. Dwóch facetów ma już trudniej, trzech to dramat. Samotnym dziewczynom stopa nie polecam nigdy w życiu.

Staraj się unikać podróżowania stopem w nocy, to jednak zwiększa ryzyko (i wypadku, i nieprzewidzianego scenariusza).

Nie musisz łapać stopa, stojąc przy drodze. Zajrzyj do przydrożnych barów i kafejek lub na stacje benzynowe i popytaj kierowców. Gdy rozmawiasz z nimi twarzą w twarz, szanse znacznie rosną.

W niektórych krajach za autostop się zwyczajowo płaci.

Jazda autostopem dostarcza wrażeń niedostępnych inaczej. Poznajesz nowych ludzi i jesteś skazany na długie godziny w ich towarzystwie. Trzeba jednak być świadomym, że niesie ze sobą potencjalnie poważne ryzyko. Znakomita większość takich przejazdów kończy się bezproblemowo. Ale jeśli coś się ma stać, to już coś poważnego – rabunek, wypadek, gwałt – ta liga.

stawaliśmy zaproszenia na obiady i noclegi. Niektórzy nawet sami się zatrzymywali, choć jeszcze nie zdążyliśmy wystawić ręki, i pytali, czy gdzieś nas nie podrzucić.

– Kaczka, podnosimy standard. Od teraz bierzemy tylko szybkie wozy, które daleko jadą. Nie ma co tracić czasu na te krótkie hopki jakimiś pierdziawkami.

– Silwuple.

Jechaliśmy do Prasat Phanom Wan, ruin khmerskiej świątyni, które wyznaczyliśmy sobie jako miejsce noclegowe. Ostatnią prostą, już w zapadającym z wolna zmierzchu, pokonywaliśmy na odkrytej półciężarówce, patrząc, jak pola ryżowe ciągną się po horyzont. Isaan niewiele ma do zaproponowania wędrowcom, ale widoki serwuje *prima sort*.

Toyota odjechała, sypiąc żwirem, i zostaliśmy na poboczu drogi, sto metrów od ruin świątyni z XI wieku. Rozejrzałem się wokoło, oswajając się z myślą, że chyba mamy problem.

– Chyba mamy problem – potwierdził podejrzenie Kaczor.

Starożytne ruiny Prasat Phanom Wan piętrzyły się nieopodal. Za nimi stał buddyjski klasztor i dzwonnica. Oprócz tego, jak okiem sięgnąć, nie było nic. Na dojazd do najbliższego miasta też nie mogliśmy już liczyć. Prasat Phanom Wan był chyba ostatnim przystankiem na najbardziej lokalnej z lokalnych dróg i nikt bez wyraźnego powodu tu nie jeździł.

Mieliśmy jeszcze może z dwadzieścia minut do zachodu słońca, a potem albo śpimy u mnichów, albo w szczerym polu. Pole to nie był dobry pomysł, zwłaszcza że w nocy przeważnie lało. Klasztor z kolei nie wyglądał jakoś specjalnie obiecująco, mogło w nim mieszkać może z sześć osób.

Na początek założyliśmy, że mnisi zapewne opiekują się ruinami świątyni i stosowne będzie przed wejściem zapytać o zgodę.

Dwóch ogolonych na łyso mnichów w pomarańczowych szatach siedziało przed wejściem do klasztoru i paliło papierosy, przyglądając nam się z zainteresowaniem. Zgoda została wyrażona uprzejmym kiwnięciem głowy, więc przystąpiliśmy do buszowania po ruinach, które skończyło się szybciej, niż zaczęło, bo świątynię można było obejść w dwie minuty. Byliśmy więc w punkcie wyjścia, bez miejsca do spania i pomysłu co dalej.

Najlepsze, co mogliśmy zrobić, to poprosić o schronienie w klasztorze, i tak postanowiliśmy uczynić. Bariera językowa nie przeszkadzała zbytnio, bo „spać i jeść" dość łatwo pokazać. Zostaliśmy wprowadzeni do wnętrza watu i przedstawieni thepowi, który zarządzał całym przybytkiem. Zgodnie z ceremoniałem ukłoniliśmy się nisko trzykrotnie, wygłosiliśmy grzecznościowe formułki, których nikt nie zrozumiał, po czym przyjęliśmy po bananie i jabłku, na wypadek gdybyśmy później zgłodnieli.

Zdobycie noclegu zajęło nam sześć minut, bez nawet jednego zdania w zrozumiałym dla Tajów języku. Witajcie w świecie, w którym karma jest istotnym elementem życiowego bilansu.

Mnisi pozwolili nam spać pod wiatą na podwórku klasztoru. Wiedziałem, że wstają wcześnie, więc nie bardzo mnie zdziwiło, że już o dwudziestej wszyscy po kolei kładą się do łóżek. Rozrzuciliśmy śpiwory i zalegliśmy na swoich posłaniach, patrząc, jak wokoło latają świetliki, niebo mruga tysiącem gwiazd, a małe kociaki układają się do snu nieopodal, dopełniając i tak już baśniowo nierealną scenę.

– No powiedz, czy mogło się lepiej zacząć?

– Fakt, z górnego C.

Tego dnia zasypiałem przy wtórze cykad i wiatru, który łopotał suszącymi się na sznurach szatami mnichów. Zamknąłem oczy, żeby zapamiętać ten niesamowity moment. Okazuje się, że miejsce „za siedmioma górami i za siedmioma lasami" istnieje naprawdę.

Pierwsze obudziły nas koty, których była co najmniej ósemka. Dwa z nich uznały, że w kupie cieplej, i bezpardonowo wepchnęły mi się pod ramię. Spojrzałem na zegarek. Dziesiąta trzydzieści. Zasnąłem może godzinę temu, co i tak było osiągnięciem. Mnisi może i kładą się o ósmej, ale dla mnie było to zadanie niewykonalne.

Ruiny Phimai, khmerskiej świątyni z XI wieku – jeden z naszych przystanków na trasie przez Isaan

Wyniosłem kociaki za ogrodzenie wiaty i wróciłem na posłanie. Jeszcze zanim zdążyłem się wcisnąć w śpiwór, jeden z nich, cały biały, siedział na nim ponownie i patrzył z wyrzutem. Wyniosłem go po raz drugi, a potem trzeci i czwarty, i chyba wreszcie dał za wygraną.

Położyłem się ponownie i schowałem głowę do śpiwora, bo przeraźliwie zaczęły ciąć komary. Dziesięć sekund później biały kot wlazł na mnie i wbił pazury, zabezpieczając się przed nieuchronną eksmisją. Dałem chwilowo za wygraną i pozwoliłem mu leżeć na sobie, ale tylko przez chwilę, bo ciszę nagle przerwało gardłowe ujadanie jakiegoś kundla, który poczuł się w obowiązku obrony włości. Kaczka zerwał się obudzony, jakby go ktoś poraził prądem. Zdusił przekleństwo i przewrócił się na drugi bok. Ponieważ i tak już się podniosłem, raz jeszcze wyekspediowałem kociaki za płot, po czym podjąłem kolejną próbę zaśnięcia.

O jedenastej trzydzieści lunął deszcz, waląc w blachę wiaty jak w bęben.

O pierwszej z pobliskiego kurnika jakiś rozkalibrowany kogut obwieścił poranek i odpowiedziały mu dwa inne.

O wpół do trzeciej poddałem się w bitwie z kotami i biały od tej pory już legalnie leżał mi na głowie, a szary na kolanach.

A o trzeciej czterdzieści mnich Dong albo Mau, bo nie mogłem zapamiętać, który nosił przy pasku krótką pałkę, wyszedł przed wat i zaczął nią walić w wielki kocioł, rozpoczynając klasztorny dzień. Dong walił bez litości co najmniej piętnaście minut. Zaraz po jego pobudce ryknęła jeszcze z głośników jęcząca tradycyjna muzyka i stało się oczywiste, że spanie dobiegło końca.

O czwartej nad ranem nie mieliśmy raczej szans na podwózkę, więc pomogliśmy mnichom sprzątać teren po nocnej ulewie i gdy tylko wstał dzień właściwy, ruszyliśmy smętnie w kierunku drogi.

Fakt, lepiej się zacząć nie mogło.

– Medycyna na „m" – rozpocząłem naszą ulubioną grę zabijającą czas, którego podczas jazdy stopem nigdy nie brakuje.

– Metronidazol.

– Miednica.

– Mukowiscydoza.

– Malaria.

Trzeba było znaleźć jak najwięcej słów na zadaną literę, poruszając się w określonym obszarze tematycznym. Wybieraliśmy dziedziny, na których żaden z nas się nie znał, co gwarantowało, że nie będzie nudno.

– Molibden.

– Marskość wątroby.

– Medina-Heinego, choroba.

W naszych grach wiele przechodzi.

– Migotanie przedsionków.

– Jedzie coś.

Kaczka zerwał się z ziemi i zajął pozycję przy trasie. Jeden samochód na trzydzieści minut oznaczał, że nie można przepuścić żadnej szansy. Na zmianę uruchamialiśmy więc cały zasób technik od swojskiego, uspokajającego pomachiwania mówiącego: „Rysiu, to ja, twój sąsiad... Weź mnie podrzuć, bo rozkraczył mi się samochód" po pełne wyrzutu: „Człowieku, co z tobą!? Zatrzymajżeż się!".

Srebrny pick-up minął nas, nawet nie zwalniając. Wielokrotnie już widzieliśmy, jak kierowców dopada schorzenie gwałtownego zawężenia pola widzenia. W niezwykłym skupieniu zaczynali obserwować drogę bezpośrednio przed sobą, pobocza po prostu nie widząc. Inni dawali gwałtownego nura pod deskę rozdzielczą. Kolejni machali do nas, że niby ich tak serdecznie pozdrawiamy. Jeszcze inni pokazywali, że skręcają tu zaraz w lewo, choć my wiedzieliśmy, że najbliższy zjazd jest dwadzieścia kilometrów dalej.

Są chwile, kiedy za malucha oddałbym nerkę.

– Menstruacja.

– Mleczaki.

– Maltański Czerwony Krzyż.

To był już trzeci dzień jazdy i powoli kończyło nam się szczęście. Właśnie opędzlowaliśmy kolejną miskę kuaitiau, zupy na rosole z mięsnymi kulkami o mocno nieokreślonej zawartości, po czym ustawiliśmy się ponownie przy szosie, patrząc, jak samochody mijają nas, pędząc w swoją stronę.

Dziesięć minut później leżeliśmy już wygodnie na odkrytej półciężarówce i cieszyliśmy się słońcem, mknąc na północ. Minął nas jakiś luksusowy pojazd łączący z gracją cechy limuzyny i wozu terenowego.

– Jest taki niemiecki serwis z ofertami bryczek po wypadkach – obwieścił Kaczor zainspirowany tym widokiem. – Ja sobie go czasem przeglądam i wypatruję: „uszkodzony, ale *voll fahrbereit*, gotowy do jazdy". Patrzysz, zdjęcie piękne, no pierwsza klasa, auto jak marzenie. Ale ujęcie jakieś dziwne, takie jakby tyłobokiem. O nie, wujka Tomka na to nie nabierzecie... Inne zdjęcie, proszę bardzo, nie ma całego przodu. Wbił się w ciężarówkę.

Nie przerywałem, bo wiem, że jak Kaczor wpadnie w monolog, to pewnie do czegoś dąży.

– Ja tylko czekam, aż pojawi się jakiś ładny wóz, co obtarł się o barierkę, z boku lekko zarysowany. I wtedy proszę bardzo, cyk, i mam Kaczkowóz jak z obrazka za pół ceny. Ech...

Wspomniany Kaczkowóz to trzynastoletni opel corsa w kolorze jasnoseledynowym, oficjalnie wybrany najbrzydszym samochodem świata. Tomek jeździł Kaczkowozem od kilku dobrych lat, co rok inwestując w jego naprawę i ubezpieczenie więcej niż maszyna była warta.

Ale cokolwiek o tym wozie powiedzieć, gdy była potrzeba, Kaczkowóz nie zawodził. Potrafił pomknąć z Warszawy do Gorzowa Wielkopolskiego w siedem godzin. Potrafił przewieźć dwunastometrową wykładzinę do mieszkania na warszawskim Grochowie i przecząc fizyce, zmieścić ją w środku. Kaczkowóz nie gasł, gdy leciał pod górkę, a gdy zgasł, to sam odpalał przepraszająco. Kaczkowóz wreszcie był z nami zawsze, na dobre i na złe, w szczęściu i chorobie, w znoju i radości.

Dlatego zamiana starego Kaczkowozu na jakieś obśmierdłe bmw nie mieściła mi się w głowie. Kaczkowóz to nie środek transportu, Kaczkowóz to ikona.

Jazda autostopem wyzwala w ludziach nieodkryte pokłady kreatywności. Przy niezliczonych godzinach, podczas których trzeba jakoś zabić czas, dochodzi się do efektów nieprzewidywalnych. Kwadrans przed irracjonalnym pomysłem wymiany Kaczkowozu uznaliśmy, że chyba damy radę zbudować *perpetuum mobile*, i obiecaliśmy sobie wrócić jeszcze do tego tematu. Dzień wcześniej przeanalizowaliśmy, dlaczego Adolf Hitler przegrał wojnę, i doszliśmy do wniosku, że położyła go rosyjska herbata z prądem. Owszem, gdy było minus dwadzieścia stopni, Niemcy dawali jeszcze radę ogrzać się bawarskim grzańcem, ale przy minus pięćdziesięciu musieli pić rosyjski czaj ze spirytusem, a to nie pozwalało na efektywne celowanie. „Mógł lepiej odrobić lekcje", ocenił Kaczor. Każdy, kto próbował pobić Rosjan w zimie, dostawał w końcu lanie.

Zdarzało nam się już planować perfekcyjny napad na bank i piramidy finansowe, które zrobią z nas krezusów. Budowaliśmy rankingi najlepszych ról filmowych Toma Berengera, Dolpha Lundgrena i Erica Robertsa, bo dziś nikt o nich nie pamięta, a przecież na ich bohaterach wyrosły pokolenia chłopaków.

Strasznie nam się już nudziło, bo trzy dni ciągłej jazdy potrafią jednak zmęczyć.

– Kaczor, skup się. Grechuta, *Nie dokazuj* – rzuciłem wyzwanie.

– „Nie dokazuj, miła, nie dokazuj, przecież nie jest..."

– Kaczka, proszę cię... Zwrotka...

– „Była także inna chwila, której nie zapomnę. Był raz wieczór rozmarzony i nadzieje płonne..."

– To jest niby pierwsza zwrotka twoim zdaniem!?

– Nie, trzecia.

Mówiłem wam, Kaczka naprawdę lubi stare piosenki.

– Co wy tu robicie? Przecież tu nic nie ma. Oglądaliście skorpiony? – zapytała studentka angielskiego, która właśnie pędziła na uczelnię w Chiang Mai sto osiemdziesiąt na godzinę, a my wraz z nią, trasą krajową numer 11.

Uwaga o skorpionach zasługiwała na bliższe poznanie.

– O jakich skorpionach mówimy?

– Gdzieś tu w okolicy żyje jakiś facet, który ma w domu tysiące skorpionów. Pokazywali go w wiadomościach. On jest chyba już nawet trochę znany, ale raczej jako lekki wariat.

– A gdzie mieszka?

– Nie mam pojęcia, gdzieś pod Uttaradit.

Spojrzeliśmy na mapę, analizując nasze położenie.

– Czy możesz nas wyrzucić na tym skrzyżowaniu? Jedziemy do Uttaradit.

Ten facet od skorpionów naprawdę istniał. Mieszkał w Fak Tha, wiosce gdzieś na końcu świata. To taki typ, który koniecznie chce się dostać do księgi Guinnessa i jest na dobrej drodze, żeby to osiągnąć. Słyszeli o nim wszyscy w okolicy. Kobiecina w przydrożnym barze dała nam nawet jego nazwisko, Suang Puangsri.

Pędziliśmy do Suanga kolejnymi ciężarówkami, siedząc na workach z ryżem albo na szafie. Godziny mijały i upał nieco zelżał, gdy dzień zaczął mieć się ku końcowi. Byliśmy już strasznie brudni, spoceni i zmęczeni, ale przyświecał nam cel.

Lepiej, żeby Suang był w domu.

W Fak Tha wyskoczyliśmy z ambulansu, którym pokonaliśmy ostatnie kilometry. Kaczor jechał w nim na noszach, bo nie było gdzie siedzieć. Czasu nie mieliśmy zbyt wiele, a Fak Tha, umówmy się, nie należała do obowiązkowego zestawu krajowych atrakcji, więc Suanga trzeba było znaleźć jak najszybciej. Zaczęliśmy analizować sytuację.

– Bazar. Popytamy.

– Policja. Na pewno znają wszystkich w okolicy.

– Pocztowcy. Kto, jak nie oni?

– Bardzo dobre. Idziemy.

Posterunek policji gdzieś się przeniósł i nie mogliśmy go odnaleźć, a poczta była już zamknięta. Ostatnią nadzieję pokładaliśmy w Centrum Edukacyjnym jako jedynym jeszcze otwartym, choć nie wiem, dlaczego akurat w nim mieliby nam pomóc. A mimo to pomogli.

Piętnaście minut po tym, jak powiedzieliśmy nauczycielce środowiska, że przyjechaliśmy odwiedzić Suanga Puangsri, on sam we własnej osobie objawił się w Centrum Edukacyjnym Fak Tha, najwyraźniej zaintrygowany niespodziewaną wizytą.

Po kolejnym kwadransie Suang otworzył nam drzwi swojego domu, a Kaczor powiedział:

– O kurczę felek.

– Ja pierniczꅠNo, to robi wrażenie… – dodałem od siebie.

Przed nami, w zagrodzie skleconej z nieheblowanych desek, siedziało pięć tysięcy skorpionów.

Czarne kłębowisko chitynowych pancerzy, ogonów i kolców jadowych zajmowało centralną część domu Suanga Puangsri, eks-zabójcy skorpionów, który jakiś czas temu się nawrócił. Do niedawna Suang miał przetwórnię tych paskudztw. Łapał je w lesie, rozmnażał, a potem seryjnie zabijał, by sprzedać pajęczalia do restauracji. Każdego dnia pod ścianami komórki ustawiał worki martwych skorpionów, na których zarabiał krocie. Z jego domu wyjeżdżały całe transporty, dzięki którym potem w Wietnamie robiono słynne wódki z kobrą i skorpionem albo w Chinach zajadano się smażonymi zha xiezi.

Pewnego dnia Suang doszedł jednak do wniosku, że jako buddysta nie ma prawa odbierać życia żadnej istocie. Potem policzył, ile do tej pory zabił skorpionów, i uznał, że nie zna tak dużych liczb. Więc podjął jedyną możliwą w tej sytuacji decyzję, czyli postanowił naprawić, co zepsuł.

Od tamtej pory Suang hoduje skorpiony i odnosi je do lasu.

Mniej więcej połowa domu pana Puangsri była przeznaczona dla jego ulubieńców. Zagrodę dla skorpionów Suang zamiatał kilka razy dziennie, sprzątał im, donosił przysmaki i ogólnie mówiąc, opiekował się nimi. Drugą połowę parteru zajmowała ekspozycja jego rękodzieła, bo Suang odnalazł w sobie talent rękodzielniczy i wykonywał figurki mrówek, drzew oraz pająków z materiałów znalezionych w lesie. Przed domem wisiała kilkumetrowa sieć pajęcza zrobiona z lin, ogłaszająca wszem i wobec, że to tu mieszka ten facet widziany w telewizji.

Sam Suang miał może z trzydzieści pięć lat. Ubrany był w białą koszulę z lnu i obszerne granatowe spodnie. Oryginalności dodawały mu również długie włosy i broda, która w komiczny sposób wskazywała kierunek wiatru, gdy Suang stawał przy wentylatorze.

Patrzyłem, jak skorpiony łażą po sobie, a ich właściciel stoi w zagrodzie i wymiata je z zakamarków, sprawdzając, czy wszystkie są całe i zdrowe.

– Do kiedy masz zamiar to robić?

– Już zawsze, aż umrę – odpowiedział Suang. – I tak nie naprawię swojej karmy.

Bilans ilościowy więc nie wystarczał. Suang nigdy nie zdoła oddać naturze wszystkich skorpionów, które jej zabrał. Potrzebne były więc środki specjalne.

Nad skorpionową zagrodą, dokładnie na środku wisiała biała moskitiera. Pod nią stał sporych rozmiarów pieniek.

– W tym miejscu codziennie w nocy medytuję – wskazał ją Suang. – Czasem też z nimi śpię.

– Pięknie.

– Pokażę wam coś.

Suang złapał wyrośnięty okaz i poprosił swoją żonę o butelkę wody. Pokazał nam, że skorpion ma kolec jadowy, a potem obmył go pieczołowicie wodą, wycierając następnie do sucha swoją białą koszulą.

A potem wsadził go sobie do ust, na zewnątrz zostawiając tylko szczypce.

Myślałem, że upuszczę aparat, który trzymałem w i tak już trzęsących się rękach. W domu było strasznie ciemno, ale to był kadr, który musiałem

mieć. Przerzuciłem przez ogrodzenie zagrody najpierw jedną nogę, potem drugą, i stanąłem w środku pięciotysięcznego roju skorpionów, odgarniając je z drogi stopą.

Gdy już byłem w środku, mogłem spokojnie się przyjrzeć, jak skorpiony zjadają się nawzajem, gdy nie dostaną wystarczająco wiele insektów, jak leżą na sobie warstwami i jak wciskają się w każdą możliwą szparę.

– Suang, co o tym wszystkim myśli twoja żona?

– Nie ma nic przeciwko. Od dawna mamy skorpiony w domu, zdążyła się już przyzwyczaić.

– A jak coś wypełznie z zagrody?

– Nie ma dramatu.

– Ile razy cię pogryzły?

– Wiele – odpowiedział Suang, pokazując czarne kropki na ramionach i twarzy, pozostałości po ukłuciach kolca.

– Suang, jesteś dziwnym człowiekiem.

Hodowca skorpionów pokazał nam coś jeszcze. Wskoczyliśmy na jego stary samochód i pojechaliśmy kilka kilometrów w głąb lasu. Gdy droga się skończyła, zeskoczyliśmy z ciężarówki i ruszyliśmy dalej

Osobista świątynia Suanga. Zdarza się, że medytuje w niej całą noc

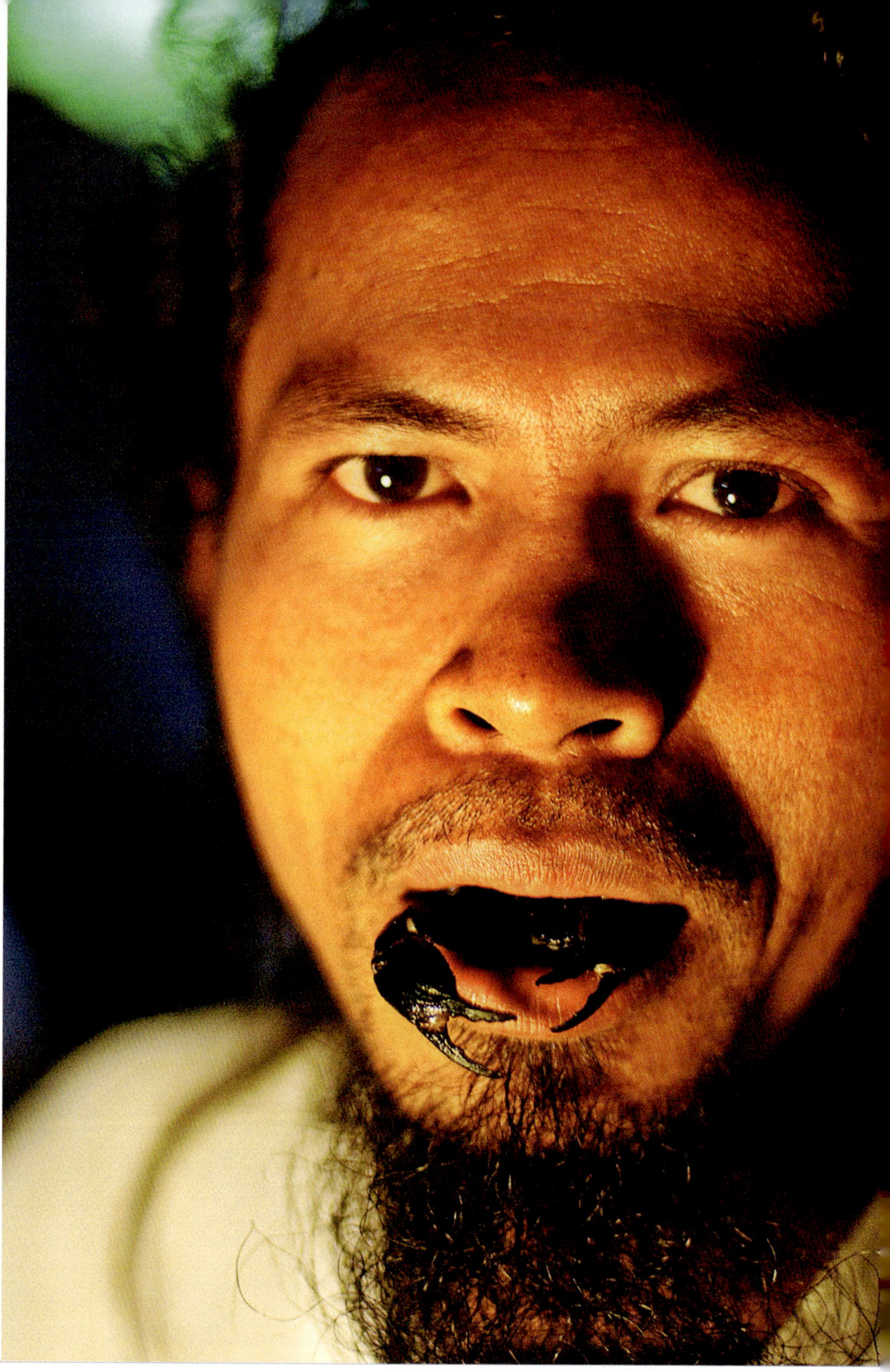

pieszo, do małego wodospadu, przy którym na skale stał niewielki portret Buddy.

– Stąd zabierałem skorpiony – powiedział Suang. – W tych szparach między skałami aż się od nich roiło. To moje miejsce zbrodni. Przychodzę tu medytować. Jeśli któryś skorpion chciałby się na mnie zemścić, to tu ma do tego okazję.

Wiele rzeczy w Azji przestało już mnie dziwić.

Noc spędziliśmy w Fak Tha, w której była jedna noclegownia, P.N. Mansion, gdzie byliśmy jedynymi klientami. Następnego dnia bladym świtem ustawiliśmy się przy drodze. Z miasteczka odjeżdżał jeden autobus dziennie, z powrotem w kierunku Uttaradit, czyli tam, skąd przyjechaliśmy. My postanowiliśmy jechać dalej, a potem skręcić na północ i pomniejszymi drogami dostać się do Nan. Z Nan był już rzut beretem do granicy z Laosem.

– Dokąd jedziecie? – zapytał dziewiąty w ciągu kwadransa przechodzień.

– Do Nan – odpowiedzieliśmy po raz dwunasty, bo niektórzy kazali sobie powtórzyć.

– To musicie wrócić do Uttaradit i tam złapać autobus.

– Nie jedziemy autobusem – wytłumaczył po raz kolejny Kaczor.

– Patrz no, sami specjaliści. Dojechaliśmy tu stopem z Bangkoku, a nie damy rady łyknąć pięćdziesięciu kilometrów do Nan... – powiedziałem, gdy kolejny zainteresowany przechodzień oddalił się, udzielając nam raz jeszcze cennej rady, by nadrobić sto osiemdziesiąt kilometrów przez Uttaradit.

Pierwszą okazję złapaliśmy praktycznie od ręki i dojechaliśmy do rozstajów dróg, na których pożegnaliśmy się z pucołowatym kierowcą. Na rozstajach stał posterunek wojskowy, w którym drzemał wartownik, trzymając w ręku sznur od szlabanu. Z tego miejsca odchodziły trzy drogi.

Jedna na zachód, czyli trasa do Fak Tha i potem do Uttaradit. Tą przyjechaliśmy.

Na północ biegła szosa do Nan, która najbardziej nas interesowała.

Na wschód trzecia i ostatnia droga pięła się ku miasteczku Ban Khok. Ta interesowała nas w drugiej kolejności, bo z Ban Khok do Nan można było dopchać się jeszcze inną metodą, trasą lokalną numer 1241.

Ale samochodów nie było w ogóle.

Postanowiłem pomóc szczęściu i uprosiłem żołnierza, by zamknął szlaban, dzięki czemu stosunek samochodów zatrzymanych do niezatrzymanych miał się zmienić na naszą korzyść.

Odkryliśmy już wcześniej pewną prawidłowość. Otóż zatrzymać kierowcę było czasem trudno, ale gdy atakowaliśmy ich na stacjach benzynowych czy skrzyżowaniach, na których samochody i tak się zatrzymywały, mieliśmy skuteczność na poziomie dziewięćdziesięciu procent. Azjaci często po prostu nie potrafią odmówić, co wykorzystywaliśmy bez skrupułów.

Z zamkniętym szlabanem zaczęliśmy czekać.

I czekaliśmy.

I wciąż.

Przejechaliśmy dziesięć kilometrów na ciężarówce lokalnych farmerów, docierając do skupiska trzech domów bez prawa do nazwy miejscowej, które stały na kolejnym rozjeździe.

I czekaliśmy nadal.

Pomogliśmy nosić butle z wodą do garkuchni, która obsługiwała te trzy domy.

Poszukaliśmy odrobiny cienia, żeby uciec od lepkiego skwaru lejącego się z nieba.

Świerszcze grały w trawie, a z zagrody nieopodal dolatywało echo jakichś przebojów brzęczących z tranzystorowego radia rozkręconego na cały regulator.

Czekaliśmy na choćby jeden samochód i godziny mijały.

– Obniżamy standard, bierzemy wszystko, co przejedzie – powiedział Kaczor.

– Pragnę ci przypomnieć, że w akcie desperacji zdarzyło nam się już kiedyś podróżować z dziadkiem na osiołku, który ciągnął przyczepkę pełną kukurydzy.

– Może być i dziadek.

Zza zakrętu wyłonił się lśniący pojazd, mknąc rączym kłusem w naszym kierunku. Już nawet nie machaliśmy z pobocza, po prostu stanęliśmy na środku drogi, tarasując przejazd. Kierowca zatrzymał maszynę i spytał, co się stało. Odpowiedzieliśmy, że jedziemy do Nan. On na to, że proszę bardzo, ale jedzie tą drogą tylko dziewięć kilometrów, do domu. My, że wspaniale i wgramoliliśmy się na odkryty kufer pick-upa. W Tajlandii prawie wszyscy jeżdżą półciężarówkami.

Droga wiła się coraz bardziej, gór dookoła przybywało i robiły się coraz wyższe. Upał nie zelżał ani trochę. Parne, duszne powietrze nie ułatwiało podróży. Kilometry mijały bardzo powoli, bo samochód musiał pokonywać kolejne przewyższenia i zakręty, a stan asfaltu mu tego nie ułatwiał. Po dwudziestu minutach pick-up się zatrzymał, a my znaleźliśmy się w punkcie wyjścia.

Rozejrzałem się dookoła. Określenie tych kilku domów wioską byłoby sporym nadużyciem. Wokół siebie mieliśmy może cztery zagrody, wśród których nie było nikogo widać. Nasz kierowca zresztą po chwili wrócił tą samą drogą, którą przyjechaliśmy, i ponownie zostaliśmy sami.

Nie najlepiej to wyglądało. Mieliśmy w plecakach trzy paczki ciasteczek, pół butelki wody i prawie cały dzień przed sobą. Do Nan zostało nam jeszcze ze trzydzieści pięć kilometrów, zdecydowanie za daleko, żeby iść.

Usiedliśmy na asfalcie, opierając się o plecaki, i czekaliśmy na cokolwiek, patrząc, jak płynie czas.

Zainteresowały się nami psy, obszczekując nas uporczywie. Zwróciliśmy uwagę trójki dzieciaków, które wyskoczyły z jednego z domów, usiadły przy nas i po prostu się nam przyglądały.

Jeśli można tak powiedzieć, nie działo się nic.

Siedzieliśmy plecami do siebie i trwaliśmy w przedziwnej formie półsnu, który nas ogarnął po pierwszej godzinie tego niemiłosiernego upału. Zdążyłem już wykonać badanie przydrożnej mimozy, która składała listki pod dotknięciem, i dowiedziałem się, że rozwija je ponownie po trzech minutach. Dzieciaki już się nami znudziły i pojechały gdzieś na terkoczącym motorku, choć najstarsze miało może z sześć lat. W trawie grały świerszcze, a my wciąż czekaliśmy, aż wydarzy się cokolwiek.

– Miałem w podstawówce kolegę, mówiliśmy na niego Chlupas. Jego marzeniem było zostać blacharzem – przerwał ciszę Kaczor.

– Piękna historia – odpowiedziałem.

To czekanie miało na nas lekko narkotyczny wpływ. Myśli błądziły samodzielnie, zwiedzając zakamarki pamięci, które zazwyczaj pozostawały poza obszarem zainteresowania. Kolejne skojarzenia, skacząc po synapsach, prowadziły w odmęty zapomnienia i co jakiś czas któryś z nas odczuwał potrzebę podzielenia się swoim najnowszym odkryciem. Kolega Chlupas najwyraźniej okazał się finałem jakiegoś ciągu myślowego.

Wróciłem do zliczania kilometrów, które już przejechaliśmy. Zacząłem od początku, żeby zajęło mi to więcej czasu. Nieopodal przeleciała leniwie mucha. Świat nie funkcjonował w takim skwarze.

– Leżę na słońcu i nic nie robię – odezwał się znów Kaczor. – Po prostu wakacje w ciepłych krajach... I pomyśleć, że ludzie za to płacą.

Uśmiechnąłem się, bo pod każdym względem daleko byliśmy od Costa del Sol. To było raczej Costa del Zadupiec, w okolicy nie było niczego. Mogliśmy tylko czekać, aż wyrośnie tu jakiś pieprz.

– Wracasz do biura, ludzie pytają: „No i co ty tam robiłeś?" – ciągnął Kaczor. – Nic nie robiłem. Co miałem robić? „No, to zazdroszczę..."

Spod liścia wypełzł chrabąszcz i bardzo powoli zaczął sunąć przez drogę.

– Tarczyca.

– Torbiel.

– Trzustki zapalenie.

– Trzewia.

– Trzewia to literatura, nie medycyna.

– Nie bądź taki zasadowy.

– Tachykardia.

– Trilac.

– Trombocytoza...

Chrabąszcza, który dotarł do dwóch trzecich szerokości jezdni, rozpłaszczył bieżnik samochodu obwoźnego sprzedawcy szyb. Handlarz nawet nie zwolnił i zniknął za zakrętem, pozostawiając nas skaczących po poboczu jak rozbitków na bezludnej wyspie.

– Niech go szlag, psia jucha...

To był jedyny samochód, jaki w ogóle się pojawił. Byliśmy w beznadziejnej sytuacji. Do tego ostatniego rozjazdu z barem i trzema domami mieliśmy dwie–trzy godziny marszu w pełnym słońcu, bez wody i jedzenia. W stronę Nan musielibyśmy nadal pokonać kilkadziesiąt kilometrów, i to nie wiedząc, gdzie może być jakiś przybytek cywilizacji. Nie jeździło nic, w żadnym kierunku.

Włączyłem tryb nasłuchu, ale Roger tylko podniósł ręce w geście zdziwienia mówiącym: „Na mnie nie patrz, sam się w to wpakowałeś". A to dziadyga, jak jest potrzebny, to go niby nie ma.

Postanowiliśmy jednak wracać, łapiąc okazje w obie strony. Gdy tylko ruszyliśmy, zza naszych pleców niespodziewanie wyskoczyła wiekowa mazda poruszająca się chyba tylko siłą woli właściciela. Wspólną wiarą i przekonaniem, że się uda, skłoniliśmy samochód, by pociągnął trzy osoby, i po godzinie wróciliśmy do szlabanu, przy którym wciąż drzemał wartownik.

Nawet nie bardzo się zdziwił, gdy zobaczył nas ponownie.

– Powinniście wrócić do Uttaradit i tam złapać samochód do Nan – powiedział.

– Dobra, dobra. Dzięki piękne.

Mogliśmy się poddać i faktycznie wracać albo wybrać trzecią drogę, do Ban Khok, i tam szukać transportu na trasie alternatywnej. Powrót byłby przyznaniem się do porażki.

– Ban Khok? – spytałem kierowcę pick-upa z logiem zielonego drzewa na masce, który zatrzymał się przy posterunku. Kierowca kiwnął głową niewzruszony.

– My, z tyłu, OK?

– OK.

Wskoczyliśmy na paczkę czym prędzej, żeby nie miał czasu się rozmyślić. Nadzieja wróciła.

– No, gra muzyka.

Pół godziny później staliśmy na kolejnym rozjeździe i patrzyliśmy, jak samochód z zielonym drzewem znika w dali. To miała być alternatywna droga i taka była. Choć na mapie widniała jako żywo, samochód pojawiał się na niej może raz na godzinę. Nie zajęło nam wiele czasu, by dojść do wniosku, że tędy do Nan raczej się nie dostaniemy.

Pozostało czekać, aż ktokolwiek będzie jechał w przeciwnym kierunku niż ten, z którego właśnie przybyliśmy.

– Koklusz.

– Kamica nerkowa.

– Krótkowzroczność.

– Laparoskopia.

– Liposomy.

– Lumbago.

– Wrzody.

– Wągier.

– Wasektomia.

– Wiwisekcjajegomać… Jedzie! Jedzie! Jedzie!!!

Zza zakrętu wyłonił się niespiesznie znajomy samochód z zielonym drzewem na masce. Kierowca zatrzymał się przy nas i opuścił szybę.

– Teraz jedziemy do Uttaradit – powiedziałem jak gdyby nigdy nic.

Nasz wybawca nie wykazał jakiegokolwiek zdziwienia i ruchem głowy kazał ładować się na paczkę, z kamienną twarzą kogoś, komu wszystko jedno. Albo kogoś, kto wiedział, że tak to się musi skończyć.

Dwa dni później dotarliśmy do przejścia granicznego na głębokiej północy. Mekong płynął leniwie, odgradzając od siebie Tajlandię i Laos. W obie strony, jak ruchome mosty, przemykały szybkie długie łodzie, wożąc nielicznych o tej porze roku podróżnych, którzy w Huay Xai chcieli przekroczyć granicę. Wielka żółta rzeka, wspólne dobro Chin, Laosu, Kambodży i Wietnamu, cierpliwie znosiła wszystko, co wspomniane narody składały jej w prezencie. Dary powodowały, że na wysokości Phnom Penh w Kambodży woda mieniła się już wszystkimi kolorami tęczy chemikaliów, a u wylotu do Morza Południowochińskiego, w delcie w Wietnamie, niosła całą tablicę Mendelejewa, wzbogacając ją o kilka nowych pozycji powstałych z nagromadzenia zanieczyszczeń.

Nie ma jednak tego złego, co by na dobre nie wyszło. Tylko dzięki Mekongowi pół Europy zajada się pangą, pozostając w błogiej nieświadomości, że ryba rośnie tak szybko, bo tuczy się na odpadach z fabryk.

Mekong pokonaliśmy jak wszyscy inni na pokładzie długiej na kilka metrów łódki skleconej z desek, lawirując między barkami ciągnącymi do Chin bale wyciętego w Laosie drewna. Wymieniliśmy pieniądze na lokalne kipy i podjechaliśmy do stacji autobusowej, by załadować się na jedyny tego dnia kurs do Luang Nam Tha, celu naszej przeprawy przez pół Indochin.

Z Nam Tha ruszały piesze wycieczki, dłuższe wyprawy i całkiem poważne ekspedycje w głąb pierwotnej dżungli o tej samej nazwie, którą zamieszkiwały górskie plemiona Hmong, Akha, Khamu, Tai Dam i Lantan, przechowując stare wierzenia, tradycje i lokalną wiedzę o przeżyciu w lesie deszczowym. Plemienni szamani w wioskach do dziś kultywują stare rytuały, a ich wierzenia oparte na magii pozwalały mieć nadzieję, że zobaczę wreszcie to, czego szukam od początku tej podróży. Zanim globalizacja wchłonie całą północ z bezlitosną nieuchronnością.

Północ Laosu sprawia, że ludzie milkną. Gdy autobus wspinał się po górach, mozolnie odliczając kilometry słupkami przy drodze, wszyscy mieli wystarczająco dużo czasu, by napatrzyć się na widoki, które sprawiają, że zapomina się o wszystkim innym. Poszarpane szczyty porośnięte gęstą tropikalną dżunglą ciągnęły się po horyzont w każdą stronę, a na zboczach tu i ówdzie przycupnęły bambusowe chatki, trzymające się stromizny tylko na słowo honoru.

Po tłocznym Wietnamie czy Tajlandii, a już nie daj Boże po Indiach, Laos będzie się wydawał każdemu *oasis de tranquillité*, oazą spokoju. Tu się nikomu donikąd nie spieszy, w Laosie na wszystko jest czas. Życie płynie raczej w rytmie prowansalskiej prowincji niż rozedrganego Paryża, jeśli już mamy się trzymać postkolonialnej nomenklatury.

Autobus kołysał się usypiająco, wytrwale zbliżając się do Luang Nam Tha. Dość rzadko rozrzucone wioski dawały przedsmak tego, co nas czeka. Wszystkie domy, bez wyjątku, wyplecione były z bambusowych liści i pokryte strzechą. Między nimi buszowały bose dzieciaki, pogryzając kukurydzę lub zerwane z drzewa pomelo. Wzdłuż dróg niespiesznie maszerowały kobiety Lantan, odziane w tradycyjne czarne stroje, albo Akha, z czapkami zdobionymi srebrnymi monetami.

Cofnęliśmy się w czasie o kilkadziesiąt lat.

DŻUNGLA PRZYWITAŁA NAS tym, co najbardziej lubię. Mokrym chłodem lasu skrywającego milion istot, które na ciebie czekają. Żeby dotrzeć do wiosek rozsianych na wzgórzach, musieliśmy przebić się przez wiele kilometrów starej, zarośniętej kniei. Przejście z zalanej słońcem drogi w ocienione królestwo zieleni przypominało wkroczenie w inny wymiar. W jednej chwili znikły skwar i duchota, a w ich miejsce pojawił się ziąb przyprawiający o gęsią skórkę.

Dżungla rządzi się swoimi prawami.

Zostawiliśmy za sobą warkot silników motorów, które jeździły w obie strony drogą z Luang Nam Tha do Muang Sing. Później przestaliśmy słyszeć piski dzieciaków, które bawiły się nad rzeką nieopodal ostatniej wioski, jaką minęliśmy. Zniknął za nami świat, nad którym człowiek ma kontrolę. W dżungli ludzie przestają mówić, a zaczynają słuchać. Słuchają lasu, który żyje kakofonią cykad, świerszczy i innych owadów, ptaków, węży, małp i jaszczurek. Lasu, który na każdym kroku mówi, że to, czy jesteś, czy cię nie ma, jest w tym miejscu bez znaczenia. Że jesteś tu sam, bo nikogo więcej nie obchodzisz.

Do dżungli Nam Tha weszliśmy z przewodnikiem z plemienia Khamu, które od wieków zamieszkiwało te tereny. Mai Noi szedł przodem, wyrąbując maczetą drogę, gdy szlak znikał w gęstwinie krzaków. Mieliśmy do pokonania kilkadziesiąt kilometrów po zarośniętych lasem górach, co powinno nam dać wystarczająco dużo czasu, by nauczyć się choć trochę od miejscowych plemion.

Mai Noi miał może nieco więcej niż trzydzieści lat i był zbudowany jak wszyscy laotańscy górale. Niepozorny, mały człowiek o mięśniach ze stali. Jego imię w miejscowym języku oznaczało Małe Drzewo. Mai Noi był bardzo pogodnym człowiekiem. Interesował się światem, dużo czytał i rzadko przejmował się czymkolwiek. Wychował się, polując w górach na zwierzęta i pomagając ojcu w uprawie kukurydzy. Potem przez rok uczył się angielskiego w szkole w Vientianie, a następnie szlifował go, pracując w państwowym biurze turystycznym, i jak na Laotańczyka posługiwał się nim dość swobodnie. Zaleta, której nie można przecenić.

Mai Noi szybko zrozumiał, że szukamy czegoś nieco innego niż reszta turystów. Z pewnym ociąganiem, ale i z wyraźną ulgą przyjął też do wiadomości, że nie życzymy sobie, by nam usługiwał. Układ był prosty – my go uczymy angielskiego, on nas prowadzi do wiosek, ale pracujemy razem.

Na trasę przez las deszczowy byliśmy nieźle przygotowani. Mieliśmy górskie buty, noże, latarki, kurtki przeciwdeszczowe i wojskowe repelenty odstraszające komary. Mai Noi tę samą trasę miał zamiar przejść w chińskich plastikowych kamaszach za dwa dolary. I to tylko dlatego, że klapki, w których zazwyczaj chodził, dzień wcześniej mu się rozpadły.

Za każdym razem, gdy wchodzę do dżungli, czuję, jak bardzo jestem zdany tylko na siebie. Las deszczowy nie zostawia miejsca na błędy. Tu możesz sobie zrobić krzywdę na tysiąc sposobów. I wbrew pozorom nie tygrysy, węże czy lamparty są twoimi największymi wrogami. Ludzie robią sobie krzywdę sami – przez zmęczenie, które ich otępia. W dżungli

Mai Noi podczas jednego z posiłków. W menu oczywiście ryż. Miska zrobiona z liścia, a pałeczki z łodyg

jest przeważnie ślisko i mokro, więc nieustannie trzeba uważać, gdzie się stawia stopy. W tym samym czasie na wysokości oczu zwieszają się kolczaste gałęzie, które w sekundę potrafią rozorać ci twarz. Połowa liści tnie jak trzcina, a ziemia usuwa się spod nóg, gdy starasz się utrzymać równowagę. Po kilku godzinach takiego marszu ludzie wpadają w rutynę albo ze zmęczenia przestają się przejmować.

Sam nie wiem, co jest bardziej niebezpieczne.

Posuwaliśmy się bardzo powoli, bo ścieżka, którą szliśmy, od dawna nie była używana i dżungla postanowiła ją odebrać. Mai Noi pomagał sobie maczetą, a my torowaliśmy drogę bambusowymi kijami, które wycięliśmy na początku trasy. Szlak biegł przez góry, na zmianę ostro się wznosząc i opadając. Zawsze więc z którejś strony mieliśmy rozpadlinę lub urwisko i wystarczyła chwila nieuwagi, by zwiedzić zbocze pięćdziesiąt metrów poniżej.

Ruszyliśmy na północ przez poszarpane wzgórza, idąc głównie strumieniami, które w lesie pełnią rolę autostrad. Rzeki pokonywaliśmy, brodząc po kolana lub skacząc po kamieniach i dopiero potem brodząc, bo zawsze któryś zwalał się do wody. I uczyliśmy się, co jeść, gdy nie ma co jeść, i gdzie szukać wody, gdy nie ma co pić.

Mai Noi wskazał nożem roślinę, która niczym się nie różniła od pozostałych. Rattan. Wyciął jedną gałąź tuż przy ziemi i rozłupał ją na pół, wyjmując biały środek. Pokazał nam, którą część można jeść. Rattan smakował raczej ostro, pozostawiając na języku wrażenie szorstkości.

Kawałek dalej kazał nam zapamiętać inną roślinę, wielkie liście zwieszające się nisko nad ziemią. Laotańskie plemiona nazywały ją uchem słonia ze względu na zbliżony kształt. Sproszkowanego korzenia używały jako leku na malarię. Korzeń ścierano i gotowano dwie godziny, a potem podawano choremu, by się dowiedzieć, czy to na pewno zimnica. Podobno zarażony malarią człowiek odczuwa ten wywar jako słodki. Zdrowego będzie parzył w gardło jak pieprz.

Szybko nauczyliśmy się rozpoznawać pędy, które zawierają wodę i pomagają leczyć rany. Gdy któremuś brakowało siły, zrywał sobie kilka łodyg rośliny cytrynowej, która wprawdzie z cytryną nie miała nic wspólnego, ale rosła wszędzie nad wodą i zawierała sporo cukru.

Mai Noi wymagał od nas tej wiedzy, bo był zdania, że każdy, kto wchodzi do dżungli, musi umieć z niej wyjść o własnych siłach, a wiedza o jadalnych roślinach stanowi podstawę przeżycia.

Trzy razy dziennie powtarzaliśmy też rytuał krótkiej przerwy na normalny posiłek. Mai Noi ze swojej małej torby, która mieściła nadspodziewanie dużo jedzenia, wyciągał ryż i jakiś dodatek, czasem rybę, czasem banany. Z rozłożystych liści robiliśmy talerze, z łodyg pałeczki i przez kwadrans pozwalaliśmy odpocząć nogom. Laotańskie plemiona w większości hodują ryż kleisty, który trzeba trochę poprzeżuwać, ale smakuje wybornie.

Jedynym problemem był brak wody, bo nie dało się nieść jej wystarczająco dużo. Nieustający wysiłek i nieustępliwa wilgotność błyskawicznie wysysały z nas płyny, a porcje trzeba było racjonować. Zwłaszcza że picie ze strumienia wydaje się dobrym pomysłem tylko tym, którzy nie wiedzą, co w tym strumieniu żyje. Któregoś dnia znalazłem w płytkim stawie ślimaki, przenoszące bilharcjozę, co do końca mnie przekonało, że pić z rzeki będziemy tylko w ostateczności.

Najbardziej przeraża mnie w dżungli ilość rzeczy, o których nic nie wiem.

– Psst. Słyszycie? – Mai Noi osadził nas w miejscu. Z daleka dobiegało szczekanie. – To nie pies. To muntiacus, szczekający jeleń.

– Czemu jeleń miałby niby szczekać?

– Opowiem wam.

Dawno, dawno temu, gdy na świecie jeszcze nie było ludzi, jeleń nie miał rogów. Rogi miał żółw.

Żółw jednak nie był z tego powodu szczęśliwy, bo rogi przeszkadzały mu w pływaniu. Któregoś poranka, na skąpanej w słońcu polanie żółw zobaczył jelenia, który przyszedł się napić z jeziora.

– Jeleniu, pomóż mi – poprosił żółw – zabierz moje rogi, może tobie bardziej się przydadzą.

– Nie przydadzą mi się – odpowiedział jeleń – będą mi przeszkadzać w szukaniu żołędzi.

– Ale ja cię bardzo proszę! Muszę się ich pozbyć, bo jestem bardzo głodny – nie ustępował żółw.

Jeleń miał dobre serce i zgodził się pomóc żółwiowi, ale tylko pod jednym warunkiem:

– Nie zabiorę twoich rogów – powiedział – ale je od ciebie pożyczę. Wezmę je od ciebie na trzy tygodnie, będziesz mógł się najeść i narobić zapasów. A potem spotkamy się tu i odbierzesz je ode mnie.

– Zróbmy tak! – ucieszył się żółw i oddał jeleniowi swoje rogi. Po czym radośnie wskoczył do jeziora i zniknął.

Minęły trzy tygodnie i jeleń wrócił w umówione miejsce, by oddać żółwiowi rogi. Czekał cały dzień i całą noc, ale żółw się nie pojawił. Wtedy jeleń zrozumiał, że został oszukany i będzie musiał nosić rogi już przez całą wieczność. Wpadł w straszny gniew.

– Żółwiu, zabiję cię! – ryknął wściekle, a jego wołanie przypominało szczekanie psa.

Do dziś jeleń woła żółwia, by przyszedł odebrać rogi, ale żółw nigdy nie słucha jego prośby. Co jakiś czas można znaleźć w lesie żółwia bez głowy. To zemsta jelenia, który nigdy żółwiowi nie przebaczy.

Bilharcjoza albo schistosomatoza to paskudna, śmiertelna choroba pasożytnicza występująca w Afryce, Ameryce Południowej, Azji Południowo-Wschodniej i na Bliskim Wschodzie.

Od innych paskudztw, które można złapać z wody, odróżnia ją to, że bilharcjozą można się zarazić już przez samo przebywanie w zainfekowanej wodzie, nawet nie trzeba jej pić, bo przywry przenikają przez skórę. Wystarczy wejść do rzeki. Skutkiem tego jest cała seria objawów, wśród których są takie przeboje, jak zajęcie ośrodkowego układu nerwowego, powiększenie wątroby, zapalenie rdzenia kręgowego, polipowatość jelit, krwista biegunka, wymioty, szereg chorób mózgowych i krwiomocz.

To oczywiście tylko jedna z chorób o widowiskowych objawach. Wysoko w rankingu plasuje się na pewno pewna odmiana filariozy, w której dorodne postacie nicieni wędrują przez gałkę oczną pacjenta, co ten może obserwować w lustrze, nawet tym samym okiem.

Drakunkuloza to też faworyt – larwa pasożyta przechodzi przez całe ciało, zagnieżdża się w nodze, rośnie prawie rok, a potem puka od środka, że chce wyjść. Nie ma na to leków, a jedynym sposobem pozbycia się paskudztwa jest nawijanie robala na patyk i ręczne wyciąganie go po kilka centymetrów dziennie (a może mieć nawet metr długości!). Szybciej się nie da, bo wtedy pęknie i cała robota na marne.

Stojąca, płytka woda – ulubione środowisko wszelakiego paskudztwa

Mai Noi znał wiele legend wszystkich plemion, które zamieszkiwały północny Laos. Tę o żółwiu i jeleniu opowiedziała mu jego babcia z plemienia Khamu, gdy Mai Noi był bardzo mały. Przez następne dni co chwila wypytywaliśmy go o podania lokalnych plemion, z których można się dowiedzieć o wiele więcej niż z naukowych opracowań.

Nasze bambusowe kije przydawały się coraz bardziej, bo teren zrobił się trudniejszy i dodatkowy punkt podparcia był nad wyraz pomocny. W lesie było coraz chłodniej i ciemniej. Przemoczona koszula powodowała, że drżałem z zimna.

– Będziemy dziś spać w wiosce Akha – zadecydował Mai Noi, skręcając w ścieżkę, której sam bym nigdy nie zauważył.

Akha było jednym z bardziej kolorowych plemion zamieszkujących Laos, Birmę, Chiny i północną Tajlandię. Kobiety Akha nosiły zdobione srebrnymi monetami czapki, w większości osad mieszkali szamani, a wieczorami domy wypełniały piosenki i straszne opowieści przy świecach. Wyglądało to całkiem obiecująco.

Dwie godziny później doszliśmy do krawędzi doliny, w której las przechodził w pola uprawne i zaczęliśmy schodzić kamienistym zboczem. Za wzgórzem widać było wąskie strużki dymu, czyli musiała być tam wioska.

– Byłem tu ostatni raz pół roku temu, wiele się mogło zmienić – powiedział Mai Noi.

Wyglądało na to, że wiele się jednak nie zmieniło. Wioska składała się z kilkunastu chat przycupniętych na skraju dżungli tuż nad rzeką, w której dzieci łowiły ryby. Wszystkie bez wyjątku chaty stały na palach i były zbudowane z bambusowej plecionki. Pomiędzy nimi poustawiano zagrody, w których prosiaki tarzały się w błocku, pochrumkując radośnie.

Gdy wchodziliśmy do wioski, przywitały nas raczej złowrogie spojrzenia młodych chłopaków, którzy chyba nie lubili obcych. Mai Noi całkowicie ich zignorował i pomaszerował wprost do chaty stojącej nad samą rzeką. Na schodach domu siedział mężczyzna wyglądający na ojca rodziny i palił znudzony coś w rodzaju papierosa. Na widok Mai Noia wyraźnie się ożywił, cisnął peta w krzaki i podszedł się przywitać. Po krótkiej

Tak wyglądają wszystkie chaty w Nam Tha. To chyba kurnik. A może szopa na narzędzia?

wymianie grzeczności zostaliśmy zaproszeni na górę, do domu. Bambusowa chata była zaskakująco przestronna. Składała się z trzech izb, z których jedna służyła za kuchnię, jadalnię i przedpokój, a dwie pozostałe za sypialnie. W kuchni żarzyło się palenisko, a siwy dym uciekał przez szpary w strzesze.

Dostaliśmy po kubku herbaty i zasiedliśmy na taborecikach, które ledwo odstawały od ziemi. Nasz gospodarz miał piątkę dzieci, spośród których tylko ośmioletni Huang nas nie unikał. Mówiąc szczerze, całkowicie nas ignorował pochłonięty doglądaniem domu. Podsycał ogień, przynosił wodę i sprzątał, sprawiając wrażenie dużo starszego, niż był w rzeczywistości.

Czasem widzę dzieci, które mają w sobie coś specjalnego. Ostatni raz miałem to uczucie w klasztorze w Nepalu. Spojrzałem wtedy na klasę pełną młodych mnichów w nowicjacie i od razu zwróciłem uwagę na pięciolatka, który z pozoru niczym się nie wyróżniał. Później Chodar powiedział mi, że to inkarnacja lamy tego klasztoru. Sprowadzili chłopca spod granicy z Tybetem po tym, jak przeszedł szereg testów, udowadniając, kim jest w rzeczywistości.

Huang miał to samo mądre, dojrzałe spojrzenie, które mówiło więcej niż tysiąc słów. Gdy później odjeżdżaliśmy z wioski, napisałem na kartce: „Piszę to, gdy masz osiem lat. Kiedyś będziesz wodzem tej wioski", i poprosiłem ojca Huanga, by dał list chłopcu, gdyby ten kiedyś nauczył się angielskiego. Gdy ojciec dowiedział się, co jest w liście, popatrzył na mnie długo, pokiwał powoli głową, złożył pieczołowicie kartkę i schował ją do puzderka, w którym trzymał swoje największe skarby.

Na kolację zjedliśmy ryż z kwiatami bananowca, które paliły gardło, i zagryźliśmy jakąś paćkowatą zieleniną. Wieczorem mieliśmy zostać przedstawieni aktualnemu wodzowi wioski. Akha wybierali wodza przez głosowanie. Każdy mieszkaniec osady wrzucał do garnka swojego faworyta ziarno kukurydzy. Ten, który zebrał najwięcej ziaren, zostawał wodzem.

W sąsiednim domu trwały ceremonie pogrzebowe. Zmarłego opłakiwało się w wioskach Akha nie dłużej niż tydzień. Po tym czasie ciało było zakopywane na cmentarzu, który wszyscy omijali szerokim łukiem.

– Nikt, kto nie musi, nie chodzi na cmentarz – powiedział nam gospodarz. – Bo nikt nie chce zezłościć duchów.

Huang, ośmiolatek o oczach dorosłego. Przyszły wódz wiosk

Wiara w duchy *phi* była powszechna w całych Indochinach, ale dla plemienia Akha *phi* miały szczególne znaczenie. U innych plemion Laosu, a nawet w dużych miastach Tajlandii, Malezji czy w Hongkongu, duchy żyły między ludźmi i trzeba było tylko o nie dbać.

W wioskach Akha duchy były złe i trzeba się było przed nimi chronić.

Świat ludzi i zwierząt od świata duchów odgradzały dwie bramy po przeciwnych stronach wioski. Bramy należało naprawiać i pielęgnować, bo inaczej nie zatrzymywały duchów i *phi* wlatywały do wioski. Duch, który dostał się między ludzi, wysysał z nich życiową energię. Stąd brały się choroby i nieszczęścia, dlatego ludzie umierali i cierpieli – bo nie odstraszyli złych duchów. Czasem duchów zresztą nie dało się zatrzymać i należało je przebłagać.

– W naszej wiosce mieszka szaman* czy raczej szamanka, ale mała – powiedział nasz gospodarz, gdy piliśmy herbatę. Przez „mała" rozumiał „mało potężna". – Gdy ktoś jest chory, idzie do jej chaty, a szamanka zarzyna sześć kurczaków i rozbija sześć jajek, ofiarowując je duchom. Czasem pomaga, czasem nie. Jeśli nie, musimy iść do dużego szamana, daleko za Muang Sing. On jest bardzo potężny. Zabija dla duchów dwanaście kurczaków.

Akha musieli się chronić nie tylko przed duchami swoich rozgniewanych zmarłych, ale i przed *phi* rzek, dżungli i drzew, które zawsze chciały odebrać swoją ziemię. Należało też uważać na duchy tych, którzy zginęli w wypadkach. Ci nie mieli szans na reinkarnację i również błąkali się po okolicy.

Duchy z ofiary zabierały tylko energię życiową, co oznaczało, że złożony w ofierze ryż, owoce czy kurczaki ofiarodawcy mogli potem zjeść.

W wioskach Akha** nie było miejsca dla odszczepieńców. Duchy nie znosiły sprzeciwu i odstępstw od obowiązujących reguł. Ten, kto zaczynał wątpić w istnienie *phi*, musiał odejść. Wielu opuszczało więc swoje wioski na zawsze.

---

* Używam słowa „szaman" dla wygody. W tradycji laotańskiej to raczej *spirit doctor*, „lekarz dusz".

** Część społeczności Akha przyjęła chrześcijaństwo. Większość nadal żyje według tradycyjnego prawa Akha Zauh, które my byśmy określili mianem animizmu. Zwłaszcza w odizolowanych wioskach zagubionych w górach na północy w regionie Nam Tha wszystkie tradycje, o których piszę, są wciąż żywe.

Brama Duchów w jednej z wiosek Akha

Najgorszym przekleństwem były jednak bliźniaki. Narodziny bliźniąt oznaczały dla rodziców koniec życia, jakie znali. Klątwę, która spadała na wioskę wraz z narodzinami dwójki dzieci, można było usunąć tylko w jeden sposób.

Zabijając je.

Dzieci odbierano rodzicom zaraz po urodzeniu. Szaman niósł je następnie do dżungli i pozbawiał życia jedno albo oboje. Złe duchy rozgniewane przekleństwem bliźniąt miotały się wściekle wokół wioski, czekając na kogokolwiek, kto odważy się przekroczyć bramę i wyjść na zewnątrz.

Przez trzy dni nikt nie miał odwagi opuścić zabudowań. Nie wychodzono na pola, nie wypuszczano z domów dzieci ani nie wypasano kóz. Po trzech dniach wściekłość duchów trochę słabła i można je było przekupić ofiarami. Przy kwiku zarzynanych prosiąt podejmowano decyzję, co zrobić z rodzicami odebranych dzieci. Przeważnie wyganiano ich z wioski albo przesiedlano na jej skraj. Do końca życia byli naznaczeni.

Dlaczego Akha wierzą, że bliźnięta przynoszą klątwę, nie wiadomo.

– Już czas – Mai Noi przyszedł po nas, gdy zrobiło się ciemno. Mieliśmy iść do domu wodza na zebranie zwołane z powodu naszego przybycia. Wcześniej przez kilka godzin błąkaliśmy się po wiosce, przeganiani za każdym razem, gdy tylko któryś z nas wyciągnął aparat. Panicznie reagowały zwłaszcza kobiety. Zdjęcie mogło zabrać bowiem jednego z dziesięciu dobrych duchów, z których składała się dusza kobiety. Kobiety Akha wyglądały złowrogo i niepokojąco, zwłaszcza gdy odsłaniały czarne od żucia betelu zęby, nadające im demonicznego wyglądu.

Wódz mieszkał w najwyżej położonym i jednocześnie najokazalszym domu. Bambusowe ściany wyplecione były inaczej niż w pozostałych chatach, bardziej skrupulatnie i elegancko. Dach nie był zwykłą strzechą, lecz wielopłaszczyznową konstrukcją zbudowaną z gęsto plecionej trawy łączonej z liśćmi bananowca. Do domu prowadziły wysokie, ocienione schody zakończone przestronnym tarasem, z którego w ciągu dnia widać było całą wioskę.

Stanęliśmy na tarasie wśród innych mężczyzn, oczekując, aż wódz zaprosi nas do środka. Z kilku domów dolatywał śpiew i zapach gotowanego w przyprawach ryżu.

Mężczyźni zaczęli zajmować miejsca w dużej sali, która stanowiła główną część chaty. Mai Noi gestem nakazał nam usiąść pod ścianą, sam zaś zajął miejsce po lewej ręce wodza. Szybko się okazało, że zebranie zostało zwołane z powodu przybycia Mai Noia, a nie naszego, ponieważ przybył do wioski po długiej nieobecności, przywiózł wieści i plotki z miasta, z którymi wódz chciał się zapoznać.

Ożywiona dyskusja nieco się przeciągała. W chacie zebrali się wszyscy mężczyźni z osady, około trzydziestu, wliczając nastoletnich chłopców i dzieciaki. Przez pierwszy kwadrans panowała pełna szacunku cisza, ale potem co młodsi zaczęli dawać wyraz lekkiemu zniecierpliwieniu.

Siedzący obok mnie kilkuletni huncwot, który kręcił się najbardziej, przysunął się bliżej, uszczypnął mnie w ramię, jakby sprawdzał, czy jestem

prawdziwy, przyjrzał mi się badawczo, a potem szturchnął mnie w nogę. Spojrzałem na wskazane miejsce i zobaczyłem wielką, napęczniałą pijawkę, którą musiałem przynieść ze sobą z dżungli.

Mikroskopijne żyjątka żywiące się krwią, które potrafią przecisnąć się przez materiał spodni, po owym przeciśnięciu się przestają być mikroskopijne. Gigantyczna, czterocentymetrowa przyssawa zwisała z mojej stopy, pobierając najwyraźniej jeszcze trochę krwi na gorsze czasy. Odkleiłem pijawkę, podważając ją z jednej strony, i spojrzałem na ziejącą ranę. Krew się lała i wiedziałem, że prędko nie uda się jej zatamować. Pijawki to prawdziwe skaranie. Przeciskają się przez skarpety, a potem aplikują w ślinie znieczulacz i bezboleśnie przysysają się do ciała. Do tego wstrzykują antykoagulant opóźniający krzepnięcie krwi i doją ile wlezie, a człowiek nawet nie ma szansy tego poczuć.

Z moich obserwacji wynika, że odstraszacza pijawek po prostu nie ma. Nie działają ani repelenty, ani mokry tytoń, ani eukaliptus, ani trawa cytrynowa, ani żaden inny z wielu lokalnych specyfików. Działa tylko regularne kontrolowanie listy obecności na nogach i odczepianie pełzających lub dopiero przyczepiających się zasrańców.

Widocznie jeden się gdzieś przyczaił.

Operacja z pijawką wzbudziła zainteresowanie sąsiadów, którzy i tak nie mieli nic innego do roboty, od kiedy zobaczyli, że zebranie raczej ich nie dotyczy.

Ożywiona dyskusja trwała dalej przy świetle świeczek ustawionych wokół wodza.

Jakiś chłopak wręczył mi brudną szmatę do przetarcia rany, inny przysunął światło, żeby lepiej widzieć. Niechcący staliśmy się drugim ośrodkiem zainteresowania w pokoju. Po chwili mieliśmy wokół siebie gromadkę dzieci, które ciekawie nam się przyglądały. Temat pijawki dość szybko się jednak wyczerpał i ponownie zaległa pełna oczekiwania cisza, aż zebranie się zakończy i będzie można pójść do domu.

Machnąłem do chłopca, który uświadomił mi obecność pijawki. Gdy zwrócił na mnie uwagę, kazałem mu się przysunąć. A potem pokazałem mu sztuczkę z urywaniem sobie kciuka, której nauczył mnie Wujek Hiob, gdy miałem może z siedem lat. Znają ją pewnie wszystkie dzieci w Polsce. Odpowiednio składając dłonie, tworzy się iluzję, że kciuk odłącza się od reszty ręki i wędruje wzdłuż palców. Banał, ale może dzieci w Laosie o nim nie słyszały.

Nie wiem, jak to się stało. Może przez półmrok albo zaskoczenie, a może ogólną wiarę Akha w rzeczy nadprzyrodzone. Dość, że prosta sztuczka dla lepszego efektu wykonana nad świeczką spowodowała, że dzieci zamarły w osłupieniu. Potarłem rękę, jakby bolała mnie po tym zabiegu. Jeden z chłopców, nie odrywając ode mnie wzroku, po omacku zaczął szukać za sobą brata. Kiedy go znalazł, siłą przyciągnął do siebie i wskazał na mnie. Władczym gestem polecił wykonać czary raz jeszcze, co też uczyniłem. Szepty ucichły i miałem przed sobą sześć rozdziawionych z wrażenia buź.

Za plecami mojej publiczności wódz wciąż dyskutował z innymi mężczyznami.

Następnie zainteresowały się nami starsze dzieci, a po nich nawet kilku dorosłych. Gdy zdradziłem im, na czym polega sztuczka, i pokazałem, jak składać palce, wszyscy zaczęli ćwiczyć, ale nikomu nie wyszło. Kaczor musiał nawet komuś siłą ustawić palce w odpowiedni sposób. Gdy jeden opanował technikę, zaczął się nią dzielić z innymi.

Prosta sztuczka Wujka Hioba sprawiła, że zebranie w domu wodza niespodziewanie dobiegło końca.

Minutę później z trzydziestu mężczyzn obecnych w chacie, dwudziestu pięciu uczyło się czarów z kciukiem, a tylko wódz, Mai Noi i może jeszcze trzech innych kontynuowało rozmowę. Tak zebranego kapitału publiczności nie mogliśmy zmarnować. Kaczka wyszedł z propozycją, by rozpropagować grę w papier, kamień i nożyce. Bez jednego słowa w jakimkolwiek wspólnym języku nauczyliśmy wioskę Akha nowej zabawy i minutę później cała chata wypełniła się toczonymi we wszelkich konfiguracjach pojedynkami.

Wódz spojrzał na nas groźnie, ale nic nie powiedział.

Poważna narada zmieniła się niechcący w wesołą zabawę i widać było, że powrotu do poprzedniej konwencji już raczej nie ma. Publiczność oczekiwała bisów i gorączkowo myśleliśmy, co można by im jeszcze sprzedać. Przeszukałem kieszenie i znalazłem idealny *la grande finale* w postaci chemicznego światła. Światła chemiczne to plastikowe patyki wypełnione roztworem, który po zmieszaniu świeci przez kilka godzin. Wystarczy zgiąć patyk, szklana kapsułka w środku pęka, płyny się mieszają i znikąd pojawia się światło. Magia. Dwa czy trzy światła chemiczne mamy zawsze przy sobie, wybierając się na pustynię czy do dżungli, a że w wiosce było ciemno, miałem cały czas jedno w kieszeni.

Kiedyś iluzjonista Dennis występujący na plaży Waikiki na Hawajach powiedział mi, że magia to dwadzieścia procent sztuczki i osiemdziesiąt procent prezentacji. Pomny tej lekcji bardzo ostrożnym ruchem wyciągnąłem z kieszeni opakowanie ze światłem i nakazałem wszystkim zachowanie absolutnej ciszy. Jeden z chłopców został wyznaczony na pomocnika i dostał za zadanie trzymać świecę. Powoli otworzyłem opakowanie i ze środka wyciągnąłem zwykłą plastikową rurkę, kształtem przypominającą długopis. Pokazałem wszystkim dookoła, mrucząc pod nosem zaklęcia, po czym niezauważalnym ruchem strzaskałem kapsułkę w środku i twarze widowni oblała czerwona poświata.

Po chacie przeszedł pomruk zdumienia. Nawet wódz się poddał i przerwał rozmowę, przyglądając się ciekawie. Podaliśmy wodzowi świecący patyk, ten go ciekawie obejrzał, powiedział coś po laotańsku i puścił w obieg, by każdy z obecnych mógł się sam nadziwić. Dyskusja ponownie się ożywiła.

Coś mi się wydaje, że w ich oczach to my byliśmy szamanami. I to „dużymi", takimi z Muang Sing.

Następnego dnia, po nocy wypełnionej zabijaniem komarów, które cięły niemiłosiernie, wyszliśmy przed chatę i zobaczyliśmy niby tę samą, ale jednak zupełnie inną wioskę. Uśmiechnięci mieszkańcy zapraszali nas na śniadanie, dzieciaki machały przyjaźnie, a jedna z żon wodza przywołała nas na taras, założyła tradycyjną czapkę zdobioną srebrnymi monetami i pozwoliła sobie zrobić tyle zdjęć, ile tylko chcieliśmy. W ciągu jednego wieczora sztuczką Wujka Hioba zjednaliśmy sobie sympatię całej wioski.

Gdy wychodziliśmy z powrotem do dżungli, kierując się dalej na północ, w głowie dźwięczała mi melodia jednej z piosenek Akha. Słyszałem ją pierwszy raz, gdy czekaliśmy na tarasie domu wodza, i jeden z chłopaków postanowił umilić sobie czas. Już po tym, jak zostaliśmy lokalnymi gwiazdami estrady, poprosiliśmy go, by zaśpiewał ją raz jeszcze. Zaśpiewała cała chata.

Smutna melodia, więc i zapewne smutna historia.

– Mai Noi, o czym opowiadała ta piosenka? – Spytałem, gdy wspinaliśmy się po zboczu.

– O chłopaku, który wyjechał do miasta i tęskni za swoją wioską.

– Ale za dziewczyną w tej wiosce, za rodzicami?

– Za wioską, za życiem w wiosce.

DAWNO, DAWNO TEMU góry Laosu zamieszkiwały osobne klany walczące ze sobą. Jednym z nich byli Akha, dzikie plemię, które spało na drzewach i biegało nago po dżungli, polując z dzidami. Pewnego dnia do ich lasu weszło kilku laotańskich myśliwych z nizin, którzy szukali zwierzyny. Zamiast tygrysów znaleźli jednak przepiękne kobiety Akha, które kąpały się nago nad rzeką. Myśliwi postanowili uprowadzić je do swoich wiosek i miast, a potem pojąć je za żony. Ponieważ kobiety Akha nie nosiły ubrań, myśliwi zdjęli koszule i przewiązali nimi dziewczyny w pasie, bo tylko tak mogli je okryć.

PIOSENKA AKHA

Gdy Laotańczycy z porwanymi kobietami dotarli do swoich wiosek, pożyczyli od matek biustonosze i koszule, żeby ich wybranki miały co włożyć. Do dziś kobiety Akha noszą spódnice za kolano, które symbolizują długość męskiej koszuli, a po urodzeniu dziecka przestają nosić staniki – tak jakby zwróciły je matkom swoich mężów.

Po zaślubinach laotańskich myśliwych z kobietami z lasu nowożeńcy nie mogli zdecydować, gdzie się osiedlić. Mężczyźni chcieli mieszkać w miastach, a ich żony nalegały na życie w lesie. Kłótnie i swary trwały długo, aż w końcu postanowili, że zamieszkają w połowie drogi. Postawiono więc chaty na skraju lasu, budując wioski niemal w dżungli.

Do dziś Akha mieszkają pod lasem i bardzo źle się czują w większych skupiskach ludzi.

Żeby wrócić z wioski Akha do jakiejkolwiek cywilizacji, musieliśmy zatoczyć spore koło po okolicznych wzgórzach. Kolejne godziny marszu przez dżunglę, przerywane jedzeniem ryżu, który coraz mniej nam smakował, dawały się już we znaki. Nawet Mai Noi szedł mniej raźno, co zresztą nie dziwiło, zważywszy, że po zebraniu w domu wodza nastąpiła nieformalna uroczystość oparta na lao lao, nalewce ryżowej pędzonej w chatach. Wtedy też się dowiedzieliśmy, że Mai Noi bardzo lubi stan alkoholowego upojenia.

Wczorajsze uciechy ciążyły mu niemiłosiernie, więc nie był za bardzo skory do rozmów, skutkiem czego maszerowaliśmy w absolutnej ciszy, wsłuchując się w głosy lasu. W dżungli cały czas jest głośno. Wśród gałęzi żyją owady, które wydają odgłosy jak szlifierka lub wiertarka. Coś piszczy, skrzeczy albo pohukuje. Co chwila z gałęzi zrywają się ptaki albo małpy skaczą w koronach drzew, obrywając liście. Las nie daje o sobie zapomnieć.

Ruch najwyraźniej dobrze zrobił Mai Noiowi, bo w połowie dnia nabrał wigoru i wrócił do formy. Znów mogliśmy się pośmiać i podpytać o zwyczaje zwierząt, usłyszeliśmy też kilka kolejnych legend.

– Opowiedzcie mi jakąś legendę z waszego kraju – Mai Noi poprosił za którymś razem.

Ciągłe opowiadanie lokalnych podań musiało w nim rozbudzić ciekawość i naszych historii.

Pytanie okazało się trudniejsze, niż można było przypuszczać. Gdy odrzucić wszystkie opowiastki, w których istotną rolę grają wydarzenia historyczne, zostaje ich zaskakująco niewiele. Tłumaczenie zaszłości i niuansów w stosunkach z naszymi sąsiadami też nie przyniosło pożądanych skutków. Mai Noi tylko patrzył tępawo, udając, że rozumie. Ale że i tak nie mieliśmy co robić, podjęliśmy heroiczną próbę przekazania kilku legend, lekko tylko dostosowując historie do laotańskiego pojmowania.

Dawno, dawno temu, za siedmioma górami i siedmioma lasami w dalekim Wietnamie żyła sobie królewna Wanda. Od północy na Wietnam stale najeżdżali Chińczycy...

– O tak, Wietnamczycy nie mieli z nimi lekko – zgodził się Mai Noi.

– Nie przerywaj, opowiadam.

W jednej z chińskich prowincji rządził książę, który pewnego dnia zobaczył piękną Wandę i zakochał się w niej okrutnie. Wanda nie chciała wyjść za Chińczyka i odrzuciła jego zaloty. Książę wpadł w straszliwy gniew.

– Wanda będzie moją żoną – zakrzyknął – albo najadę Wietnam i wypalę do cna wszystko, co stanie mi na drodze!

Poddani z obawą czekali, co postanowi Wanda. Już nieraz chiński książę napadał na Wietnam. Wiele razy po krwawej bitwie przedzierał się też przez gęstą dżunglę, zostawiając za sobą wypaloną ziemię i płaczące sieroty. Na wszelki wypadek cieśle wzmacniali już bramy w grodzie, a płatnerze szykowali zbroje.

Wanda, chodząc samotnie dookoła pagody, rozpaczliwie szukała wyjścia z tej tragicznej sytuacji.

„Nie mogę wyjść za Chińczyka – myślała – prędzej poświęcę swoje życie".

Chiński książę zaczął zbierać wojsko. Łucznicy ściągali z odległych prowincji, a alchemicy szykowali płonące kule.

Wojna wisiała w powietrzu i pachniała śmiercią.

Wanda stanęła na piaszczystym brzegu Mekongu i popatrzyła w żółtą toń.

– Prędzej odbiorę sobie życie – postanowiła i rzuciła się w wiry rzeki*.

– Mądra dziewczyna – ocenił z uznaniem Mai Noi. – Nic dziwnego, że nie chciała Chińczyka.

Ruszyliśmy dalej. Kaczor, niepytany, przez dłuższą chwilę myślał intensywnie i teraz chrząknął znacząco.

Dawno temu pod Luang Nam Tha, gdzie wychował się Mai Noi, w pieczarze w zboczu góry żył smok, który pożerał ludziom owce...

– ... i dziewice – podpowiedziałem. Dziewice zawsze robią wrażenie.

... żył smok, który pożerał ludziom owce i dziewice, kontynuował Kaczor. Smok był straszny, wielki jak drzewo bananowca, a pazury miał jak bambusowe kije. Ział ogniem i ryczał, aż się kładły pola ryżowe. A gdy ktoś się zbliżył, potrafił go też zamienić jednym spojrzeniem w kamień.

Wszyscy się go bardzo bali.

Król nie mógł ścierpieć, że jakieś łuskowate bydlę porywa mu poddanych, więc ogłosił, że kto ukatrupi parcha, ten dostanie pół królestwa i księżniczkę za żonę. Księżniczka nie miała nic do gadania.

Król był skłonny oddać pół królestwa, bo wiedział, że w pieczarze smok zgromadził wielki skarb, na który władca już się nastawiał. A że sam

* Wanda nie mogła rzucić się w nurt Mekongu, bo albo musiałaby mieć siedmiomilowe buty, które pozwoliły jej skoczyć na samo południe Wietnamu, albo chiński książę planował daleki rajd. Ale to musiał być Mekong, bo Mai Noi nie znał innych wietnamskich rzek.

był gruby i nieruchawy, wolał wysłać umyślnego, pozbyć się gada i cichcem samemu zgarnąć nagrodę.

Do ataku rzuciła się zgraja rycerzy uzbrojonych we wszystko, co się dało. Nie wrócił żaden, bo smok wszystkich przysmażył ogniem, nawet nie ruszając zada z pieczary.

Chęć do polowania gwałtownie przygasła w narodzie. Co słabsi na sercu wręcz przenieśli się gdzieś dalej. Do zadania przysposobił się przeto biedny szewc, co to miał jedną kapotę i stare kapcie. Pomyślał, pomyślał i wymyślił.

Podprowadził z łąki owcę swojego sąsiada (bo przecież był biedny strasznie, więc sam owcy mieć nie mógł), po czym wypchał ją chili, kwiatem banana i pędami rattanowca. Pod osłoną nocy spuścił łódkę na wody rzeki i podpłynął pod pieczarę smoka. Postawił owcę na brzegu, a sam ukrył się w dżungli po przeciwnej stronie.

Smok rano wylazł z jamy, podrapał się po brzuchu, puścił dymka nosem i zaczął się rozglądać za śniadaniem. Długo szukać nie musiał, bo owca stała na samym środku. Niewiele myśląc, smok wciągnął owcę w roli przekąski i jął rozglądać się dalej. Gdy apetyt dojrzał do drugiego dania, smok zaczął odczuwać skutki dania pierwszego. Chili i rattan paliły go strasznie, więc poszukał ratunku w wodzie z rzeki. Pił, pił, pił, aż wypił całą wodę z rzeki i w końcu pękł.

Szewc poślubił księżniczkę i dostał pół królestwa. Ale skarbu nie było. Okazało się, że to tylko propaganda*.

ZATRZYMALIŚMY SIĘ NA POSIŁEK. Od wielu dni nasza dieta była męcząco monotonna. Jak zwykle z dużych liści zrobiliśmy talerze, z łodyg pałeczki. Na środku ułożyliśmy wielki zielony liść służący za stół. Mai Noi sięgnął po swoją magiczną torbę z jedzeniem.

* Pożeniliśmy tu kilka historii, m.in. o Bazyliszku i Smoku Wawelskim, ale i tak nie robiło to wielkiej różnicy Mai Noiowi, który, jak się potem okazało, nie znał po angielsku słowa „smok".

– Jak myślisz, co dziś będzie? – Kaczor sam sobie zadał pytanie. – Łazanki – ciągnął swój monodialog. – Albo kasza gryczana z gulaszem.

Mai Noi wyrzucił zawartość torebki na liść.

– No, niestety. Znowu ryż.

Na ryż nie mogliśmy już patrzeć. Kleisty, sypki, z dodatkami, bez... Od dawna żywiliśmy się wyłącznie ryżem. Mai Noi pałaszował ze smakiem, widocznie lata treningu robiły swoje.

– W ostatniej wiosce był człowiek, który całą twarz miał pokrytą bliznami. Co mu się stało? – zapytałem.

– Dopadł go niedźwiedź.

W Laosie żyły czarne niedźwiedzie himalajskie, które nie cierpiały ludzi. Mimo że niewielkie, bo dorastały do niecałych dwóch metrów, zabijały mieszkańców wiosek z przerażającą regularnością. Potrafiły wspinać się na drzewa i miały pazury, którymi mogły okorować pień. Zresztą widzieliśmy już wcześniej tak ogołocone drzewa.

– Jakie masz szanse w spotkaniu z niedźwiedziem?

– Praktycznie żadnych.

– To co możesz zrobić? Wzywać *phi*?

– Jedyne, co możesz zrobić, to położyć się na ziemi i udawać trupa.

– No chyba żartujesz.

Rozumiem, że bajki, legendy i ogólna romantyczność, ale żeby od razu Mickiewicz?

– Mai Noi, skoro większość życia spędziłeś w dżungli, to czy ty się jej jeszcze boisz?

– Boję się.

– Czego?

– Pytonów.

– Pytonów!?

Swego czasu w Bangkoku przeszedłem szkolenie z łapania węży w instytucie Czerwonego Krzyża, w którym funkcjonuje farma węży dostarczająca surowców do produkcji antyjadu. Żaden z łapaczy nie umieściłby pytona w pierwszej dziesiątce najniebezpieczniejszych węży. Były daleko, daleko w tyle za wszystkimi plującymi kobrami, zwykłymi kobrami,

O wężach krąży multum przerażających historii, które w większości są wyssane z palca. Kobry nie ganiają ludzi, pytony nie atakują, skacząc z drzew, a grzechotniki nie tropią człowieka aż do skutku. Natomiast rzeczywiście istnieją kobry, które plują jadem na dwa metry, i faktycznie po ugryzieniu przez niektóre węże masz kilka godzin życia.

Bez zagłębiania się w medyczne szczegóły dotyczące rodzaju toksyn i ich efektów, kilka zasad w kwestii obchodzenia się z wężami:

Nie ma sposobu na rozpoznanie, czy wąż jest jadowity, po jego wyglądzie, więc w lesie czy na pustyni zawsze zakładaj, że napotkany wąż jest groźny.

Noś buty za kostkę. Siedemdziesiąt procent ugryzień trafia w stopy.

Węże reagują na wibracje. Ciężki krok i podpieranie się kijkiem wypłoszy prawie wszystkie.

Węże atakują, gdy są zaskoczone i nie mają gdzie uciekać. Zawsze wycofuj się powoli, nawet jeśli wąż syczy i się rzuca.

Jeśli strzeli ci do głowy głupi pomysł, żeby węża złapać, nie łap za ogon ani w połowie długości ciała, tylko zaraz za głową.

Jeśli ugryzie cię wąż (albo pająk): nie wysysaj rany ani jej nie nacinaj, tak robi tylko John Rambo. W ten sposób albo zainfekujesz ranę, albo opijesz się jadu.

Zamiast tego połóż się i ruszaj jak najmniej, ugryzienie trzymaj poniżej serca, skórę przemywaj wodą z mydłem. Ugryzione miejsce możesz włożyć do zimnej wody lub obłożyć lodem, by jad się nie rozprzestrzeniał, zawiąż też mocno bandaż powyżej i poniżej rany. Czym prędzej udaj się do lekarza. Miejscowi doktorzy już po ugryzieniu poznają, co to był za wąż, i ewentualnie wstrzykną ci przeciwjad. Dogonionego i ogłuszonego węża przynosić nie musisz.

Trimeresurus albolabris (dla niesystematyków grzechotnik bananowy)

żmijami, grzechotnikami, a nawet za małym, zielonym i śmiertelnie niebezpiecznym trimeresurusem. Trzymetrowego pytona tygrysiego trzymałem przez godzinę na rękach i chodziłem z nim po ośrodku jak w szaliku. Pyton, który nie jest głodny, nie jest niebezpieczny ani trochę.

– Ludzie Khamu boją się pytonów – powiedział Mai Noi.

DAWNO, DAWNO TEMU pyton był jedynym jadowitym wężem w lesie. Budził przerażenie swoim rozmiarem i zabójczą trucizną, przed którą nie było ratunku.

Pewnego dnia z wioski Khamu wyszło do lasu dwóch myśliwych, On oraz Nie. Chodzili po dżungli, szukając pożywienia, ale trzymali się blisko osady, bo wiedzieli, że niebezpiecznie jest zapuszczać się w głąb lasu. Pyton obserwował ich z drzewa. Gdy myśliwi przysiedli, żeby odpocząć, bezszelestnie zsunął się po pniu i podpełzł do nich od tyłu. Zanim myśliwi spostrzegli, co się dzieje, pyton ugryzł obu i uciekł.

Trucizna działała szybko. Myśliwi nie zdążyli nawet krzyknąć i osunęli się bezwładnie na ziemię.

Pyton wrócił na swoje drzewo i drzemał dalej, wygrzewając się w słońcu.

Po jakimś czasie ludzie w wiosce Khamu zaczęli się niepokoić.

„Gdzie są myśliwi!? – zastanawiali się. – Musimy ich odszukać!"

Kilku z nich ruszyło do lasu szukać zaginionych. Nie minęło wiele czasu, gdy natknęli się na obu myśliwych, którzy leżeli bez ducha na ziemi.

– Chodźcie tu wszyscy! – zaczęli wołać w kierunku wioski. – On i Nie zginęli!

– Oni nie zginęli? – przebudził się pyton. – Oni nie zginęli!? Jak to!? Moja trucizna przestała działać!

To było najgorsze, co mogło się przytrafić pytonowi. Jego jad był potężną bronią i bez niego wąż nie wiedział, jak polować.

„Nie chcę takiego jadu – pomyślał. – Jeśli nie jest już zabójczy, nie będzie mi do niczego potrzebny".

Pyton zsunął się na ziemię, podpełzł do dużego, rozłożystego liścia i wypluł cały jad, jaki w sobie nosił. Potem, wciąż zły, wrócił na swoje drzewo.

Spomiędzy zarośli wypełzły inne węże, które obserwowały pytona z ukrycia. Wiedziały, że pyton się przesłyszał i że jego jad jest wciąż śmiertelnie niebezpieczny. Każdy z nich wypił trochę jadu pytona, aż nie została ani kropla. Pod liściem leżało też kilka gąsienic, które przypadkiem zostały ochlapane odrobiną trucizny.

Od tamtej pory pyton nie jest jadowity, a pozostałe węże tak. Trujące gąsienice czasem siedzą pod liśćmi. Dlatego każdy, kto wybiera się do dżungli, bierze ze sobą maczetę i wycina wszystkie gałęzie, które wystają na ścieżkę. Bo nigdy nie wiadomo, czy robak siedzący na liściu to nie tryskający parzącą jak kwas trucizną *bong*, który wykąpał się w jadzie pytona.

Pyton może nie jest już jadowity, ale dla ludzi Khamu wciąż jest bardzo potężny.

JEDNĄ Z NOCY mieliśmy spędzić w wiosce Tai Dam, Czarnego Plemienia*. Nad lasem gromadziły się ciemne chmury, więc spodziewaliśmy się, że jeśli nie tego dnia, to następnego czeka nas monsunowy prysznic.

Do wioski dotarliśmy późnym popołudniem. Od razu zauważyliśmy, że jest jakby bardziej schludna i porządna od osad Akha. Domki, również na palach, były zdecydowanie mocniejsze i wyplecione z większą dbałością. W wiosce było czysto, a kurczaki i nierogacizna stały grzecznie zamknięte w zagrodach.

Kawałek dalej płynęła leniwie płytka rzeka, nad którą trwały nieustające połowy. Chłopcy rozciągali siatki na bambusowych stelażach i łapali rybki, które były wystarczająco małe, by płynąć w wodzie po kostki.

* Czarne Plemię w polskiej literaturze błędnie jest nazywane również Czarnymi Tajami. „*Tai*" w lokalnym języku oznacza „plemię" a „*dam*" „czarny" albo „nurkować".

Drogą w kierunku rzeki maszerowało stadko kaczorów, kolebiąc się rytmicznie.

– Czołem, chłopaki – Kaczka przywitał kolegów, ale został zignorowany.

Mai Noi zaprowadził nas do chaty, w której mieliśmy spać. Musiał znać gospodarza, bo przywitali się jak starzy przyjaciele. Dostaliśmy po kubku herbaty i zasiedliśmy na przestronnym tarasie, obserwując z góry życie wioski.

Po kilku chwilach mieliśmy wrażenie, że dzień każdego mieszkańca składa się tu głównie z mycia się. Przez cały czas były w użyciu dwie ustawione w wiosce pompy. Publiczne mycie się nie oznaczało natomiast publicznej nagości. Kobiety skromnie zakrywały się długimi i szerokimi kawałkami materiału, pod którymi mogły się już bez przeszkód szorować.

Zarówno ręczniki, jak i spódnice były zresztą tkane w wiosce. Pod każdą chatą stały krosna, na których powstawały wyszywane później ubrania. Stuk drewnianych czółenek niósł się po okolicy.

Umyliśmy się pod pompą i wypraliśmy przepocone koszule. Obie zawisły pod chatą, żeby wyschnąć, a my wolnym krokiem ruszyliśmy

Każda kobieta Tai Dam ma własny warsztat tkacki – albo w domu, albo pod nim, bo chaty stoją na palach

rozejrzeć się po wiosce. Pod jednym z domów sękaty mężczyzna szlifował wielkie bale, na których miał stanąć taras. Pod innym kobieta i dwoje dzieci splatali liście bambusa na nowy dach. Ktoś karmił kury, a jeszcze dalej ktoś zamiatał wspólną drogę. Tai Dam zdecydowanie byli pracowici.

Krążąc po wiosce, znaleźliśmy w jednej z chat mały sklepik oferujący najpotrzebniejsze artykuły. Między mydłem, papierosami i kapeluszami z liści zobaczyliśmy czerwone puszki coli.

Pamiętacie, jak mówiłem, że wszędzie, choćby na samym końcu świata, może nie być wody i prądu, a domy ogrzewać się będzie palonym łajnem, ale będzie sklep z colą? Bardzo proszę.

– To co...? – spytał wyczekująco Kaczor.

– No nie... – wahałem się jeszcze ostatkiem sił.

Od dawna piliśmy tylko gotowaną w aluminiowych czajnikach wodę, która smakowała metalem. Gazowany ładunek cukru stanowił bardzo zachęcającą propozycję. Choćby ciepły, rozgazowany i z datą ważności, która minęła siedem lat temu. Tai Dam najwyraźniej nie przepadali za amerykańskimi produktami.

Wbrew pozorom przeterminowana cola nie smakowała wybornie. Czasem człowiek nie potrafi się uchronić przed swoją naiwnością.

Ruszyliśmy dalej, szukać Mai Noia, który już jakiś czas wcześniej znikł nam z oczu. Przystanęliśmy przed drewnianym domkiem duchów, który stał w wiosce. Tai Dam w przeciwieństwie do Akha lubili duchy *phi* i chętnie wpuszczali je do swoich osad. Kiedyś podobno w wiosce żył bardzo dobry szaman, który nie miał jednak co robić, bo nikt nie chorował. A nikt nie chorował, bo w wiosce nie było żadnych duchów, toteż nikt nie tracił energii życiowej. Szaman poszedł do lasu i przyniósł ze sobą duchy drzew i rzek. Przez ich obecność ludzie zaczęli podupadać na zdrowiu i szaman miał kogo leczyć, za co zresztą pobierał słone opłaty. Dlatego do dziś w każdej wiosce Tai Dam stoi domek duchów, by *phi* miały gdzie mieszkać pośród ludzi i im nie szkodziły.

Mai Noi zniknął. Nie mogliśmy go nigdzie znaleźć, choć wioska nie była duża. Z domu nad samą rzeką oddalonego nieco od głównej części osady doleciał nas śpiew i dźwięki gitary.

– Oho, proszę bardzo, impreza. Stawiam obiad, jeśli Mai Noia tam nie będzie – oznajmił Kaczor.

Impreza szła na całego, mimo że nie było jeszcze ciemno. Mai Noi musiał najwyraźniej w godzinę nadrobić zaległości, bo oczy szkliły mu się w sposób charakterystyczny dla sporego spożycia lao lao, a język się nieco plątał. Postanowiliśmy nie przeszkadzać, zwłaszcza że jego nowi przyjaciele byli już na etapie, kiedy ludzie robią się coraz głośniejsi i coraz głupsze mają pomysły.

Dalszą część dnia musieliśmy więc wypełnić sobie sami.

Kilkanaście metrów od tancbudy zobaczyłem drzewko z moimi ulubionymi owocami – marakują. Owoce, zwane przez Tai Dam magnot, były jeszcze zielone i niedojrzałe, ale i tak zerwaliśmy kilka na drogę następnego dnia, bo kwaśny smak bardzo pobudza.

Nieco zgłodnieliśmy, a marakuja dodatkowo wzmogła apetyt. Sklepik nie dysponował niczym do jedzenia, a na obiad też się raczej nie zanosiło. Padł nawet pomysł przetrzepania magicznej torby Mai Noia, ale szybko go zarzuciliśmy, uświadamiając sobie, że jedyne, co w niej możemy znaleźć, to ryż i kilkudniowe ryby.

Nasze dywagacje przerwało pewne poruszenie wśród dzieciarni, która zbiegła się na głównym placu, otoczywszy dziadka o mocno przerzedzonym uzębieniu. Dziadek właśnie wrócił z lasu. Miał przy pasku długą maczetę, a na plecach ze dwadzieścia bambusowych pojemników przypominających zakorkowane termosy. Z daleka widzieliśmy, że otworzył jeden i rozdawał z niego dzieciom cukierki albo inne łakocie.

Pchani desperacją podeszliśmy bliżej. Dziadek rozłożył już swoje zielone pojemniki na brudnej szmacie, czyli zapewne je sprzedawał. Dwa czy trzy zdążył już nawet opchnąć, a z chat wychodzili kolejni klienci.

– *Sabaidii* – ukłoniłem się grzecznie, przykucnąłem i otworzyłem jeden z pojemników. – Kaczka, głodny?

– Kaczka głodny – potwierdził.

– To chodź, musisz to zobaczyć.

Gdy otworzyłem bambusowy korek, Kaczora aż odrzuciło. W środku każdego z pojemników było ze trzydzieści tłustych, białych, wijących się larw, które Tai Dam smażyli i jedli.

Jeśli to była świeża dostawa, to czekał nas dłuższy post.

Następnego ranka wstaliśmy, gdy na dworze zaczęło szarzeć. Czekał nas długi dzień. Mai Noi nie znał za dobrze tej okolicy, więc poprosił, żeby z wioski poszedł z nami lokalny przewodnik Sei So. Ten już nas dobił ostatecznie – Mai Noi szedł wprawdzie w tanich i plastikowych, ale jednak butach, Sei So zasuwał natomiast w klapkach-japonkach, i to dziurawych.

Dzień zaczął się od dwugodzinnego ostrego podejścia w pełnym słońcu. Na początku tej wyprawy jeszcze sobie jakoś radziliśmy z takimi wyzwaniami, ale po kilku dniach marszu przez gęstą dżunglę sił było coraz mniej. Szliśmy gęsiego w luźnym szyku. Upał panujący od samego rana odparowywał z nas chęć życia.

Minęła godzina, szedłem jako ostatni i ledwo utrzymywałem tempo. Patrzyłem przed siebie na Kaczora. Widziałem, że też ledwo zipie, ale jakoś sobie jednak radził. Gdy kupił bilet do Azji i wiedziałem już, że zobaczymy się w Bangkoku, wysłałem mu wiadomość: „Pobiegaj trochę. Ta wilgotność jest zabójcza, to nie to samo co na Saharze". Odpowiedział: „Czy muszę ci przypominać, kto jest królem pieszych wycieczek?". Wtedy myślałem, że srogo się na tym przejedzie, ale teraz patrzyłem, jak wspina się nade mną, a moje płuca zazdrościły jego płucom. Nie mam pojęcia, jak Kaczor to robi. Nic nie trenuje, nie dba o kondycję, a jak przyjdzie co do czego, zostawia innych w tyle.

Skupiałem się na tym, żeby jakoś oddychać i nie paść trupem. Śliska glina uciekała spod butów. Cieszyłem się z mocnego bieżnika, ale i tak nie było łatwo. W pewnym momencie usłyszałem za sobą głosy. Przystanąłem na chwilę i pot zalał mi oczy. Nie miałem nawet czym ich przetrzeć, bo koszulę można już było wyżymać. Odwróciłem się i zobaczyłem cztery dziewczyny z wioski wspinające się naszym śladem po stromym zboczu. Wszystkie były świeże i pachnące, bez śladu zmęczenia, a po drodze jeszcze zbierały do koszy jadalne żołędzie i gawędziły wesoło. Musiały wyjść później niż my i iść szybciej, skoro nas dogoniły.

I wszystkie cztery szły na bosaka.

Tego było już za wiele. Przysiadłem na jakimś obalonym drzewie i przepuściłem dziewczyny, mrucząc pod nosem „panie przodem". Zniknąłem Kaczorowi z oczu i po chwili usłyszałem z góry:

– Wszystko w porządku?

– Tak, muszę chwilę odpocząć, nie daję już rady.

– Dobra, czekamy!

Jasna cholera, taka kompromitacja. Będzie mi to wypominał do końca życia. Poczucie wstydu pchnęło mnie dalej, nie usiedziałem nawet trzydziestu sekund. Zwalczyłem jakoś protesty nóg i zacząłem się znowu wdrapywać. Wyszedłem zza zakrętu i zobaczyłem zarówno Kaczora, jak i Mai Noia, którzy czerwoni z wysiłku siedzieli na ziemi i z trudem łapali oddech.

– O ty dziadu, chciałeś odsapnąć na mój koszt! – krzyknąłem do Kaczora. – Nie miałeś odwagi się przyznać, że ledwo zipiesz!?

– Wolałem poczekać na sponsora... – Kaczor z uśmiechem mrugnął w odpowiedzi.

– Nienawidzę cię.

– Będę musiał z tym jakoś żyć.

– A ja naprawdę myślałem, że jako jedyny tak straszliwie nie daję rady...

– Mai Noi też z chęcią przystanął – próbował zasłonić się Kaczor.

– Przecież on całą noc żłopał to swoje lao lao! Ja się dziwię, że on w ogóle może dziś chodzić.

– Dobra, dobra, idziemy dalej.

Męska potrzeba rywalizacji to jednak straszna rzecz.

Skończyła się nam woda. Ranne podejście pozbawiło nas większości zapasów. Mieliśmy jeszcze po pół butelki, ale obaj wiedzieliśmy, że to nie wystarczy do końca dnia. Mai Noi też wyglądał na zatroskanego. Jego zapasy również się skurczyły, choć pił dużo mniej niż my. No, ale najwyraźniej suszyło go tego dnia bardziej niż zwykle.

Mai Noi wiedział, że niechętnie będziemy pić ze strumieni, i postanowił rozwiązać problem braku wody w inny sposób. Na naszej trasie rosły drzewa bananowca. Ściął jedno z nich maczetą przy samej ziemi i drzewo zwaliło się z trzaskiem. Następnie odciął kawał pnia od strony liści i wspólnie zajęliśmy się pozbawianiem łodygi zewnętrznych warstw. Drzewo bananowca ma śnieżnobiały rdzeń o konsystencji waty. A w niej jest woda. Wyssaliśmy spore kawałki, gasząc pierwsze pragnienie, a resztę schowaliśmy na później. Do cywilizacji nie było już tak daleko.

Monotonia marszu przez las działała przygnębiająco. Weszliśmy w niegościnną część dżungli i musieliśmy się przedzierać przez sterczące zewsząd trzymetrowe badyle zarastające ścieżkę. Dezorientujące i klaustrofobiczne miejsce, które nie sprzyja konwersacji. Posuwaliśmy się bardzo powoli i wpadłem w stan lekkiego letargu. Roger krzyknął mi do ucha, próbując mnie obudzić. Teraz zagrożeniem byłem ja sam.

W głowie pojawiły się myśli o wszystkim, co zostawiłem za sobą, wyjeżdżając. Zaczęły się niekontrolowane rozważania o problemach, które tylko odsunąłem w czasie i które, zacierając ręce, czekają, aż wrócę, by dopaść mnie ponownie. Ze zgrozą pomyślałem o stanie konta. Przypomniała mi się mama, która ciężko przeżywa każdą moją podróż i zawsze chce, żebym jak najszybciej wracał. Przed oczami stanęły nawet złożone obietnice, których nie dotrzymałem przed wyjazdem. Ta podróż jakoś niespodziewanie wyrwała mnie z życia.

A potem przyszedł monsun i zmył mi to wszystko z głowy.

Z NIEBA SPADŁA ŚCIANA WODY. Zaczęło padać tak, jak pada tylko w tropikach. Krople wielkości winogron w minutę przemoczyły nas do suchej nitki i już nie było nawet po co się chować. Okryliśmy się tylko pelerynami, zamieniając prysznic na saunę, i ruszyliśmy dalej, jeszcze wolniej niż do tej pory.

Znów przestało się liczyć cokolwiek oprócz tego, gdzie się schować, gdzie dziś będę spać i co będę jeść. Marcus, Niemiec z Hanoi, miał rację. Jednak taka ucieczka od wszystkiego ma też sporo dobrych stron.

Monsunowy deszcz jak zwykle padał i padał, a potem przestał. Zdążyliśmy napełnić butelki deszczówką zbieraną do liści. Wszystko, co nieśliśmy, zrobiło się jednak dwa razy cięższe i zjeżdżaliśmy po zboczach z lawinami błota. Strumienie zamieniły się w potoki, a zwalone pnie zagradzające ścieżki stały się dużo trudniejszymi przeszkodami. Doskwierać mi zaczął poważny niedobór siły w mięśniach. A wciąż mieliśmy przed sobą kawał drogi.

Często mówię, że jestem miłośnikiem stanu na granicy wyczerpania. Zazwyczaj – siedząc w ciepłych kapciach w domu. Wtedy wszyscy osiągnęliśmy właśnie taki stan i żaden z nas się z niego nie cieszył.

Jednak wiele przygód lepiej się opowiada, niż przeżywa.

DŻUNGLA

W poniedziałek ryż, we wtorek ryż, w środę ryż, w czwartek…

Wioska Akha

Palenisko – centralna część chaty. Tu suszy się chili, ryby i przyprawy

Dwunastocentymetrowa tarantula, na którą nadziałem się półprzytomny w środku nocy, wchodząc do szałasu pełniącego funkcje higieniczne

... w czwartek ryż, w piątek ryż, w sobotę...

Kobieta Akha szykuje obiad dla całej czternastoosobowej rodziny

Kwiaty bananowca – jadalne tylko po długim gotowaniu

ŻEBY PODJĄĆ JAKIEKOLWIEK DECYZJE dotyczące dalszego planu, musieliśmy przejechać pół Laosu na południe, bo w Luang Nam Tha nawet telefony rzadko działały. W efekcie wylądowaliśmy w Luang Prabang, uroczym turystyczno-kolonialnym miasteczku, którego najmocniejszą stroną są pamiątki i ładne oświetlenie ulic.

LUANG PRABANG

– No ale chwilę tu chyba zostaniemy? – zapytał Kaczor znad bagietki z tuńczykiem.

Praktycznie zawsze trzymamy się zasady, że jemy tylko lokalne potrawy i omijamy wszystkie knajpy serwujące europejską kuchnię. Nie wydaje mi się jednak, żebyśmy przez następne dni zamówili cokolwiek z ryżem.

Chwilę w Luang Prabang mogliśmy zostać, bo do następnego interesującego miejsca jechało się pół dnia. Poza tym, choć nudnawe, to miasteczko było naprawdę ładne. Wieczorem wybraliśmy się na nocny targ suwenirów, który po zmierzchu rozstawiano w centrum dzielnicy turystycznej. Straganów były setki i choć prawie wszędzie sprzedawano to samo, były to przedmioty rzadkiej urody. Wystawy sklepów wypełniały jedwabne stroje i drogie rzeźby albo biżuteria. Na ziemi piętrzyły się laotańskie spódnice *sinh* i figurki, kapcie, malowidła, dzwonki i bambusowe kosze.

Luang Prabang – piękna fasada turystycznej cepelii, zbudowana pod wyobrażenia Europejczyków

Przechadzaliśmy się po bazarze, co jakiś czas interesując się tym czy innym przedmiotem. Większość i tak produkowana była pod Pekinem, a identyczne pałeczki czy filiżanki można było kupić w całej Azji.

– Popatrz na to... – Kaczor wziął do ręki figurkę postaci z mieczem, którą znalazł na straganie handlarza starzyzną. Pośród tandetnych figurek z mosiądzu ta faktycznie się wyróżniała. Kupiec patrzył bystro, widać było, że wie, co trzymamy w rękach.

– Zostaw ją, to jest kradzione – powiedziałem.

– Skąd wiesz?

Angkor, Kambodża, dwa lata wcześniej

Oto stałem przed Angkorem, najważniejszym zabytkiem w całej Azji Południowo-Wschodniej, przed namacalnym dowodem potęgi imperium angkorskiego z XII wieku. Tylko dla tego widoku przyjechałem do Kambodży. Żeby zobaczyć te wieże w kształcie lotosu wyrastające ponad las

Czasem w tłumie turystów można spotkać tych, których do Angkoru przyciąga znaczenie świątyń, a nie ich fotogeniczność

i przejść się ruinami porośniętymi przez gigantyczne drzewa. Popatrzeć na misterne rzeźbienia i odetchnąć historią, która miała bić z każdego kąta tego olbrzymiego kompleksu.

Oddychałem natomiast smażonymi nieopodal frytkami, a potęgę zabytków trochę psuł rząd stoisk z pamiątkami, gdzie można się było zaopatrzyć w tradycyjne khmerskie kapelusze kowbojskie lub okulary słoneczne. Nie mogłem się nawet przez chwilę skupić, bo co chwila dopadały mnie dzieciaki sprzedające fleciki, bałałajki, srebrne bransoletki i inne bezwartościowe bibeloty. Same świątynie też trudno było dojrzeć, gdyż zasłaniały je tłumy turystów wylewające się z kolejnych autokarów.

Władze Kambodży poszły zdecydowanie drogą na skróty. Swój największy zabytek wyceniły raptem na dwadzieścia dolarów za bilet. Ludzie z całego świata ściągali do Siem Reap, by poobcować z potęgą i majestatem świątyń, które widzieli na zdjęciach w magazynach podróżniczych. Niestety, tłum przyjezdnych pozbawiał Angkoru zarówno potęgi, jak i majestatu, a jedyne, z czym można było obcować, to tysiące turystów na każdej ścieżce.

No dobrze, ale skoro już tu się znalazłem, zrobię dookoła rundę. Przebiłem się przez grupę koreańskich wycieczkowiczów, których przewodnik

Zachód słońca widziany z tarasu świątyni Phnom Bakheng w Angkorze

przez megafon informował o wspaniałościach Angkor Wat, i wszedłem do głównej świątyni.

Angkor Wat był ograbiony ze wszystkiego. Korytarze niegdyś pełne płaskorzeźb i figur świeciły pustkami. Gdzieniegdzie stały posągi Buddy, którym złodzieje odrąbali głowy, by sprzedać je na czarnym rynku. Zachowały się tylko zdobienia na zewnętrznych ścianach pieczołowicie konserwowane przez międzynarodowe ekipy archeologów.

Większość pozostałych świątyń składających się na kompleks Angkor też straciła wiele cennych artefaktów. Jakąś ich część wywieźli Francuzi i Wietnamczycy zgodnie z odwiecznym prawem najeźdźcy i okupanta. Część zniszczyli lub zabrali Czerwoni Khmerzy, zapamiętale walczący ze wszystkim co stare, oraz uciekinierzy opuszczający kraj w strachu przed nimi. Później dzieła dopełniły gangi rabusiów, bez pardonu grabiące świątynie w całej Kambodży. Nie wyłączając Angkoru.

Wiedziałem już wcześniej, że szajki złodziei sztuki są jednym z głównych problemów Kambodży, kraju wciąż żyjącego w skrajnej nędzy i nękanego jednym nieszczęściem za drugim. Ale oto stałem przed ziejącymi ranami starych murów, które były dowodami na miejscu zbrodni.

Kapela ofiar min przeciwpiechotnych – spuścizna reżimu Czerwonych Khmerów

Zapachniało wyzwaniem. Adrenalina skoczyła, w głowie błysnął pomysł, Roger przyklasnął. Jadę tropić przemytników sztuki.

Phnom Penh, stolica Kambodży, wyglądało jak miasto po wojnie. W śródmieściu widać było walące się domy i tarzające się w pyle na ulicach dzieciaki, których nikt nie pilnował. Jeśli dobrze się przyjrzeć, można było zobaczyć na ścianach ślady po kulach, smutną pamiątkę po kolejnych konfliktach wewnętrznych. Kilka luksusowych hoteli tylko potęgowało kontrast z całą resztą miasta, w której rządziła nędza. Każdy dolar się liczył i o każdego turystycznego centa na ulicach toczyła się walka. Pieniądz ma w Kambodży wartość zdecydowanie większą niż w innych krajach.

Zatrzymałem się w małym hoteliku na obrzeżach centrum. W ciasnej uliczce było kilka domów i restauracja z salą bankietową, która w ciągu dnia stała pusta. Nie miałem wiele czasu. Byłem umówiony z Melissą z Heritage Watch*, organizacji zajmującej się walką z przemytem antyków.

* Heritage Watch – ang. Straż Dziedzictwa.

Zszedłem na dół do stołówki pełniącej również funkcję recepcji i świetlicy. Gdy tylko przystanąłem, podszedł do mnie uśmiechnięty gość po trzydziestce i wyciągnął na powitanie rękę.

– Alex. Mało kto tu mówi po angielsku, więc trzymaj się mnie, a nie zginiesz.

– Pracujesz tu?

– Mam tuk-tuka.

Tuk-tukami w Kambodży nazywało się motorki z przyczepioną z tyłu zadaszoną budą na dwóch pasażerów.

– Muszę się dostać tu – pokazałem mu kartkę z adresem.

– Piętnaście dolarów – Alex zaczął rzecz jasna dużo, dużo za wysoko.

– Zapomnij – wyjąłem mu kartkę z rąk i ruszyłem do wyjścia.

Alex nie dał mi zrobić nawet dwóch kroków.

– Poczekaj, poczekaj. Byłeś już wcześniej w Kambodży? – zapytał.

– Tak. Cztery razy.

– Pokaż jeszcze raz ten adres. Dwa dolary.

– Teraz mówisz z sensem.

Jak wszędzie w Azji, jeśli nie wiesz, ile coś jest warte, zapłacisz o wiele, wiele więcej.

Biura Heritage Watch mieściły się w dużym, szarym i brzydkim biurowcu na ulicy Sothearos, nad samym Mekongiem. Melissa przywitała mnie w drzwiach i zaprosiła do swojego biurka, gdzie mogliśmy swobodnie porozmawiać. Miała dwadzieścia siedem lat i od dwóch i pół roku mieszkała w Phnom Penh, pełniąc rolę oficera operacyjnego Heritage Watch. Poznaliśmy się, gdy szukałem informacji o kradzionych antykach wywożonych z Azji na zlecenie amerykańskich kolekcjonerów, i od tamtej pory utrzymywaliśmy stały kontakt. Melissa była najlepszym źródłem, jeśli chciałem pytać o sprawy, o których nie pisze się w gazetach.

Heritage Watch zajmowało się raczej monitoringiem niż kontrolą nielegalnego handlu dziełami sztuki. Organizacja starała się namierzać szajki i trasy przerzutowe, po czym przekazywała informacje policji.

Jedno z najwspanialszych miejsc w Angkorze – świątynia Ta Prohm

Miała swoje kontakty we wszystkich prowincjach i przy każdym ważniejszym stanowisku archeologicznym. Dzięki temu jej pracownicy wiedzieli, kiedy i gdzie coś się dzieje, choć zazwyczaj nie mogli nic na to poradzić.

– Co nowego? – spytałem.

– Znowu próbowali się dobrać do Banteay Khmar – odpowiedziała Melissa. – Tym razem się czegoś przestraszyli i uciekli.

– To tam jest co jeszcze kraść?

– Niewiele.

Świątynia Banteay Khmar leżała w odległej północno-zachodniej prowincji Kambodży. Jeszcze kilka lat wcześniej była oddzielona od reszty kraju pasem pól minowych. Nie prowadziła do niej wtedy żadna porządna droga i mało komu chciało się tam zapuszczać. Jednocześnie stanowiła banalnie łatwy łup dla wszelkiego rodzaju rzezimieszków, którzy nocą podjeżdżali jeepami i przy pomocy pił tarczowych odcinali z murów metrowe fragmenty płaskorzeźb. Zazwyczaj mieli też przy sobie karabiny maszynowe, na wszelki wypadek.

Pod koniec lat dziewięćdziesiątych Banteay Khmar stała się sceną najbardziej bezczelnego rajdu łupieżczego w historii Kambodży. Złodzieje pocięli na kawałki całe sekcje muru i wywieźli je ciężarówkami. Odłupano prawie wszystko, co przedstawiało jakąkolwiek wartość, niszcząc przy tym połowę rzeźb i reliefów. Do dziś na dobrą sprawę nie wiadomo, kim byli rabusie. Jedni twierdzą, że to kambodżańska armia, inni, że liderzy Czerwonych Khmerów, którym udało się umknąć przed odpowiedzialnością.

– Melissa, chcę się dowiedzieć jak najwięcej o procederze wywożenia towaru z Kambodży. Jak, którędy i dokąd – wyjaśniłem powody swojej wizyty.

– Wszystko zaczyna się od słabo strzeżonych świątyń – odpowiedziała. – Władze nie mają ludzi ani sprzętu i zazwyczaj stawiają na straży wieśniaka z pobliskiej wsi ubranego w mundur. Taki strażnik dostaje dwadzieścia dolarów miesięcznie. Wyobraź sobie, co się dzieje, gdy przychodzi do niego trzech oprychów i proponuje sto dolarów, by na jedną noc przeszedł się na spacer. Albo gdy pod teren świątyni podjeżdża samochód z ciemnymi szybami, z którego wysiadają faceci z bronią. Chciałoby ci się ryzykować dla dwudziestu dolarów?

– Nie.

– Im też się nie chce. Dlatego właśnie większość znanych świątyń w Kambodży jest już ograbiona prawie ze wszystkich cennych przedmiotów. Stąd już praktycznie nie ma czego wywozić.

– Ile się na tym zarabia? Ile można dostać za jedną figurkę?

– Jak dużą? – zapytała Melissa.

– Powiedzmy trzydzieści centymetrów, z XIII wieku.

– Z tysiąc dolarów, jeśli złodziej sprzeda ją pośrednikowi tu w kraju. Czasem rabusie próbują znaleźć kupca na własną rękę. W sieci możesz znaleźć bezcenne rzeźby za kilkaset dolarów. Wszystko zależy od tego, kto sprzedaje i jakie ma możliwości.

– Ten tysiąc to, jak rozumiem, pierwsza cena?

– Zgadza się. Rzeźby przerzuca się do Tajlandii, i tam są już droższe, a dopiero z Bangkoku wysyła się je dalej, głównie do Europy i USA. Gdy dotrą na miejsce i trafią na rynek, cena rośnie błyskawicznie. Czasem trzykrotnie, czasem o wiele, wiele więcej. Ta twoja figurka mogłaby już wtedy kosztować na przykład trzydzieści tysięcy.

– Myślisz, że to są kradzieże na zlecenia?

– Bardzo wiele z nich tak. Często ze świątyń zabierana jest tylko jedna rzeźba, a inne, choćby i dużo cenniejsze, zostają. Wtedy można przypuszczać, że klient był w Kambodży, zobaczył coś, co mu się spodobało, i zlecił kradzież. Ale czasem złodzieje działają w ciemno i często nie mają pojęcia, co jest ile warte. Dlatego na przykład znikają same głowy rzeźb. Rabusiom się wydaje, że sama głowa jest równie cenna jak cała rzeźba, a kłopot mniejszy. Nieraz zresztą widzieliśmy odcięte figury, które zostały na miejscu, bo złodzieje nie byli ich w stanie unieść. Sam sobie odpowiedz na pytanie, jakimi amatorami muszą być tacy rabusie.

– Mówiłaś, że większość rzeźb jest już skradziona?

– Więcej, my już ich nigdy nie zobaczymy. Większość dawno już trafiła do prywatnych zbiorów w domach bogatych kolekcjonerów. Nie

Takie reliefy rabusie odcinają piłami tarczowymi. Ze świątyń znikają całe ściany, pocięte na kawałki

uwierzyłbyś, jakie oni mają cuda pozamykane w piwnicach. Przyglądamy się katalogom domów aukcyjnych. Liczba khmerskich rzeźb nie maleje. To oznacza, że one jednak wciąż stąd wyjeżdżają, czyli część z nich nadal jest na terenie Kambodży. W katalogach zawsze jest adnotacja „pochodzenie nieznane". Dla nas to jednoznaczna informacja.

– Ale Tajlandia jakoś sobie radzi, nawet ostatnio zaczęła odzyskiwać nielegalnie wywiezione antyki. Od bogaczy chyba też.

– Kambodża to nie Tajlandia. Tu nie ma na to szans.

– No to co możecie zrobić?

– Nic. Jeśli zaczniemy naprawdę z tym wszystkim walczyć, zrobi się to dla nas po prostu niebezpieczne. Oni mają, mówiąc dosłownie, większe działa niż my.

– Co wam w takim razie zostaje?

– Zmniejszamy popyt, monitorujemy sklepy z pamiątkami, szkolimy urzędników... Robimy co się da. W Kambodży jest tysiąc dwieście świątyń, a połowa z nich stoi głęboko w lesie. Nikt nie ma pieniędzy, żeby je wszystkie chronić.

– To jaką część kraju macie pod kontrolą?

– Pod kontrolą!? – zaśmiała się Melissa. – Jak dobrze poszukasz, znajdziesz kradzione rzeźby nawet w Phnom Penh.

Następnego dnia wybrałem się do Muzeum Narodowego, żeby porozmawiać z doktorem Abdudziem*, dyrektorem placówki. Od niego dowiedziałem się, że oprócz gangów także zwykli farmerzy mieszkający w pobliżu świątyń dostarczają rzeźby na rynek. Zamiast uprawiać pola, przekopują teren wokół ruin albo otwierają groby, szukając starych przedmiotów. Każdy wie, do kogo zadzwonić, gdyby znalazł coś cennego.

Doktor Abdudź był przekonany, że nie da się tego procederu powstrzymać. Prawda stara jak świat. Jeśli chcesz chronić coś, co przynosi korzyści okolicznym mieszkańcom, nie wystarczy zabronić wstępu. Trzeba jeszcze zaproponować dochodową alternatywę.

Nie chciało mi się wierzyć, że kradzione antyki sprzedaje się praktycznie oficjalnie, tuż pod nosem policji, i to w stolicy kraju. Przeszedłem się po targu wokół Psar Thmei, labiryncie zacienionych straganów, na których kupić można było wszystko. Bez trudu znalazłem nowe rzeźby stylizowane na Angkor, ale nic starego. Zobaczyłem też, jak jakaś pani kupuje sobie smażoną szarańczę i pogryza ją jak chrupki, popluwając nóżkami. Obok leżały jeszcze panierowane tarantule, larwy i pasikoniki, w sam raz na pierwszy głód. Ot, codzienne życie.

Pod wieczór wróciłem do hotelu. Restauracja na rogu zaczęła się zapełniać. Wyglądało na to, że odbędzie się w niej wesele. Wejście oświetlono potężnymi reflektorami, wszędzie wisiały baloniki, a przez szybę widziałem udekorowaną krepiną scenę i kapelę czekającą na sygnał. Pod wejście, gdzie ustawili się już państwo młodzi i ich rodzice, podjeżdżały kaszlące skuterki i motorki, a na nich elegancko ubrane,

* Doktor Abdudź podpisuje się w łacińskim alfabecie jako Hab Touch. Dla wygody używam spolszczenia fonetycznego. Dr Abdudź studiował w Polsce i bardzo lubi Polaków. Odwiedźcie go w Phnom Penh – Muzeum Narodowe, Street 13, Sangkat Chey Chumneas, Khan Daun Penh.

uczesane i umalowane panie oraz panowie pod krawatem. Zazwyczaj w trójkę na jednym.

Skręciłem w swoją ciasną uliczkę i po chwili minąłem boczne wejście do restauracji, pod którą rozstawiła się już ekipa do mycia naczyń czekająca, aż zacznie się akcja. Przed wejściem do hotelu stało kilka tuk-tuków. Z jednego z nich wyskoczył Alex.

– Dokąd dzisiaj jedziemy? – zaczął z uśmiechem.

– Alex, nie napiłbyś się czegoś zimnego? – zaproponowałem.

– Ty stawiasz?

– Stawiam.

– To mogę się napić.

Weszliśmy do środka i zamówiliśmy coś z lodówki i po kanapce.

– Alex, mam taki problem. Jestem tu na zlecenie pewnego człowieka z Europy, który jest bardzo zainteresowany sztuką khmerską. Muszę mu wysłać zdjęcia rzeźb, żeby sobie coś wybrał. Masz jakiś pomysł?

– O jakie rzeźby ci chodzi? – Alex spojrzał badawczo.

– O autentyczne.

Alex ugryzł kanapkę i przeżuwał ją przez chwilę, przyglądając mi się.

– Rozumiem – odpowiedział. – Znam dwa takie miejsca. Jedno jest niedaleko, a drugie po przeciwnej stronie miasta.

– Są teraz otwarte?

– To dalej na pewno.

– Masz ochotę na przejażdżkę?

– Zawsze.

Niedopite szklanki zostały na stoliku.

Alex zawiózł mnie do ciemnej części miasta, na północny kraniec Phnom Penh. Choć nie było jeszcze późno, robiło się coraz ciemniej. Na każdej kolejnej ulicy stało coraz mniej latarni. Po kilkunastu minutach zatrzymaliśmy się przed jakimś garażem i Alex ruchem głowy polecił mi wysiąść z tuk-tuka.

Przed garażem stało kilkadziesiąt popiersi, które dość luźno nawiązywały do tradycyjnej sztuki khmerskiej. Ze środka dobiegał stuk dłuta. Praca nad kolejną figurką zapewne trwała.

Weszliśmy do środka i zza stołu podniosła się kobieta w średnim wieku. Alex powiedział coś do niej po khmersku. Kobieta zniknęła na zapleczu i wróciła po chwili, trzymając dwie kamienne figurki zawinięte w szmaty.

Obie rzeźby były sprytnie postarzone, ale jednak nowe. Wykuto je w miękkim piaskowcu i poddano obróbce. Pewnie zostały piaskowane i wykąpane w chemii albo odleżały swoje w jakimś roztworze jogurtu czy innych specyfików, które nadają kamieniom stary wygląd. Stare nie były na pewno, choć na takie wyglądały.

– Alex, mówiłem ci, szukam prawdziwych starych kamieni.

Alex przetłumaczył. Kobieta zaczęła nerwowo odpowiadać, unosząc się nieco. Alex tłumaczył na bieżąco, patrząc na nią cały czas.

– Ona mówi, że nie ma nic starego. Że jeśli coś do niej trafi, musi to oddać do muzeum, bo w przeciwnym razie przyjdzie policja i jej wszystko zabiorą, cały sklep.

– Alex, ja w i e m, że w Phnom Penh można znaleźć stare kamienie – powiedziałem z naciskiem.

Alex spojrzał poważnie, najwyraźniej szacując ryzyko.

– Dziś jest już za późno. Pojedziemy jutro rano.

WRÓCIŁEM DO HOTELU i zobaczyłem, że wesele w restauracji idzie już pełną parą. Na scenie kapela przygrywała wokaliście, który nie za bardzo potrafił śpiewać, ale zapału mu nie brakowało. Ze środka co chwila wypadali kelnerzy z naręczem półmisków i odstawiali je do mycia. Ciasna uliczka z boku restauracji zamieniła się podczas mojej nieobecności w kuchenny konglomerat. Na ziemi, na gazetach ułożone obok siebie leżały ryby i wielkie kawały mięsa. W michach piętrzyła się sałata, a na stołach szykowano już kolejne potrawy.

Wszystkie przewoźne garkuchnie, które na co dzień sprzedawały na naszej uliczce placki czy szaszłyki, zaprzęgnięto do obsługi wesela. Oznaczało to, że rodzice panny młodej zapłacili wielokrotnie więcej za potrawy, które można było co wieczór zjeść na tyłach knajpy za jakieś grosze. Nie sądzę, by byli aż tak naiwni, by łudzić się, że elegancka restauracja ma swoją czystą i higieniczną kuchnię. Jeśli się nie łudzili, to mieli rację.

Wynoszone ze środka brudne naczynia myto również na zewnątrz, choć trudno to na dobrą sprawę nazwać myciem. W wielkich baliach moczono brudne talerze i przecierano je szmatą, a następnie moczono je w tej samej wodzie raz jeszcze i odstawiano już jako czyste. Chwilę później półmiski czy talerze zapełniano kolejnym wkładem i jechały z powrotem do środka ku uciesze zebranych gości.

Nikogo, kto choć raz był na zapleczu azjatyckiej knajpy, ten widok by nie zdziwił. We wszystkich linia naczyń czystych krzyżuje się ewidentnie z linią naczyń brudnych, jak również z linią do toalety.

Najlepiej po prostu o tym nie myśleć.

JĘKI I RYKI WESELNEGO WOKALISTY nie brały jeńców. Moje okno wychodziło na restaurację, więc mogłem ich słuchać całą noc. Ten człowiek nie znał umiaru ani litości. Jak również skal ani tonacji. Musiałem więc wysłuchiwać bezlitosnego wycia, które zabawiało gości do trzeciej rano.

Po przebudzeniu zszedłem na dół i zobaczyłem, że Alex już czeka. Odmówiłem sobie przyjemności śniadania i wsiadłem do jego tuk-tuka.

Ruszyliśmy przez miasto, które dopiero się budziło.Większość sklepików była jeszcze zamknięta. Minęliśmy Srebrną Pagodę oraz Pałac Królewski i pomknęliśmy nabrzeżem Tonle Sap, która w porannym słońcu pięknie lśniła od benzyny. Jako agent potencjalnego klienta musiałem wiedzieć, czego szukam. Postawiłem na okres angkorski, najpopularniejszy i najbardziej charakterystyczny. Dziewięćdziesiąt procent wszystkich kradzionych rzeźb wywożonych z Kambodży powstało właśnie wtedy, między XI a XIII wiekiem, a połowa z nich w trakcie jego rozkwitu, w XII wieku.

Alex zatrzymał swoją maszynę przed sklepem, którego wystawa wciąż zasłonięta była stalowymi żaluzjami. Zapukał i po chwili z drugiej strony dobiegł nas odgłos zdejmowanego łańcucha. Żaluzje uchyliły się nieznacznie, żebyśmy mogli wejść. Wewnątrz czekał właściciel sklepu, facet po pięćdziesiątce, który bez wątpienia wiele już widział. W jego przybytku można było kupić pamiątki – standardowy przekrój stylizowanych mieczy, posążków, malowideł i lampionów. Co droższe stały w szklanych gablotach z przyczepionymi na kartach cenami. Sklep w sposób oczywisty przeznaczony był dla nieco bogatszych klientów.

– Powiedz, czego szukasz – zwrócił się do mnie Alex.

– Kamiennych lub brązowych rzeźb świątynnych, od XI do XIII wieku. Autentycznych. Jestem tu, by zrobić zdjęcia i przesłać je do klienta w Europie.

Właściciel kiwnął głową i zaprowadził mnie na tył sklepu, gdzie stały kolejne gabloty ukryte przed wzrokiem zwykłych odwiedzających. Za szkłem leżało trochę biżuterii i trzy figurki różnych rozmiarów. Wyjąłem z gabloty najmniejszą. Trzymałem w rękach rzeźbę króla Jayavarmana VII, wykonaną pod koniec XII lub w XIII wieku. Postać nie była kompletna, brakowało jej lewej nogi. Widać było, że odłupano ją niedawno, pewnie podczas wykopywania z ziemi. Mogłem przyjrzeć się przekrojowi kamienia i dokładnie przeanalizować, jak czas i minerały działały na piaskowiec.

Nie było wątpliwości, że miałem w rękach autentyk.

– Ile? – spytałem.

– Trzysta osiemdziesiąt dolarów.

Ta figurka będzie kosztowała w Europie grubo powyżej dziesięciu tysięcy.

Największa rzeźba kosztowała raptem osiemset dolarów, a sprzedana na czarnym rynku w Stanach lub na aukcji w Sotheby's osiągnęłaby pewnie cenę dwudziestu albo trzydziestu tysięcy.

Znalezienie kradzionych rzeźb zajęło mi dwa dni. Straszne i smutne.

– No i co my teraz będziemy robić? – zastanawialiśmy się z Kaczorem, ślęcząc nad mapą w Luang Prabang.

Bagietki trochę nam się już przejadły, kilka porażek w poszukiwaniu czarowników podcięło nieco skrzydła. Niemrawo szukaliśmy więc kolejnego pomysłu na podróż, też bez sukcesu. Mieliśmy kilka tropów, ale nadal wertowaliśmy przewodniki w poszukiwaniu jakiegoś dalekosiężnego celu. Sesja nie przyniosła satysfakcjonujących rezultatów.

Następnego dnia dostałem wiadomość od znajomego, który mieszkał w Bangkoku. Wpadłem biegiem do pokoju.

– Pakuj się, wyjeżdżamy – powiedziałem do Kaczora.

– Dokąd?

– Na Phuket.

– A co tam niby jest?

– Festiwal Wegetariański. To, czego tu szukamy. Coś, co nie istnieje.

DOTARLIŚMY PONOWNIE DO BANGKOKU, czyli zrobiliśmy mniej więcej połowę drogi. Zostało nam osiemset kilometrów na południe i sporo czasu do festiwalu. Chwila oddechu.

Bangkok ma tysiąc twarzy. Ośmiomilionowa metropolia skrywa wiele tajemnic. Kontrastujących ze sobą części miasta jest tak wiele, że w zależności od tego, do której traficie, Bangkok objawi się inaczej.

BANGKOK

Może być uduchowionym dziedzictwem azjatyckiej tradycji, gdzie mnisi milczkiem przechadzają się ulicami. Albo rozbuchaną hedonizmem piekielną otchłanią z barami, w których dziewczyny zamawia się jak drinki albo wynajmuje na godziny masażu w wannie z bąblami.

Może być stary i zniszczony albo oszałamiać szklanymi wieżowcami nowoczesnych dzielnic finansowych. Może być głośny lub cichy, szary lub kolorowy, chiński, malajski albo angielski, pełen turystów lub w ogóle nieodkryty, bogaty, biedny albo jakikolwiek pomiędzy.

To jest miasto, w którym mieszkają międzynarodowi maklerzy i gangsterzy z wyższych sfer, w którym na każdym rogu stoi portret króla, a na każdej ławce śpi ktoś bezdomny. Miasto sztuki, kultury, dziwek i narkotyków.

Jeśli chcecie w tydzień zwiedzić całą Azję, to przylećcie na ten tydzień do Bangkoku.

Późnym wieczorem podjechaliśmy na Patpong, do dzielnicy, która po zmroku zamienia się w królestwo wszelkich uciech, bo Kaczor chciał kupić sobie zegarek. Nocny targ w centralnej części Patpongu

Targ w Patpong

był dobrym miejscem, by tanio nabyć dobra oryginalne i takie trochę mniej oryginalne.

Przeszliśmy obok zaułka transwestytów, nad którym wisiały szyldy knajp i zakładów usługowych. Jeden z logo w kształcie królika Playboya głosił wszem i wobec „*Bunny massage*" – od mężczyzn dla mężczyzn. Inny prostym liternictwem informował, że w zaułku mieści się bar Kochanek. Obok nich musiał jeszcze działać prężnie lokal Dick's Cafe, Sports Bar „Balls*" i salon Chłopak ze Snu z wyobrażeniem Adonisa w roli amora. Dziewczęca uroda Tajów w połączeniu ze społecznym przyzwoleniem powoduje, że większość najładniejszych i najbardziej efektownych kobiet na ulicy to w rzeczywistości faceci.

Może to być pewnym zaskoczeniem dla podchmielonych amantów szukających łatwej okazji.

Weszliśmy na Patpong właściwy, w głośne królestwo świateł i seksu za pieniądze. Od razu obskoczyło nas kilku naganiaczy.

– Striptiz? Tuk-tuk? Dziewczyny?

– Zniżka w klubie? Zdjęcie ze słoniem? Pięć drinków w cenie jednego?

– Masaż? *Special massage*?

Obok otworzyły się drzwi do klubu, ze środka wypadła głośna muzyka i opary alkoholu, a za nimi zataczającą się w miłosnym uścisku para. Śmiechy imprezowiczów nie pozwoliły mi zapoznać się z kolejnymi propozycjami naganiaczy. Wszystkie były z pewnością niezwykle atrakcyjne. Drzwi zatrzasnęły się ponownie, tłumiąc muzykę do głuchego basowego rytmu.

– *Ping pong show? Banana show?* – sprzedawcy nie rezygnowali.

Ping pong show był największą atrakcją Patpongu. W erotycznych kabaretach całkowicie nagie, lekko tylko podstarzałe artystki udowadniały, jak wiele można zmieścić w damskich utensyliach. Co oznaczał „show z bananem" czy „show z butelką" nie muszę chyba tłumaczyć. Na koniec występu panie strzelały jeszcze piłeczkami pingpongowymi i zdejmowały kapsle z butelek bez użycia

* „Dick's Cafe" można tłumaczyć jako „Kawiarnia u Ryśka" albo „Kawiarnia u Wacka", „Balls" z kolei jako kule, piłki lub... no, jajka.

narzędzi, a na wielki finał prezentowały popisowy numer z przebijaniem balonów papierowymi pociskami wystrzeliwanymi z… no, sami wiecie.

– *Ping pong show? Banana show?*

– Jestem w towarzystwie damy… – spojrzałem karcąco na naganiacza, wskazując jakąś przypadkową dziewczynę obok.

– *Lady for the lady?** – naganiacza to absolutnie nie zraziło.

Patpong jest bardziej okolicą rozrywkową niż prawdziwym zagłębiem płatnego seksu, przynajmniej w porównaniu z innymi dzielnicami czerwonych latarni w Bangkoku. Ci, którzy szukają konkretnych rozrywek, nie tracą czasu na Patpong, tylko wybierają od razu Soi Cowboy lub Nana Plaza. To dwa zaułki, w których co noc odchodzi regularny handel żywym towarem. Dziewczyny w samej bieliźnie tańczą na długich stołach. Każda ma na ręku kartkę z numerem i można u kelnera zamówić po prostu wódkę oraz numer 11. Konsumpcja nastąpi na piętrze albo w hotelu klienta, do wyboru.

Dziewczyny wyglądają często na trzynastolatki i choć wszystkie są pełnoletnie, białym napalonym facetom adrenalina strzela uszami na samą myśl o tym, co się będzie działo. Europejczycy w ogóle nie potrafią ocenić poprawnie wieku azjatyckich dziewcząt, co stanowi pole do wszelkiej maści przekrętów. Do popularniejszych należy numer z policją.

Napalony wieprz lezie na to piętro z domniemaną trzynastolatką, myśli już tylko przy pomocy rozpłodowego oprzyrządowania, dziewczę droczy się z nim i zdejmuje majtki, aż tu znienacka wpada do środka patrol policji wraz z opiekuńczym wujkiem. Facet wpada w przerażenie i widzi już oczami wyobraźni dożywotnią odsiadkę w więzieniu Bangkwang, o którym krążą opowieści rodem z mroków średniowiecza. Wszyscy krzyczą, facet zapina spodnie, myśli: „co ja powiem żonie!?", policjanci wymachują bronią, atmosfera zdecydowanie napięta. Dziewczyna mówi, że ją zmusił, uprowadził i że wcale nie chciała. On na to, że to chyba jakiś żart i że ją wziął z ulicy za tysiąc bahtów. Policja, żeby stulił mordę. Wujek opiekuńczo obejmuje dziewczynę i powoli sytuacja się uspokaja.

---

* *Lady for the lady?* – ang. Pani dla pani?

Facet następnie dostanie propozycję. Jedziemy na komisariat, czekasz trzy lata na proces, a potem spędzisz resztę życia w Bangkok Hilton albo jedziemy do bankomatu i płacisz pięć tysięcy dolarów, żeby funkcjonariusze zapomnieli o tym niefortunnym incydencie.

Kto by nie zapłacił w takiej sytuacji? Nawet jeśli wujek to alfons, a policjanci to jego koledzy. O ile są w ogóle prawdziwi.

Turyści w Tajlandii wpadają w dziwny amok, wydaje im się, że wszystko wolno. Tajowie są bardzo tolerancyjni i pobłażają przyjezdnym, z których w dużej mierze cały kraj się utrzymuje. Ale bogatym dzieciakom wydaje się, że tu nie ma po prostu granic. Seks, zabawa, narkotyki... udana wycieczka!

A za seks z nieletnimi jest dwadzieścia lat więzienia. Za przemyt narkotyków – wyrok śmierci.

Co więcej, te dziewczyny, od których roi się na Soi Cowboy, a jeszcze więcej ich na plażach Pattayi, głównego seksresortu w Tajlandii, trafiają tam nie zawsze z własnej woli. Część kobiet została po prostu kupiona od swoich ojców i matek za kilkaset dolarów lub wyposażenie kuchni. Zostały normalnie sprzedane i muszą odpracować dwukrotność swojej ceny. Na prowincji kilkaset dolarów to góra pieniędzy.

Dziewczyny są bite i maltretowane. Biali urządzają sobie orgietki w przeróżnych kombinacjach i lubią się bawić na wiele wymyślnych sposobów. Ktoś te usługi musi dostarczyć. A dziewczyny nie mają wielkiego wyboru.

Jedna trzecia prostytutek ma HIV, drugie tyle gruźlicę. Wiele z nich po krótkim czasie w Bangkoku zostaje sprzedanych do Japonii, gdzie muszą odpracować swoją cenę w burdelach należących do yakuzy, japońskiej mafii.

Tak mniej więcej wyglądają kawalerskie wakacje w Tajlandii.

Większość prostytutek jednak taką drogę kariery w y b i e r a i nie jest do niczego zmuszana. Uprawiają zresztą ten zawód często z dużym powodzeniem, bo wiele dziewczyn w poczuciu obowiązku utrzymuje całe rodziny pozostawione na wsiach. Co ciekawe, wszyscy w domu przeważnie wiedzą, czym niewiasta się zajmuje. A że regularnie przywozi pieniądze, rodzina nie tylko nie potępia jej życiowych wyborów, ale wręcz udaje, że ich nie zauważa. Te dziewczyny wybierają drogę na skróty – szybkie pieniądze zamiast ciężkiej pracy. W tych samych wioskach zostaje wiele innych, które wolą pracę w polu albo w barach bez numerków.

Zresztą w Tajlandii nic nie jest czarno-białe. W naszym zachodnim społeczeństwie, jeśli chodzi o prostytucję – albo jesteś dziwką, albo nie jesteś. Raczej proste rozróżnienie. W Tajlandii jest wiele stanów pośrednich i znakomita większość z nich podpada pod „nie jesteś".

Po pierwsze, seks jest traktowany niemal jak pomniejsza potrzeba życiowa. Jak potrzeba ruchu na przykład. Niby da się żyć bez wstawania z fotela, ale kto by tak chciał. Raz na jakiś czas jednak każdy wyjdzie z domu.

Po drugie, prawie każdy Taj ma *mia noi*, mniejszą żonę, znaczy kochankę. I nie jest to traktowane jak zdrada, tylko, no... konieczność. Zresztą czemu się dziwić. Jeszcze w 1935 roku w Tajlandii można było mieć legalnie kilka żon.

Prawie wszystkie salony masażu oferują też usługi dodatkowe. Przybytkami zakonspirowanych uciech cielesnych mogą być kluby i knajpy, bary karaoke, a nawet salony fryzjerskie czy kosmetyczne. I co ciekawe, seksbiznes w Tajlandii nie jest wcale napędzany przez obcokrajowców. Dla nich są światła i neony popularnych dzielnic, ale to Tajowie zaludniają małe obskurne hoteliki, w których dzieje się statystycznie więcej.

Kaczor nie kupił swojego zegarka, bo nie mógł zdzierżyć napastliwego otoczenia. Uciekliśmy do Yaowarat, chińskiej dzielnicy. Chinatown w Bangkoku po zmierzchu wygląda niesamowicie. Neony, lampy i podświetlane znaki pną się wysoko po ścianach kamienic. Nieprzerwany sznur samochodów wypełnia ulice czerwonym i białym światłem, a w snopach reflektorów błyskają wystawy sklepów z zegarkami i biżuterią.

Muzyka płynąca z każdego baru miesza się ze skwierczeniem makaronu wrzucanego na olej i sykiem pary buchającej z kotłów. Tragarze noszą węgiel do opalania pieców, sprzedawcy zachwalają towar, a klienci buszują wśród pyz bau i pierożków momo. Chinatown wieczorem staje się królestwem pyszności.

W ciągu dnia funkcjonuje tam ogromy targ, na którym można kupić wszystko, od perfum po durszlaki. Kiedyś zwany był nawet „targiem złodziejskim". Człowiek, któremu okradziono mieszkanie, szedł na ten chiński bazar, bo tam miał spore szanse na odnalezienie swoich rzeczy. Zazwyczaj mógł je odkupić jeszcze tego samego dnia. I to nawet po niezłych cenach.

Przebiliśmy się przez targ owocowy, na którym można kupić zarówno mango i melony, jak i smażone chrząszcze czy pasikoniki, i skręciliśmy w zaułek Thanon Plaeng Nam, gdzie swoje stanowisko rozstawia mój ulubiony kucharz Mr Moo.

– Pan Moo!

– Wielki Biały Żarłok! – przywitał mnie z niekłamaną radością Moo i uściskaliśmy się serdecznie.

Pan Moo nie zmienił się ani odrobinę od naszego ostatniego spotkania. Cały czas nosił tę samą czapkę z daszkiem i chyba również tę samą pasiastą koszulę. Mam nadzieję, że ją chociaż prał.

To, że mnie pamiętał, zdziwiło mnie, ale tylko trochę. W końcu odwiedzam go za każdym razem, gdy przyjeżdżam do Bangkoku. I pewnie

Kolacja pod gołym niebem w Chinatown. Dla takich chwil warto żyć

nie ma zbyt wielu klientów, którzy zamawiają nie pięć czy dziesięć szaszłyków, a pięćdziesiąt. Pan Moo serwował bowiem jako jedyny w Chinatown przepyszne malajskie sataye – szaszłyki z kurczaka bejcowane ziołami, pieczone na grillu i podawane ze słodko-ostrym sosem z chili i orzeszków ziemnych. A jako że jest to najlepsze, co jadłem w życiu, potrafiłem przesiedzieć u Pana Moo cały wieczór, na zmianę jedząc i rozmawiając.

– Dziesięć na początek? – spytał Moo.

– Może od razu dwadzieścia, nie ma co się rozdrabniać.

Chyba wam jeszcze nie mówiłem – ja strasznie lubię jeść. I często mówię, że coś tam jest najlepsze, co w życiu jadłem. A trzeba się było najeść na zapas, bo na Festiwalu Wegetariańskim na Phuket jedzenie nie przychodzi łatwo.

I bynajmniej nie chodzi o gust czy smak.

I OTO SIĘ ZACZĘŁO. Festiwal Wegetariański – jedno z najbardziej dziwacznych i przerażających świąt na świecie. Musiałem je choć raz w życiu zobaczyć i to był właśnie ten moment.

Festiwal Wegetariański przyciąga z całego świata ludzi, którzy szukają dowodów na czary i chcą zobaczyć cuda. Święto o ładnej nazwie, o którym można powiedzieć wszystko, ale nie to, że jest ładne. Festiwal Wegetariański to bowiem święto bólu składanego w ofierze społeczności świątyni. To czas, gdy ludzie w transie chodzą po węglach. Biczują się. Gryzą noże. Biegają po gwoździach. Tną się po twarzy. I nie krwawią.

Udział w Festiwalu Wegetariańskim to wyzwanie, które stawia pod ścianą i zmusza do zastanowienia się nad własną wizją świata. Ekstremum przeznaczone dla najtwardszych podróżników. Konfrontacja z myśleniem tak odmiennym, jak tylko to możliwe. O uczestnikach festiwalu można łatwo powiedzieć „dzikusy" albo „świry".

Ale w ten sposób obnażasz tylko swoją ignorancję.

W XIX WIEKU wyspę Phuket porastała gęsta dżungla skrywająca kopalnie cyny. W 1825 roku do Kathu, ówczesnej stolicy Phuket, przyjechała z Chin trupa teatralna, by przedstawieniami operowymi zabawiać górników. Wkrótce aktorzy zapadli na tropikalną chorobę, która zabiła wcześniej wielu miejscowych. Cała trupa trzymała się ściśle wegetariańskiej diety i oddawała cześć dwóm bogom zwanym Kiew Ong Tai Teh i Yok Ong Song Teh. Po dziewięciu dniach choroba ustąpiła.

Mieszkańcy Kathu bardzo się zainteresowali tym cudownym uzdrowieniem. Wypytali aktorów o receptę i nowy kult dwóch bogów został rozpoczęty.

Z biegiem lat tradycja była twórczo rozwijana. Dziś Festiwal Wegetariański jest bardziej widowiskowy niż kiedykolwiek.

Festiwal ma na celu oczyszczenie świątyń, wiosek lub miast ze złych duchów, które przynoszą nieszczęście oraz powodują, że ludzie cierpią i chorują. Na miesiąc przed obchodami we wszystkich chińskich świątyniach na wyspie wybierani są ochotnicy. Przez dłuższy czas przechodzą testy silnej woli – poszczą, nie piją alkoholu, medytują, modlą się i wchodzą w trans. Spośród nich kapłani wybierają tylko niektórych. Ci zostają *Ma-song*, mediami między naszym światem a światem *phi*.

To właśnie *Ma-song* będą centralnymi postaciami obchodów festiwalu, choć celebrują go całe miasta. Podczas festiwalu wszyscy ubierają się na biało, przestrzegają ściśle wegetariańskiej diety, nie mogą kłamać, kraść ani oszukiwać, nie uprawiają seksu ani nie spożywają posiłków w towarzystwie ludzi, którzy nie trzymają się tych zasad.

Ma-song natomiast będą się okaleczać, ściągając na siebie złe duchy, i tym samym oczyszczą swoją społeczność. Będą sprawiać sobie ból.

Dla innych*.

* Jeśli komuś się wydaje, że opisane zwyczaje są „barbarzyńskie", „dzikie" albo jakiekolwiek inne, zapraszam do rozdziału „Na marginesie" na końcu książki.

W Tajlandii są też piękne święta, jak Loi Krathong, w dużym uproszczeniu święto świateł, jakoś tam korespondujące z indyjskim Dipawali. Tajowie spuszczają na wszystkie rzeki i jeziora małe wianki z kwiatów i liści bananowca, w które wtykają świeczkę i kadzidełka. Niebo zaś zapełnia się tysiącami papierowych lampionów. Małe balony ogrzewane płomieniem wznoszą się coraz wyżej i wyżej, aż w końcu nie można ich odróżnić od gwiazd. Do takiego lampionu możesz wsadzić wszystko, co złe w twoim życiu. Wszystkie problemy, strachy, żale i nieszczęścia. Całe poczucie winy, gniew i złość. Lampion zabiera je od ciebie i niesie gdzieś daleko. Możesz zacząć wszystko od nowa.

Widziałem Loi Krathong w Chiang Mai na północy Tajlandii. Po niebie majestatycznie płynęły tysiące lampionów puszczanych znad rzeki. Z oddali dochodził huk petard, które nieodłącznie towarzyszą obchodom Loi Krathong. Nad płytkimi kanałami oraz na kilku placach zakochane pary i zamyśleni melancholijnie samotnicy podpalali swoje powietrzne statki. Trójka Włochów napisała na swoim: „żebyśmy zawsze potrafili być razem". Chodzili kiedyś do jednej klasy, a dziś jedno mieszka w Mediolanie, drugie w Rzymie, a trzecie we Florencji. Ktoś prosił o zdrowie dla taty, ktoś inny o miłość.

Piękne święto, śmiech zmieszany z nostalgią.

Wstaliśmy o szóstej, by zobaczyć przygotowania do obchodów. Wyszliśmy z hotelu i przeszliśmy przez całe centrum, podążając za korowodem ubranych na biało świętujących. W miasteczku było raczej cicho. Przed wieloma domami ustawiono stoły pełne owoców, kwiatów i napojów. Trwały ostatnie przygotowania. Kilkoro dzieci biegało wokoło, rzucając petardami. Szliśmy do świątyni Bang-neaw, gdzie do kolejnego dnia szykowali się *Ma-song*.

Ma-song zadają sobie ból na kilka sposobów. Najpopularniejsze jest rozcięcie policzków. Ochotnicy chodzą potem cały dzień z różnymi przedmiotami wetkniętymi w otwarte rany, unaoczniając swoje cierpienie. I wszyscy o świcie spotykają się w jednej ze świątyń, by przyszykować się do swoich ról.

W świątyni od rana był tłum. Z głośników ktoś nadawał jakieś komunikaty, a na wewnętrznym dziedzińcu kłębiły się setki ludzi. Na tle białych strojów wyraźnie odcinali się *Ma-song*, ubrani we wzorzyste fartuchy z chińskimi symbolami. Chodzili nieprzytomnie, mrucząc pod nosem i błyskając białkami oczu.

Pod ścianami świątyni stało kilka stanowisk zawodowych przekłuwaczy. Byli to profesjonaliści w chirurgicznych rękawiczkach, z arsenałem środków do dezynfekcji i narzędziami różnej wielkości. *Ma-song* podchodzili do nich kolejno. Każdy trzymał w rękach przedmiot, który chciałby nosić tego dnia. Asystenci przekłuwali im policzki szpikulcami odpowiedniej wielkości i umieszczali w ranach akcesoria.

Czasem małe figurki bogów. Czasem miecze. A czasem szkolne linijki.

Jeden z *Ma–song* chwilę po przebiciu policzków

Już na pierwszy rzut oka widać było, że *Ma-song* są w stanie odmiennym od normalnego. Jeśli to nie był trans, to przynajmniej potężna autosugestia. Cały czas nerwowo kręcili głowami, wszyscy w identyczny sposób, jakby się na coś zdecydowanie nie zgadzali. Mówili do siebie, patrzyli nieprzytomnie.

Może w tym było dużo teatru. A może nie.

Jedno nie ulegało wątpliwości. Ci ludzie nie krwawili. Policzki rozcinane na wylot na szerokości sześciu centymetrów nie broczyły tak jak powinny. Czasem coś kapnęło, ale z takiej rany powinno się lać jak z kranu. Tak się jednak nie działo. Kolejni ochotnicy siadali na krzesłach przekłuwaczy, otwierano rany, wkładano, co tam który chciał – sekator, liść palmowy albo krótkofalówkę – wycierano ślinę z odrobiną czerwieni i zapraszano następnego. I ani jeden nie odchodził zalany krwią.

– Zaraz się porzygam – powiedział Kaczor, z dosadnością niespotykaną w jego słowniku, co świadczyło o wrażeniu, jakie zrobił na nim ten widok.

– Pomyśl, że to dopiero uwertura…

– Dziękuję bardzo.

Wyszliśmy przed bramę świątyni, gdzie tłum gęstniał, oczekując, aż rozpocznie się główna procesja tego dnia. Stanęliśmy obok mężczyzny ubranego jak wszyscy pozostali na biało, który na policzkach nosił szpetne szramy. Pamiątki po czasach, kiedy sam był jednym z *Ma-song*.

W świątyni zrobiło się poruszenie. Zaczęli z niej wybiegać ludzie, rozpychając tłum, by zrobić przejście. Za nimi powoli wychodzili *Ma-song*, a następnie grupy mężczyzn niosących ciężkie drewniane lektyki, w których umieszczone zostały figury bóstw. Tragarze odziani byli na biało, ale głowy owinięte mieli mokrymi ręcznikami. Wielu z nich nosiło też okulary spawalnicze albo gogle. Przedziwny widok.

Procesja nabierała rozmachu. Ze wszystkich domów i uliczek wychodzili kolejni świętujący i przyłączali się do pochodu. W ciągu kilkunastu minut na ulicy pojawiło się jakieś dziesięć tysięcy ludzi. Całe miasto krzyczało i waliło w bębny. Bocznymi ulicami zaczęły przejeżdżać

półciężarówki z muzykantami, którzy dęli w trąby. Ludzie wpadali w lekką religijną ekstazę i robiło się coraz głośniej.

W procesji niesiono może dwadzieścia lektyk z wizerunkami bóstw. Każdej z nich towarzyszył wianuszek *Ma-song* i tłum świętujących. *Ma-song* co jakiś czas zatrzymywali się przy ustawionych na chodnikach ołtarzach, które przygotowali mieszkańcy. Błogosławili jedzenie albo dotykali głów klęczących ludzi. Wszyscy traktowali ich z olbrzymim nabożeństwem.

Procesja zatrzymała się na krótko nad brzegiem morza, gdzie odprawiono ceremonię z ofiarami i kadzidłami. Każda kolejna lektyka przechodziła ten sam rytuał, po czym wszyscy ruszali dalej, wracając do miasta.

Z każdą minutą czułem się coraz bardziej niepewnie. Tłum krzyczał, śpiewał i wiwatował. Lektyki były obrzucane dziesiątkami tysięcy petard. Tajowie wierzyli, że huk odstrasza złe duchy. Długie sznury podpalonych fajerwerków spadały z góry na lektyki i wybuchały tuż nad tragarzami albo i na nich. Mokre ręczniki i gogle pełniły funkcje ochronne.

Z głośników w całym mieście wydobywała się dziwna, niepokojąca muzyka, petard było coraz więcej, fruwały we wszystkich kierunkach. Minął mnie *Ma-song* trzymający w ustach dwa potężne rewolwery. Za nim następny, z czterema samurajskimi mieczami. Obaj szli w transie, najwyraźniej nie czując bólu. Ktoś wyskoczył z tłumu, zaśmiał się nerwowo i pobiegł dalej, machając flagą. Ktoś podał mi szklankę wody i jabłko. Zobaczyłem jednego z *Ma-song*, który w marszu przez cały czas oblizywał ostrze długiego noża i krew lała mu się z ust. Jego oczy świeciły samymi białkami – źrenice uciekły w głąb czaszki.

Huk petard i bębnów był nie do wytrzymania. Procesja poruszała się monotonnie do przodu, wprowadzając uczestników w trans. Mijaliśmy kolejne ulice nieprzerwanie witani przez tłum skandujących. Przede mną kilku *Ma-song* co parę minut prezentowało dowód na potęgę wiary. Chlastali się po gołych plecach trzymanymi oburącz siekierami, a krew spływała im po krzyżu. Jednym ruchem mogliby sobie przeciąć kręgosłup, ale tak się nie działo.

Zobaczyłem, że procesja podzieliła się na kilka mniejszych, które chodziły teraz różnymi ulicami. Wszędzie ludzie strzelali z biczów i wrzeszczeli albo recytowali coś w niezrozumiałym języku. Widzowie klękali całymi grupami, składając dłonie do modlitwy. *Ma-Song* czasem pokrzykiwali, gdy ból stawał się nie do wytrzymania, czasem wpadali w nerwowe drgawki. Zobaczyłem mężczyznę owiniętego drutem kolczastym, który wymachiwał ostrą dzidą. Za nim innego, który niósł nabijaną kolcami kulę i zębatą piłę, którą orał sobie boki.

Świat wirował mi przed oczami.

– Czy to, jakie przedmioty oni sobie wsadzają do ust, ma znaczenie? – zapytał Kaczor.

– Nie – odpowiedziałem.

– Czyli nie ma specjalnej różnicy, czy on niesie palmę czy nóż?

– Nie. Ważne, że niesie.

Siedzieliśmy, milcząc, na chodniku i patrzyliśmy, jak mijają nas kolejne procesje.

– A nie masz wrażenia, że w tym jest trochę takiej jakby popisówki? Wiesz, typu: „Ty widziałeś, co Dong sobie wsadził? Co? Karabin! A Wang? Co? Kwiaty w doniczkach! Ja nie mogę, ale numer...”.

– Jestem absolutnie przekonany, że tak jest – odpowiedziałem.

– Bo jak to jest możliwe, że oni nam pozwalają robić zdjęcia? Że możesz podejść i strzelać portrety z półtora metra? To musi być akcja trochę na pokaz.

– Bardzo prawdopodobne.

Zamilkliśmy ponownie. Przed nami przeszedł *Ma-song* z przeciągniętym na wylot przez policzek wielkim parasolem ogrodowym, który musiał podtrzymywać mu towarzysz. Kaczor spojrzał na mnie wymownie.

– Wieczorem mają chodzić po węglach. Zobaczymy, ile w tym teatru – powiedziałem.

Jadłem świeżo smażone sajgonki oblane słodko-ostrym sosem i patrzyłem, jak ludzie schodzą się do świątyni Juitui. Był wieczór. Przez cały dzień procesje krążyły po mieście jak duchy. Raz czy dwa natknęliśmy się niechcący na mały pochód, wychodząc zza rogu. Czekała nas jeszcze kulminacja całodniowych obchodów. Z Juitui miała wyjść ostatnia procesja, podczas której *Ma-song* ostatecznie potwierdzą, że dysponują nadludzkimi mocami.

Przez cały dzień zastanawiałem się również nad siłą wiary. Doszedłem do wniosku, że w gruncie rzeczy nie ma znaczenia, czy duchy *phi* faktycznie istnieją i można je przywołać, czy to tylko jedna z wielu religii, tak samo uzasadniona i wiarygodna jak wszystkie pozostałe. Albo irracjonalna i bezpodstawna, w zależności od punktu widzenia.

Obchody Festiwalu Wegetariańskiego pozwalają ludziom wchodzić w stan, który dla innych jest niedostępny. Nie jest to zresztą jedyny taki przypadek. Thaipusam obchodzony w Indiach, Malezji i Singapurze. Wielkanoc na Filipinach. Szyicka Aszura, święto biczowników i pokutników. Festiwal Małpiego Boga, podczas którego ochotnicy wkładają ręce do wrzącego oleju. Wielka Sobota w Jerozolimie, gdy wierni kąpią się w ogniu i go nie czują.

Wszystkie te święta pozwalają tym, którzy wierzą, przekroczyć bariery swoich możliwości.

Może *Ma-song* naprawdę rozmawiają z duchami. A może tak mocno wierzą, że to się wydarzy, aż w końcu umysł podsuwa im odpowiednie obrazy. Od dziecka co rok widzieli, jak zachowują się starsi *Ma-song*, jak mamroczą i kręcą głowami, więc gdy przyszła ich kolej, może bezwiednie powtarzają gesty znane od dzieciństwa. Może. Nikt tego nie wie. Ale nie krwawili tak jak powinni. Nie czuli bólu, choć – i byłem co do tego absolutnie przekonany – nie pili nic, co by ich jakkolwiek otępiało. Swoje możliwości zawdzięczali tylko stanowi umysłu.

Wiara jest najpotężniejszą siłą człowieka.

Godzinę temu Kaczor zniknął mi z oczu, pewnie poszedł gdzieś robić zdjęcia. Dokończyłem sajgonki, popiłem herbatą i skierowałem się do świątyni. Przygotowania do kulminacji wieczoru trwały. Dookoła płonęły

W trakcie obchodów święta Thaipusam ochotnicy noszą ciężkie ołtarze w formie platform, które trzymają się wyłącznie na hakach wbitych w skórę. Potrafią, niosąc olbrzymi ciężar, wejść po 272 stopniach schodów prowadzących do jaskiń Batu pod Kuala Lumpur w Malezji, co jest niewykonalne dla człowieka o przeciętnej sile, zwłaszcza gdy dochodzi do tego ból. Thaipusam obchodzi się, oprócz wymienionych krajów, również na Mauritiusie i w Sri Lance.

Na Filipinach podczas Wielkanocy setki ochotników biczują się do nieprzytomności, a dziesiątki dają się dosłownie ukrzyżować.

Festiwal Małpiego Boga obchodzi się jesienią w Singapurze i Hongkongu. Tu też można zobaczyć, jak ludzie chodzą po płonących węglach i ostrzach, choć dziś w większości świątyń festiwal celebruje się spokojniej, kadzidłami i muzyką. Ale naprawdę warto głębiej poszukać.

W trakcie Wielkiej Soboty w Jerozolimie w Bazylice Grobu Świętego setki wiernych obmywają ciała i twarze ogniem, który ich nie przypala. Niektórzy z nich trzymają twarze w płomieniu tak długo, że braku osmalenia czy przypalenia włosów nie sposób wyjaśnić naukowo.

Dla mnie jednak najbardziej niewytłumaczalny jest fakt, że każdego dnia pielgrzymi kąpią się w świętym dla Hindusów Gangesie, piją z tej rzeki wodę i nie zapadają z tego powodu na żadne choroby. W miejscu, gdzie dokonuje się kremacji zwłok, gdzie z wodą płyną szczątki, woda jest tak nieprawdopodobnie zanieczyszczona, że po jej spożyciu człowiek powinien – nie mam co do tego wątpliwości – umrzeć od zatrucia. Wszyscy pijący mają się jednak dobrze.

Czekam na racjonalne wyjaśnienie.

świeczki i dymiły kadzidła, z głośników płynęła łagodna muzyka, co jakiś czas słychać było gong. Świętujący stali w długiej kolejce, która znikała wewnątrz świątyni. Kłaniali się tam wizerunkom bóstw. Panowała atmosfera pełnego napięcia oczekiwania.

Na środku dziedzińca stała lektyka przykryta bogato zdobioną tkaniną. Widzowie gromadzili się głównie przy schodach do świątyni. Obszedłem dziedziniec i wróciłem pod bramę, gdzie rozmawiając, stało w luźnej grupie kilkunastu *Ma-song*. Mimo zupełnie nieformalnej sytuacji żaden nie był w stanie powstrzymać mimowolnego potrząsania głową.

Przystanąłem przy nich, opierając się o filar bramy. Na schodach stało jeszcze kilku innych wybrańców. Jeden z nich kiwał się w transie i patrzył w niebo. Wstrząsały nim gwałtowne dreszcze, a z ust ciekła gęsta ślina, na co w ogóle nie zwracał uwagi.

Przy mnie trzech *Ma-song* rozmawiało swobodnie, zachowując się prawie normalnie, jeśli nie liczyć ciągłego kiwania głową. Po przeciwnej stronie bramy zobaczyłem ojca z dwoma synami. Ojciec był jednym z wybranych, a synowie najwyraźniej mu asystowali. Ojciec mimo poważnego wieku zachowywał się jak niemowlak. Kwilił, płakał i gaworzył. Jeden z synów, bez śladu drwiny, wsadził mu do ust butelkę ze smoczkiem. Zobaczyłem też, że pod strojem w chińskie wzory mężczyzna ma zawiązaną pieluchę.

Może taką sobie wybrał rolę i jej się trzymał. A może naprawdę coś w niego wstąpiło. Nigdy się tego nie dowiem.

Trzech *Ma-song*, którzy stali przy mnie, rozmawiając, przegoniło czwartego, łysiejącego dziadka, który zachowywał się jak chochlik. Od kilku minut podszczypywał ich i śmiał się nieprzyjemnie. Zirytowani kazali mu odejść i wrócili do rozmowy. Najwyższy z nich, dobrze zbudowany mężczyzna koło czterdziestki, nie nosił wyszywanego fartucha jak pozostali wybrańcy. Stał obnażony od pasa w górę, boso i w bawełnianych spodniach za kolano. Wyglądał zupełnie zwyczajnie, może nawet był nieco znudzony tym, co widział dookoła.

Spojrzałem w przeciwną stronę, na ludzi gromadzących się poniżej, pod schodami do świątyni. Szukałem wzrokiem Kaczora, ale nigdzie go

Ma-song w transie

nie dojrzałem. Poczułem za sobą jakieś poruszenie. Odwróciłem się i zobaczyłem, że półnagi mężczyzna leży na ziemi. Pozostali właśnie go podnosili, ale nie mógł stanąć prosto.

Zamiast czterdziestolatka widziałem przed sobą dziewięćdziesięcioletniego starca, którym trzęsie choroba.

Rysy twarzy, choć te same, układały się jakoś inaczej. Mężczyzna stracił całą swoją siłę, ruszał się jak wszyscy starcy na świecie, wolniej i bardziej niepewnie. Gdy pozostali *Ma-song* zaczęli go sprowadzać ze schodów, kulał na lewą nogę i musieli go podtrzymywać, by nie upadł. Szedł zgięty w pół i dałbym sobie uciąć rękę, że widziałem w nim inną osobę niż przedtem.

Jeśli to była gra, ten człowiek był najlepszym aktorem świata.

Z GŁOŚNIKÓW W ŚWIĄTYNI ryknęła przerażająca, frenetyczna muzyka. Tłum ruszył biegiem za wynoszonymi pośpiesznie lektykami i porwał mnie ze sobą. W ciemności petardy i fajerwerki pluły ogniem. Wokoło strzelały bicze i śmigały siekiery, ludzie machali mieczami, krzyczeli i tańczyli. Przez tłum przebił się Kaczor.

– Mamusiu przenajświętsza, tu trzeba mieć oczy dookoła głowy!

Postanowiliśmy trzymać się razem. Tłum w religijnym uniesieniu rządzi się swoimi prawami i nie są to prawa, które gwarantują nietykalność. Przed nami przebiegł wrzeszcząc jeden z *Ma-song*. Nad lektyką zawisły na bambusowych kijach długie sznury petard, które bombardowały niosących. Ktoś głośno śpiewał, ktoś machał rękami i tańczył, wirując bez opamiętania.

Pochód stracił sporo z porannej dostojności. W jej miejsce pojawiło się nerwowe oczekiwanie na coś wielkiego. Procesja miała przejść przez całe miasto, aż do świątyni nad morzem. Tragarze lektyk praktycznie biegli. Za nami maszerowało czterech chłopaków, którzy dęli w wielkie trąby. Petardy rzucane z okien strzelały nam nad głowami. Bębny wybijały narkotyczny rytm. Napięcie rosło. Byliśmy coraz bliżej.

Zobaczyliśmy nabrzeże, miejsce, gdzie rano odbyły się krótkie ceremonie z kadzidłami. Na tym samym cyplu stało teraz ogrodzenie wyznaczające plac wielkości stadionu piłkarskiego. Z jeden strony ustawiono krzesła dla gości honorowych, z drugiej stał ołtarz wypełniony świecami, kadzidłami i misami pełnymi owoców. Pozostałe boki wypełniało mrowie ludzi. Nad morze zeszło się całe miasto. Gdzie nie spojrzałem, widziałem nieprzebrany tłum, przez który nie było jak się przecisnąć. Przez szum rozmów przebijała się ta przedziwna, niepokojąca muzyka.

Zaczęliśmy obchodzić plac. Zobaczyłem nad sobą kilkumetrową rzeźbę obłożoną petardami. Za nią następną, i następną. Wiedziałem, że gdy je podpalą, chcę być jak najdalej od tego miejsca. Obeszliśmy teren i podjęliśmy heroiczną próbę przeciśnięcia się przez tłum, do barierek, które odgradzały plac. Nie udało się. Wlazłem na śmietnik żeby zorientować się w sytuacji. Dopiero teraz mogłem dojrzeć, co się dzieje w centralnej części placu. Na samym środku usypano kilkumetrowy kopiec z żarzących się czerwono węgli. Dwóch mężczyzn wachlowało go nieustannie, wzniecając ogień.

Tuż przy ołtarzu było trochę wolnej przestrzeni i chyba wejście dla *Ma-song*. Trwała też jakaś ceremonia.

– Nie przejdziemy, nie ma mowy – powiedział Kaczor, patrząc na zbity tłum.

– Trzymaj się tatusia, wejdziemy od drugiej strony – odpowiedziałem.

Przecisnęliśmy się do ołtarza. Wokół niego stało kilku kapłanów i kilkunastu pomocników, którzy zapalali świece i machali kadzidłami. Publiczność stała za metalowymi barierkami. To miejsce stanowiło jedyne wejście do środka kręgu. Wewnątrz siedzieli jacyś ludzie, czyli komuś wolno było jednak wejść za barierki.

– Wyciągaj aparat, jesteśmy fotoreporterami – poleciłem Kaczorowi.

– Nie wygłupiaj się, wyniosą nas stąd – Tomek nie był przekonany do słuszności tej koncepcji.

– Jak chcesz.

Postawiłem na metodę „na grandę". Z zaciętą miną zacząłem bezczelnie się przepychać ku wejściu, sugerując, że skoro tak otwarcie się tam

kieruję, to nie dość, że wiem, co robię, to jeszcze mam do tego prawo. U maoistów zadziałało.

Tu nie.

Któryś z pomocników zatrzymał mnie, gdy tylko postawiłem nogę za bramką. Pokazałem aparat i że tylko dwa metry dalej. Niech będzie. Potem następny zapytał, co ja za jeden. Ja na to, że tylko metr dalej, żeby zrobić zdjęcie. Niech będzie. A potem podniosłem się i pewnym krokiem wlazłem do środka. A co tam, z tego pierwszego miejsca i tak nic nie widziałem, więc mało ryzykowałem. Wóz albo przewóz.

I tak oto znalazłem się w pierwszym rzędzie widzów, cztery metry od płonącego stosu, między akredytowanymi dziennikarzami z Japonii, Tajwanu i Singapuru.

A potem się zaczęło.

Ma-song stanęli na placu, w pewnym oddaleniu od kopca, który zaczął powoli przygasać, błyszcząc na czerwono. Wszyscy pogrążeni byli w głębokim transie, najwyraźniej nie mając kontaktu z rzeczywistością. Mamrotali nieprzytomnie i kręcili głowami, czasem któryś strzelił z bicza. Na twarzy czułem żar bijący od węgli. Tłum zaszumiał.

Poczułem na plecach klepnięcie. To Kaczor jednak zebrał się na odwagę i powtórzył mój manewr.

– Kurczę felek, to jest loża vipowska...

Ma-song, pośrednicząc między światami, obdarzani byli ponoć nadludzką mocą. Chodzenie po rozżarzonych węglach miało być tej mocy dowodem. Siedzieliśmy na trawie, zastanawiając się, czy legenda się potwierdzi.

Pierwsi ochotnicy raczej nas nie przekonali. Przebiegali jak najszybciej przez kilkumetrowy stos. Najwyraźniej mimo niezachwianej wiary tliła się w nich jeszcze odrobina niepewności. Albo zdrowego rozsądku. Pędzących sprintem *Ma-song* wyłapywali po drugiej stronie asystenci i odprowadzali poza zasięg wzroku widzów.

– Siarówka... widać, że się boją – ocenił Kaczor.

– Ale chyba ich nie parzy.

– Prosta sztuczka. Węgiel ma niską kaloryczność i słabo przewodzi ciepło. Biegniesz, krótki czas kontaktu stopy z żarem, nie zdążysz się przysmażyć.

Ale potem na kopiec wszedł starszy mężczyzna, który nie zamierzał się spieszyć. Spokojnym krokiem przeszedł cały dywan z rozgrzanych do czerwoności węgli i nawet się nie skrzywił. Za nim następny, który powtórzył ten wyczyn, a w połowie drogi dodatkowo stanął w miejscu i delikatnymi podskokami zaczął ugniatać węgle, zagłębiając się w nie coraz bardziej.

– Odwołuję wszystko, co mówiłem wcześniej – szepnął Kaczor.

Ja nie byłem w stanie wykrztusić z siebie słowa.

Spośród kilkudziesięciu *Ma-song* tylko kilku nie pokonało węgli biegiem. Widać stan absolutnej wiary jest nieprawdopodobnie trudny do osiągnięcia. Ale tych kilku zmieniło coś we mnie. To był dla mnie żywy dowód na to, że są na świecie rzeczy, których my na Zachodzie nie będziemy w stanie pojąć nigdy.

To był dowód na to, że w swoim zracjonalizowanym świecie zatraciliśmy coś piekielnie ważnego, jakiś pierwiastek, jakąś duchowość, kontakt z częścią nas samych, coś, co wymyka się naukowym teoriom. Może z tym czymś, co w mojej głowie obserwuje moje własne myśli, gdy te pędzą swoją drogą? Może z tym, czemu niepotrzebne są liczby i dowody na działanie świata, bo wystarczy mu zwykłe n i e z a p r z e c z e n i e? A może przejawem tego czegoś jest Roger, który wie, co się dzieje, zanim ja sam to zrozumiem? Przecież taki Roger siedzi w każdym, tylko nie potrafimy go słuchać.

A może wcale nie zatraciliśmy kontaktu z tym pierwiastkiem. Może po prostu nigdy go nie mieliśmy. Może nasza stara mądra Europa nie różni się od Azji tak, jak myślimy.

Może różni się b a r d z i e j.

I jesteśmy daleko w tyle.

A tych *Ma-song*, którzy na mych oczach zaprzeczyli fizyce, mogę chyba nazywać... dziadugarami?

传统文化

Tragarze platform z wizerunkami bogów. Na ich plecy spadają dziesiątki tysięcy petard, stąd ręczniki i gogle

Łagodna strona Festiwalu Wegetariańskiego kadzidła i świeczki płonące w każdej chińskiej świątyni na wyspie

Najważniejszy moment dnia – trąby ogłaszają początek procesji nad morze

Coś, co nie istnieje. Mężczyzna bez pośpiechu idzie po rozżarzonych węglach, a potem na dłuższą chwilę zatrzymuje się w miejscu

Ma–song w transie wymachujący toporkiem

SWOJĄ DROGĄ

Wróciliśmy do Bangkoku, skąd Kaczor za kilka dni miał odlecieć do domu. Tak jak ja kocham to miasto, tak on go nie znosi. Za punkt honoru postawiłem więc sobie przekonanie go, że Bangkok można polubić. Raczej bezskutecznie.

Ostatniego dnia zaproponowałem, żebyśmy wybrali się na zawody muay thai, tajskiego boksu. Walki odbywały się na dwóch stadionach na zmianę. Tego dnia gościł je Ratchadamnoen Stadium.

Gdy zapadł zmierzch, wyszliśmy z hotelu i zrobiliśmy spacer na miejsce. Liczyliśmy na to, że po rozpoczęciu walk bilety będą trochę tańsze. Obcokrajowiec za wejście na stadion musiał zapłacić tysiąc bahtów, za które w Bangkoku można kupić eleganckie buty. A jeśli chciał siedzieć przy ringu, jeszcze połowę więcej. Ceny dla tajskich autochtonów były dużo niższe, rzecz jasna.

– Dwa dla Tajów poproszę – powiedziałem w kasie, licząc na rzut na taśmę w postaci dowcipu.

– Dwa dla Tajów, bardzo proszę, dwa tysiące – odpowiedziała kasjerka, ciągnąc żart.

Zniżek tego dnia nie było, choć czasami udawało mi się wytargować nawet trzydzieści procent. Widać mieli walczyć dobrzy zawodnicy, więc organizatorzy i tak spodziewali się kompletu.

Ze środka słychać było pokrzykiwania publiczności stłumione grubymi murami w niewyraźny szum, który wznosił się i opadał. Przecisnęliśmy się przez drzwi obrotowe przypominające klatkę i weszliśmy na stadion.

Na ringu dwóch nastolatków okładało się najmocniej jak potrafiło. Zwyczajowo jeden w niebieskich, drugi w czerwonych spodenkach. Na każdy cios, który sięgnął celu, reagowało pięć tysięcy gardeł.

– No, wreszcie mi pokazujesz coś dla ludzi... – Kaczce po raz pierwszy spodobało się cokolwiek w Bangkoku. Pociągnąłem go dalej, zaczęliśmy się wspinać po kamiennych schodach, na których siedzieli widzowie.

Stadion dzielił się na trzy strefy. Najdroższe miejsca przy ringu wypełniali głównie turyści i ekipy towarzyszące zawodnikom. Tam też stały stoliki sędziowskie i loża prasowa. Na pierwszej strefie kończyła się również jaka taka cywilizacja.

W drugiej strefie, na kamiennych schodach pnących się pod dach siedzieli widzowie o średniej zasobności portfela. Na schodach stał też czteroosobowy zespół, który akompaniował na żywo każdej walce. Muzycy czasem podkręcali tempo, jeśli uznawali, że walka jest nieco nudnawa, albo tonowali nastroje, gdy na ringu lała się krew.

Trzecia i ostatnia strefa mieściła się na samej górze schodów, w ciemnej części pod dachem. Została odgrodzona od reszty stadionu drucianą siatką sięgającą od podłogi do sufitu. Za nią stał gęsty tłum mężczyzn, którzy najbardziej przeżywali walki. Być może dlatego, że każda runda była przedmiotem zakładów.

Usiedliśmy w drugiej strefie, niedaleko siatki, więc byliśmy w środku akcji. Z lekkim rozbawieniem obserwowałem, jak Kaczor zaczyna coraz bardziej przeżywać to, co dzieje się na ringu. Wiedziałem, że lubi sporty walki, ale nie wiedziałem, że aż tak. Gong zakończył kolejną rundę starcia juniorów.

– Strasznie chudzi... Mam nadzieję, że później wypuszczą jakichś bardziej odkarmionych – stwierdził Kaczka.

Na ringu rozpoczęła się dwuminutowa przerwa. Odwróciłem się, żeby spojrzeć na drugą, równie ciekawą atrakcję stadionu Ratchadamnoen – zakłady bukmacherskie. Tak gwoli ścisłości to nie bukmacherskie, bo widzowie zakładają się między sobą i regulują płatności w parach.

Zakłady na meczu muay thai nie przypominają obstawiania w Europie. Choćby dlatego, że zakładać się można do ostatniej sekundy ostatniej rundy, nawet gdy jeden z zawodników ledwo stoi już na nogach i widać, że posłanie go do krainy błogiej nieświadomości to kwestia kilku uderzeń. I co najlepsze, zawsze ktoś taki zakład przyjmie.

O tym, że zakłady są ważniejsze niż sama walka, świadczy choćby to, iż podczas pierwszych dwóch rund prawie nikogo nie interesuje, co się dzieje na ringu. Widzowie wychodzą po napoje, rozmawiają, czytają gazety... A potem nagle robi się ciekawie. Im bliżej końca walki, tym bardziej żywiołowe reakcje. W ostatniej rundzie hala huczy od dopingu. Ludzie za siatką wrzeszczą, szarpiąc ogrodzenie. Cała sala reaguje na każdy cios, kapela gra najgłośniej jak może, człowiek nie słyszy własnych myśli. A potem gong i znowu wszystko cichnie. I ponownie jedni czytają gazetę, a inni idą po napoje.

Na obu dużych stadionach bokserskich w Bangkoku większość widzów to hazardziści, którzy niemal co wieczór przychodzą obstawiać walki. Wielu się z tego utrzymuje, inni to klasyczni dawcy kapitału. Ale dla wszystkich tajski boks to najważniejsza rzecz w życiu.

Jeśli chcesz obstawiać, musisz znać podstawy systemu komunikacji. W hali jest za głośno, żeby rozmawiać, nie ma też żadnej elektroniki. Obstawiający porozumiewają się ze sobą za pomocą znaków pokazywanych na palcach. Są ich setki i uwzględniają wszystkie możliwe sytuacje. Jednym ruchem można pokazać: „trzy do dwóch na niebieskiego" albo: „nie trzy do dwóch, tylko pięć do czterech", a nawet: „mówiłem, że na niebieskiego? Zmieniam stronę, trzy do dwóch na czerwonego".

Na początku każdej walki wszyscy podnoszą ręce, pokazując, jaki zakład chcą przyjąć, i szukają oponenta. W całej hali widać mnóstwo ludzi, którzy machają rękami, a na twarzach maluje im się wyraz pytającego zdziwienia. Po okazaniu wstępnego zainteresowania potencjalne pary przechodzą do negocjacji. Obaj gracze chcą uzyskać jak najkorzystniejsze dla siebie stawki, więc targują się, wszystko na palcach.

– Trzy do dwóch na niebieskiego za dziesięć tysięcy.

– Jeśli już, to pięć do czterech za dziesięć tysięcy.

– Bądźmy poważni... Zróbmy dwa do jednego za pięć tysięcy.

– Niech będzie.

Grający mogą stać daleko od siebie, to bez znaczenia. Mimo że nie ma jakiegokolwiek systemu kontroli zakładów, oszustwa lub odmowa wypłaty praktycznie się nie zdarzają. Hazardziści stoją w gęstej kupie i przez całą walkę bacznie się obserwują. Tak, by zawsze ktoś obok mógł potwierdzić przebieg licytacji i rozstrzygnąć, kto komu jest winien pieniądze.

Walka się zaczyna, chłopaki na ringu kontrolnie się macają, zakłady stoją.

Czasem któryś z grających zaproponuje zmianę stawek, ale musi ona zostać zaakceptowana przez drugą stronę. Czyli *de facto* zmianę proponuje ten, który myślał, że walka potoczy się inaczej. Zmieniając zakład, musi jak gdyby zapłacić prowizję, czyli albo uznać, że przegrał, i zobowiązać się do wypłaty, albo namówić przeciwnika do zmiany za obopólną zgodą, co oznacza, że zakład będzie dla niego bardziej ryzykowny.

Walka nabiera tempa, chłopaki leją się już na całego.

Na tym etapie zazwyczaj już widać, który zawodnik ma większe szanse, więc i finał zakładów też jest łatwy do przewidzenia. Jedni już widzą, że przerżnęli, inni że zgarnęli pieniądze. Teraz następuje etap minimalizowania strat i maksymalizowania zysków.

Mamy dwóch grających, Nadee i Phisita. Nadee stracił właśnie sto tysięcy, stawiając na czerwonego, Phisit wygrał pięćdziesiąt, bo obstawił niebieskiego. Nadee założy się drugi raz, stawiając tym razem dwadzieścia tysięcy na niebieskiego, czyli pewnego faworyta. Ale będzie musiał postawić teraz bardzo wysoko i ryzykownie, na przykład pięćdziesiąt do jednego. Tym samym, jeśli jego niebieski wygra (co jest niemal pewne), Nadee dostanie swoje dwadzieścia tysięcy i zmniejszy całościową stratę z tej walki do osiemdziesięciu.

Phisit, ponieważ już i tak zarobił, pewnie ten zakład przyjmie (a jak nie, to przyjmie ktoś inny w podobnej sytuacji). Bo i tak ma już na koncie wygrane sto tysięcy. Może więc zaryzykować dwadzieścia, stawiając na zawodnika, który już słania się na nogach. Zakład pięćdziesiąt do jednego dla niego oznacza, że jeśli go przegra (a zapewne tak się stanie), to wyniesie z tej walki nie sto, a osiemdziesiąt tysięcy. Też ładnie. Ale jeśli jakimś cudem czerwony utrzyma się na nogach i zleje niebieskiego (czego w końcu teraz nikt się nie spodziewa), Phisit wygra milion bahtów, kupi sobie nowy samochód i zabierze żonę na wakacje do Malezji.

Niespodzianki nie ma, niebieski wygrywa, grający wpłacają sobie pieniądze.

I tak w kółko przez cały wieczór.

Człowiek siedzący obok mnie zaklął siarczyście. Chyba obstawił niewłaściwego. Zaraz za nim siedział inny, który trzymając przy uchu telefon, na bieżąco relacjonował przebieg walki. Agent obstawiający w imieniu kogoś, kto dziś nie mógł być na stadionie. Albo nie chciał być tu widziany.

Spojrzałem na Kaczora. Był całkowicie pochłonięty tym, co działo się na ringu, i nie zwracał uwagi na nic innego.

– Co jest, do cholery! Lejecie się jak panienki! – zdenerwowany krzyknął do zawodników. Faktycznie stracili trochę impet, ale po czterech rundach przyjmowania uderzeń o sile spadającego młota każdy by stracił. Rozmowy z Kaczorem raczej nie było.

Spojrzałem na stanowisko orkiestry. Do walki przygrywał tradycyjny tajski czteroosobowy zespół, który towarzyszy wszystkim meczom muay thai. Piszczałka, bębny, dzwonki i gong przebijały się nawet przez wrzask publiczności. Dla muzyków to musiała być ciężka praca. Ale efekt był wart wysiłku – muzyka zmieniała zwykłe okładanie się pięściami w tajemniczy, egzotyczny rytuał.

Muay thai jest jedną z najbardziej brutalnych sztuk walki na świecie. Uderza się kolanami, łokciami, można przytrzymać przeciwnika albo go podciąć, można kopać poniżej pasa i w nerki... Oprócz rękawic bokserskich oraz ochraniaczy na zęby i krocze nie ma nic, co chroniłoby zawodników, zwłaszcza przed twardymi piszczelami i łokciami. To nie jest sport dla mięczaków.

Jednocześnie szkoły tajskiego boksu są w każdym zakątku kraju. Czasem dla dzieciaków stanowią jedyną szansę wyrwania się z prowincjonalnej biedy. Sześcio- czy ośmiolatki trenują codziennie, kopią w bambusowe kije, by utwardzić sobie piszczele, albo noszą dzbany, by wzmacniać ręce. Czasem po szkole, a czasem zamiast.

W Tajlandii jest podobno sześćdziesiąt tysięcy zawodników muay thai. Małe turnieje rozgrywane są w wielu świątyniach przy okazji różnych obchodów, większe w miasteczkach i miastach całej Tajlandii. Wizytują je

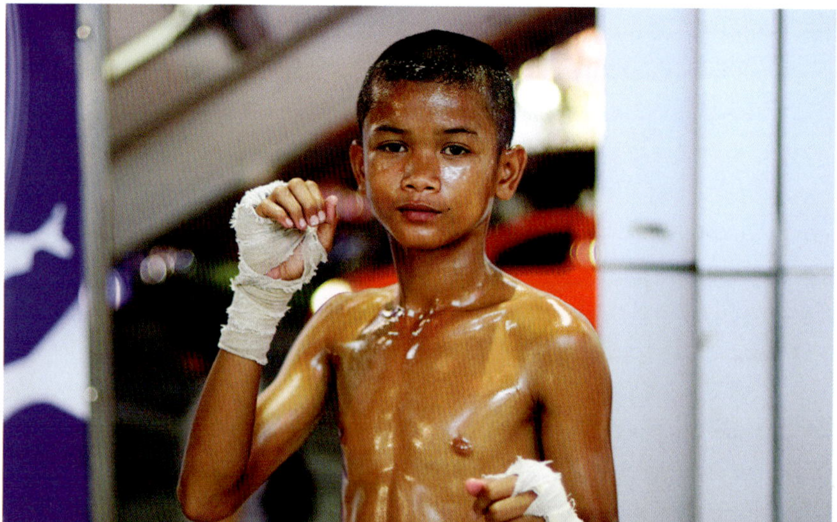

agenci znanych promotorów, szukając talentów. A gdy taki znajdą, trenują go przez kilka lat i wystawiają do walk na coraz poważniejszych imprezach. Dwa stadiony w Bangkoku to marzenie każdego zawodnika, ostatni krok na ścieżce kariery.

Z ringu pomocnicy właśnie znieśli młodego chłopaka, który padł nieprzytomny po przyjęciu uderzenia w głowę. Człowiek obok mnie podarł kartkę, na której prowadził notatki, i wyrzucił ją ze złością.

– Wygrał niewłaściwy człowiek? – spytałem.

– Żebyś wiedział.

– Dużo?

– Piętnaście tysięcy.

Gwizdnąłem pod nosem i pokręciłem głową. Piętnaście tysięcy bahtów to w Tajlandii wcale niezła pensja. Dopiero teraz przyjrzałem się temu mężczyźnie. Dopasowany garnitur, ale bez krawata, równo przystrzyżone włosy, drogie buty... Zamożny biznesmen po pracy, na pierwszy rzut oka.

Milczeliśmy przez chwilę. Złość znikała powoli z jego twarzy i już ponownie rozglądał się za partnerem do nowego zakładu.

– Zakładasz się? – spojrzał na mnie pytająco.

– Nie, tylko patrzę.

– I bardzo dobrze.

– A widziałeś kiedyś turystę, który by tu stawiał pieniądze? – tym razem ja zadałem pytanie.

– Tylko raz. Przegrał i więcej nie wrócił. – Mężczyzna podał mi rękę, zupełnie nie po tajsku. – Thanit.

Uścisnąłem ją, podając swoje imię. Zakłady na całym świecie przyciągają cwaniaków i oszustów zwabionych łatwym zarobkiem. Pomyślałem, że to dobra okazja, by rzucić okiem za kulisy tutejszej sceny hazardowej.

– Ile tu przechodzi codziennie pieniędzy?

– Miliony dolarów.

– Bez żartów... – powiedziałem.

– Bez żartów. Widzisz tego faceta w niebieskiej koszuli? On stawia tylko powyżej dziesięciu tysięcy dolarów. A tego policjanta przy ringu?

Ten stawia od dwóch do pięciu. Policz, ilu ludzi tu dziś jest, i przemnóż sobie sam.

– Muay thai musi dla nich być jak regularna praca – stwierdziłem.

– Jasne, że tak – odpowiedział Thanit. – Każdy z tych ludzi ma ekipę, która prowadzi cały czas dokumentację. Kim są zawodnicy, w jakiej są formie, kto ich trenował, w jakim obozie, co wygrali, z kim przegrali i tak dalej... Tu nie ma śmiechu, jak źle obstawisz, to już po minucie straciłeś połowę pieniędzy. Zaczniesz skakać z czerwonej strony na niebieską albo odwrotnie, żeby wyjść jakoś na prostą, i za każdym razem musisz podjąć właściwą decyzję, bo jak nie, to tracisz kolejne tysiące.

– Tu przecież musi być mnóstwo gangsterów i oszustów!

– Naoglądałeś się za dużo filmów. Kontrolujemy się nawzajem, musisz mówić głośno, ile stawiasz, wszyscy się sobie przyglądają... Draka się zdarza może raz na rok. Ktoś nie chce zapłacić albo twierdzi, że stawiał inaczej. Tu nie ma oszustów, tu są hazardziści. Jak przegrywają, płacą. Jak wygrywają – biorą pieniądze.

Gong obwieścił początek kolejnej walki i Thanit poszedł szukać kogoś do zakładu. Wróciłem do Kaczora. Oczy świeciły mu się od ekscytacji.

– Jakś fcet społcznie chcsiezażyć...

– Kaczka, wolniej.

Kaczor wziął głębszy oddech, ale widać było, że nie może się już doczekać, żeby mi powiedzieć.

– Jakiś facet spytał, czy nie chcę się założyć. Postawiłem dwa tysiące na niebieskiego.

– Brawo, świetnie.

NASTĘPNEGO DNIA Kaczor wrócił do Warszawy lotem o piątej rano z ośmiogodzinnym stopoverem na zapyziałym lotnisku w Kijowie, bo był najtańszy. Przed lotem przeżegnał się, pozdrowił Allaha, zapalił kadzidło, a na szyi zawiesił portret Buddy. Twierdził, że widział już ukraińskie maszyny i każda ochrona się przyda.

Na odchodnym klepnął mnie w ramię, podniósł plecak i zanucił: „*I'm leaving Las Vegas...*" Sheryl Crow*. Na pewno znał wszystkie zwrotki.

Mogłem też wrócić do domu albo jechać dalej i szukać innych przygód na własną rękę. Zostałem, bo do Bangkoku miała przylecieć Marianna, którą chciałem wam bliżej przedstawić. Najbliższe tygodnie spędzimy razem. To będzie dla niej wyprawa na koniec świata, dla mnie echo po ostatnim akordzie, taki odcinek za metą na wytracenie prędkości. Będziemy w tych samych miejscach, ale postrzegać je będziemy zupełnie inaczej. Ona będzie podróżować, ja będę wracać do domu.

Marianna wyszła z samolotu chora i zdezorientowana po zmianie czasu. Przyjechała z lotniska autobusem, zjadła kanapkę i od razu poszła spać. Poznacie się więc bliżej następnym razem.

Miałem kolejny dzień dla siebie. Przeszedłem się na spacer do ulubionego zakątka miasta, na targ amuletów przycupnięty za świątynią Wat Mahathat. Bangkok jest tak głośnym i męczącym miastem, że każde ciche, spokojne miejsce powinno być zaznaczane na mapach. Na targu amuletów słychać tylko stuk maleńkich figurek, w których przebierają klienci.

Wszedłem pod zadaszenie bazaru, w chłód kamiennych talizmanów i brązowych rzeźb. Nie miałem zamiaru niczego kupować, bo mam już tych amuletów tyle, że jestem chroniony nawet przed samozapłonem, ale na targu zawsze dzieje się coś ciekawego.

Przejrzałem pobieżnie standardowy zestaw talizmanów o przeróżnych kształtach. Jedne były w formie naboju, inne wieszało się na szyi.

---

* Sheryl Crow, *Leaving Las Vegas*, 1993, A&M Records. W tłumaczeniu: „Opuszczam Las Vegas".

Jeszcze inne można było postawić na stole albo powiesić na ścianie. Kamienne, brązowe, miedziane, plastikowe, ze zdjęciem, zdobione, proste, z ciosanego drewna... Czego tylko *phi* zapragnie. Przeciętny Taj miał kilka amuletów. Niektóre nosił przy sobie, inne wieszał na lusterku wstecznym w samochodzie, przez co talizmany majtały mu się przed oczami przy każdym manewrze. No, ale co miałoby się w końcu stać, gdy ma się taką ochronę?

Do amuletów Tajowie przywiązują ogromną wagę i traktują je bardzo serio. Talizmany działają, przynoszą szczęście, chronią i koniec. Jak się człowiek pochoruje, to znaczy, że miał niewłaściwe amulety i musi kupić inne. Jak nie może znaleźć pracy, to kupi sobie talizman w formie zdobionej rurki, napisze na kartce „chcę mieć pracę", wsadzi ją do środka, zamknie i będzie nosił przy sobie. I praca znajdzie go sama. Amulety chronią przed postrzałem albo ugryzieniem węża, przed pechem, kradzieżą lub sklerozą. Nawet ci, co nie do końca wierzą, też je noszą. Tak jak my nie przechodzimy pod drabiną. Niby wszyscy twierdzą, że to pic, ale po co przechodzić pod, skoro można obok, tak na wszelki wypadek.

Minąłem panią, która wybierała talizman w formie męskiego przyrodzenia i skłaniała się ku takiemu imponujących rozmiarów. Pewnie starała się o dziecko, więc następnie uda się do świątyni Męskich Penisów, która mieści się na zaśmieconym zapleczu hotelu Nai Lert. Wszyscy w Bangkoku wiedzą, że tam prośba o potomka zostaje automatycznie wysłuchana.

Zatrzymałem się przy straganie z ziołami. Sprzedawca wstał ze stołka i zaczął zachwalać towar. Miał oczywiście ziołową maść tygrysią, oleje kokosowe i paczki z trawą cytrynową, którą zaparza się jak herbatę. Pokazał mi też małe fiolki zawierające kuleczki sproszkowanego wyciągu ze śliwek i limonek.

– Na grypę, tę nową. Ochrona. Działadziała.

Od kilku tygodni gazety donosiły o kolejnej epidemii, która wybija ludzi na całym świecie. A wystarczyło łyknąć wyciągu ze śliwek.

Następny sprzedawca oferował spory wybór zdjęć starych mnichów, którzy gwarantowali mądrość i wewnętrzny spokój. Jeszcze dalej można

Starszy mnich przy pomocy lupy sprawdza, czy Budda został wyrzeźbiony w jednej z dokładnie opisanych pozycji

było wybrać dowolnego rozmiaru *san phra phum*, domek duchów do postawienia w mieszkaniu czy biurze.

Domki duchów są obecne w całej Azji Południowo-Wschodniej. Żywy dowód na to, jak tradycja buddyjska miesza się z animistyczną. W jednych krajach stanowią domy przodków, w innych po prostu domy duchów, ale wszędzie pełnią tę samą rolę – duchy mają gdzie mieszkać, dzięki czemu zostawiają ludzi w spokoju. A jak nie mają gdzie mieszkać, to przebywają w progach domów i świątyń, więc na wszelki wypadek wszyscy starają się nie nadepnąć na nie.

Opowiadałem wam już o bramach i domach duchów w Laosie. To był przykład pierwotnej tradycji celebrowanej dosłownie i z pełną powagą. W Tajlandii jest inaczej, bardziej na luzie. Domki duchów stoją wprawdzie wszędzie, od sklepów po stacje benzynowe, ale nikt cię nie wyrzuci z wioski, jeśli zapomnisz położyć rano trochę ryżu. O duchy się dba, donosząc im jedzenie, picie, owoce, kadzidła lub pieniądze. Tak jak wszędzie duchy wysysają z pożywienia smak, zapach i energię życiową, a ziemskie pozostałości można wyrzucić lub zjeść, wedle uznania.

W Tajlandii nieco odpustowa obrzędowość nakazuje stawiać jak największe i najokazalsze domki. Bo im domek będzie większy, tym lepiej duchy będą się w nim czuć, a tym samym mniej będą szkodzić ludziom. Nie raz i nie dwa widziałem już więc *san phra phum* wielkości – dosłownie – prawdziwych małych domów, i to elegancko odnawianych oraz zdobionych.

W Tajlandii bardzo gładko łączą się elementy buddyzmu, hinduizmu oraz starych wierzeń ludzi z gór i lasów, co daje niepowtarzalną mieszankę barwnych tradycji i rytuałów. Do tego Tajowie, gdy coś świętują, to świętują na całego, więc za każdym razem jest muzyka, taniec, światła, kwiaty, kadzidła i ceremonie łączące religię z wiarą w magię i duchy. Zgodnie z zasadą – możesz wierzyć w co chcesz, jeśli ci z tym dobrze. Taki religijny pragmatyzm.

Skierowałem się do wyjścia, kupując po drodze kiść rambutanów, przepysznych słodkich owoców w kolczastych łupinach. Przy stoisku obok stary mnich za pomocą lupy analizował w skupieniu mały kamienny talizman. Sprawdził, czy Budda został wykuty w jednej z czterech regulaminowych pozycji i czy trzyma ręce ułożone w jedną z sześciu mudr, czyli gestów. Najmniejsze odstępstwo od przyjętych zasad i talizman, co oczywiste, nie będzie działał.

Podjechałem jeszcze do świątyni Erawan, jak zawsze w godzinach pracy pełnej mężczyzn pod krawatami i kobiet w biurowych garsonkach.

Erawan miała opinię świątyni, która przynosi szczęście. Na środku niewielkiego placyku wciśniętego między ściany hotelu i centrum handlowego stała ogrodzona płotem niewysoka kapliczka boga Phra Phrom. Przy nim Tajowie składali ofiary, prosząc o pomyślność. Zazwyczaj kwiaty, kadzidła i świece, ale zdarzał się też na przykład świński ryj albo pół kurczaka. Dlaczego świński ryj miałby przynieść szczęście, nie miałem pojęcia, ale na pewno było jakieś wyjaśnienie.

Pachnący dym przydawał świątyni egzotycznego nastroju. Dopełniała go jeszcze muzyka płynąca spod zadaszenia nieopodal. Każdy składający ofiarę mógł dodatkowo wykupić sobie kilka minut akompaniamentu muzyków i grupy tancerek *lakhon chatri* w tradycyjnych strojach, na wypadek gdyby bogowie byli bardziej wzrokowcami niż węchowcami.

Napiłem się jeszcze herbaty i przegryzłem bananem smażonym w sezamie, po czym postanowiłem wrócić do hotelu i obudzić Mariannę. Jeśli będzie spać cały dzień, nigdy nie zwalczy jetlaga.

Marianna siedziała w łazience, suszyła ręcznikiem włosy i nuciła jakąś piosenkę. Po niewielkiej dawce snu czuła się już zdecydowanie lepiej. Spojrzała na mnie i puściła pogodnie oczko. Marianna jest wysoką, piękną dziewczyną o regularnych, ale intrygujących rysach twarzy i długich ciemnych włosach opadających swobodnie na plecy. Szczupła figura zapewnia jej atencję mężczyzn, którzy potrafią zakochać się w niej na zabój po przypadkowym spotkaniu. Bardzo to jest męczące.

A prywatnie, Marianna będzie kiedyś moją żoną. Nie pisałem o tym wcześniej, bo jeszcze za słabo się znaliście. Tak czy owak, sami wiecie, mogę ją trochę idealizować, więc bierzcie na to poprawkę.

Tancerki w świątyni Erawan, które można wynająć, by „zwiększyć moc" swojej modlitwy

Leżący Budda w Wat Pho – jeden z symboli Bangkoku

中國大酒店
HOTEL
ELEVEN
銀都魚翅酒樓

Chinatown nocą. Fantastyczne miejsce

WINAI

– STRASZNIE JUŻ JESTEM ZMĘCZONY. Pora wracać do domu.

– Wiem, kochanie, ale ja dopiero przyleciałam.

Jak to różnie ludzie odczuwają czas.

Wolnym krokiem przechadzaliśmy się po ulicach Bangkoku. Minęliśmy budkę telefoniczną, w której zwinięty w kłębek spał jakiś facet. Krawędzią chodnika przebiegł szczur, niosąc kawałek arbuza porwanego z pobliskiego domku duchów. Luksusowe samochody wiozły bogate dzieciaki, które przejeżdżały z jednego klubu do innego, ukrywając się za przyciemnianymi szybami. Miasto żyło nocą. Tylko w świątyniach nic się nie działo.

Byliśmy w okolicy Khao San Road, mekki niezależnych podróżników, wolnych dusz, kolorowego tłumu z całego świata. Wokoło setki barów, tanich hotelików, pralni, agencji lotniczych i sklepów ze wszystkim, co potrzebne i niepotrzebne. Dla jednych męczące turystyczne getto, dla innych uosobienie marzenia o wolności przeżywanej tu i teraz. Gdy pierwszy raz

Khao San, stolica backpackerskiego szaleństwa. Tu nic nie jest zwyczajne

wchodzisz w środek tego szaleństwa, kolory, muzyka i zapachy nieco odurzają. Każdy chce ci coś sprzedać – sztuczny tatuaż, bransoletki albo żabę z drewna, której rechot już zawsze będzie ci się kojarzył z tym miejscem.

Tu możesz zobaczyć w jednym miejscu wszystkie odcienie skóry i usłyszeć każdy język świata, tu zabawa trwa cały czas i nigdy się nie kończy. Tu za dwa złote kupisz pół litra świeżo wyciśniętego soku z pomarańczy, a za trzy porcję makaronu z warzywami.

I gdzie nie spojrzysz, zobaczysz ludzi takich jak ty. Poszukiwaczy. Każdy dokądś zmierza i skądś przychodzi, ma milion historii do opowiedzenia i widział setkę fantastycznych miejsc. I z każdym możesz porozmawiać, kiedy tylko ci przyjdzie na to ochota, możesz z nim wyruszyć w dalszą trasę albo tylko wymienić się telefonami. Bo tu wszyscy są tacy sami.

Witajcie w światowej stolicy backpackerów.

– Skąd chcesz odlecieć?

– Odlećmy z Singapuru.

– Dobrze, Marysiu.

– Nie mów do mnie „Marysiu".

Tajowie uważają, że ich kraj przypomina kształtem głowę słonia. Przejechaliśmy więc w dół trąby drogą krajową numer cztery, skręciliśmy z niej w interior, wsiedliśmy na rozklekotany prom i oto płynęliśmy na naszą ukochaną wyspę, na której świat wygląda dokładnie tak jak na pocztówce. Ja ładuję akumulatory, łażąc po górach, przedzierając się przez chaszcze i jeżdżąc stopem. Marianna – odkrywając lokalne potrawy, leżąc pod palmą na plaży, czytając książki i zagłębiając się w historyczne zabytki. Teraz było mi już wszystko jedno.

Prom przybił do drewnianej przystani i zeszliśmy na ląd.

Nasza wyspa jest nieduża, można ją obejść w dwie czy trzy godziny. Jest na niej kilkanaście małych hotelików, kilka agencji nurkowych, tyle samo barów na plaży, może cztery sklepy i apteka. Przyjeżdżają na nią młodzi ludzie z całego świata, typowy wesoły, wytatuowany backpackerski tłumek. Jedni chcą odpocząć, inni popływać, a jeszcze inni uciec od swojego życia. Nie ma bogatych turystów, autokarów, busów. Tu każdy sam jest sobie panem.

Na naszej wyspie panują bardzo nieformalne stosunki. Schodząc z przystani, zgadzasz się na zakumplowanie z całym światem. Od tego momentu każdy cię może zagadnąć i z każdym możesz pożartować. Nie ma pań i panów, są Natalie, Maya i Santiago, i wszyscy są twoimi znajomymi.

Wieczorami siedzą w barach na plaży, sącząc mai tai, margaritę lub mojito. W ciągu dnia jedni leżą na piasku, inni czytają na leżakach książki, a jeszcze inni spędzają cały dzień na wodzie lub pod wodą, podziwiając okoliczne rafy.

Poznaliśmy dwóch Anglików, Grega i Lee. Obaj podróżowali dookoła świata, ale każdy w inną stronę. Obaj też postanowili przeżyć trochę przygód przed wejściem w dorosłe życie i zrobili sobie rok przerwy. Uznali, że finansowa czy polityczna przyszłość w jakimś Surrey albo Buckinghamshire może poczekać.

Anglicy robili kurs nurkowy pod okiem Tuffa, instruktora, który przeniósł się tu z Bangkoku, uciekając przed zabójczym tempem wielkiej metropolii.

Ciepłe wieczory zapełniały plażowe bary podróżnikami z całego świata, którzy mieli do opowiedzenia najbardziej kolorowe historie. Przybywali z Libanu, Austrii lub Meksyku albo z Kanady, Japonii czy Nowej Zelandii. Jechali tam, gdzie ich jeszcze nie było, albo zupełnie bez celu, bo nie był im potrzebny. Niektórzy byli w podróży drugi tydzień, a inni od trzech i pół roku. Jedni szykowali się już do powrotu, inni mieli bilet tylko w jedną stronę. Na tych pierwszych czekało w domu życie, od którego na chwilę uciekli.

Na drugich nie czekało nic, do czego warto wracać. Ci czas podróży liczyli bardziej liczbą znoszonych ubrań niż długością piosenek w słuchawkach.

Czasem jechali tam, skąd my właśnie wróciliśmy, więc uprzedzaliśmy ich, na co uważać, polecaliśmy ulubione miejsca i dawaliśmy adresy hoteli. Czasem oni przyjeżdżali ze stron, w które się kierowaliśmy. Wtedy to my słuchaliśmy rad i robiliśmy notatki. Tak to działa.

Na naszej wyspie, jak na wielu innych, mieszkało na stałe sporo ludzi, którzy pochodzili z zupełnie innych światów. Urodzili się w eleganckich posiadłościach i w połowie drogi na drabinie do sukcesu. Od dziecka mieli przydzielone przez rodziców zadania i z góry ustalony terminarz. Ich życie składało się z konsekwencji decyzji, których nie podjęli sami.

I wszystkim im to nie odpowiadało.

Rodzice potem się dziwili, dlaczego syn rzucił pracę w tej znakomitej kancelarii prawnej, by być barmanem na tropikalnej wyspie. Albo jak to możliwe, że córka zostawiła narzeczonego i pojechała na pięć lat oglądać dalekie kraje. Inni przed pójściem spać zastanawiali się, gdzie ich dziecko w ogóle jest. Bo ostatni sygnał, że żyje, przyszedł w postaci kartki na święta. W tym roku z Zimbabwe, w zeszłym z Gujany, a jeszcze

Esencja życia na naszej wyspie – ciepłe morze, błękitna woda i ogólne nicnierobienie

wcześniej z Tuvalu. A numer telefonu komórkowego od dawna nie odpowiada.

Na naszej wyspie mieszkali ludzie, którzy ze wszystkich ofert na życie wybrali wolność.

Nie dziwiłem się temu za bardzo. Sympatyczne musi się żyć w miejscu, gdzie za okolicę służy turkusowa woda i palmy bujające się nad białym jak mąka piaskiem. Gdzie pracuje się od południa, kończy przed wieczorem, a noce spędza z kupą znajomych w barze na plaży. Gdzie życie dużo nie kosztuje, więc i nie trzeba dużo zarabiać. Gdzie w końcu nikt nie żyje od ósmej do szesnastej ani od poniedziałku do piątku, a raczej z dnia na dzień albo co dwa dni. W świecie muzyki z głośników, wyspiarskiego tempa, coraz to nowych ludzi z dreadami i zaraźliwego jakośtobędzie.

Życie bez większych zmartwień? Bardzo, bardzo kuszące.

Dominic był takim przypadkiem. Miał ojca z Hongkongu i matkę Angielkę, a wychował się, podróżując to tu, to tam. Potem znalazł małe mieszkanie, piękną dziewczynę i dobrą pracę. Projektował gry komputerowe w jednej z korporacji w londyńskim City. Dojeżdżał do firmy metrem, ubierał się elegancko, wieczorami jadał obiady z kontrahentami, a raz w roku wyjeżdżał na dwa tygodnie do ciepłych krajów. I w jakiś wtorek, a może czwartek, zamiast pójść do pracy, po prostu został w domu. Na jego szafce nocnej leżały dwa bilety do Tajlandii i Dominic czekał na decyzję swojej dziewczyny. Tydzień później oboje zostawili mieszkanie, ucałowali rodziców i polecieli mieszkać na tropikalnej wysepce, uczyć nurkowania i żyć inaczej.

To było pięć lat temu.

Dominic i Zoe pobrali się w konsulacie rok temu, teraz starają się o dziecko. Nie zamierzają wracać.

Skapitalizować życie można na wiele sposobów, twierdził Dominic, i trudno mi uwierzyć, że sposób z pracą w biurze daje ludziom szczęście.

Pochodnie oświetlały plażę migoczącym blaskiem. Hiszpanka Anna zakomunikowała, że przenosi się do Egiptu, bo jej chłopak znalazł tam dla nich pracę. Nadal będą robić to samo co na naszej wyspie, podwodne zdjęcia, ale w Egipcie lepiej płacą, a ciepło jest tak samo. Przy sąsiednim stoliku trwała pożegnalna impreza Reefa z Australii, który spędził na naszej wyspie siedem lat i teraz postanowił wrócić do domu. Patrzyliśmy na blask ognia i słuchaliśmy fal.

– Nie chciałabyś tu zostać na stałe? – spytałem Mariannę.

– Jasne. Ciekawe po jakim czasie zabrakłoby ci kina i orzeszków w miodzie.

– Pytam poważnie.

– Poważnie?

Marianna zaczęła się zastanawiać.

– Pomyśl – kontynuowałem – możesz tu mieszkać. Zostawić wszystko, spakować rzeczy i przyjechać tu na stałe. Przecież możemy pracować w barze albo czyścić łodzie, postawić jakąś firmę handlową albo może robić tłumaczenia, sam nie wiem. W dzisiejszych czasach to nie problem. I będziesz mieszkać na wyspie, gdzie masz słońce przez cały rok i niczym się nie musisz przejmować.

– Niesamowite, ty naprawdę pytasz serio?

– No przecież próbuję ci to powiedzieć.

– Tyle tego świata zjeździłeś i nadal się dajesz nabierać na takie głupoty? To pozwól, Einsteinie, że spytam, do którego lekarza pójdziesz, gdy się strujesz tak, że nie będziesz mógł chodzić. Widziałeś tu jakiegoś?

Zaprzeczyłem ruchem głowy.

– A może myślisz, że będziesz tu miał dojmujące poczucie spełnienia i realizacji jako sprzedawca w sklepie z płetwami?

– Mała szansa.

– Poza tym, jeśli tu spędzisz piętnaście lat, z czego będziesz żył na starość? Może z emerytury? A skąd ona miałaby się wziąć?

Miała rację, patrzyłem bez słowa. Marianna kontynuowała przemowę:

– A jak myślisz, będzie ci się tu tak samo podobało po roku co po trzech tygodniach? Po jakim czasie znudzi ci się nurkowanie i leżenie na plaży?

– W porządku, rozumiem – odpowiedziałem.

– Na pewno? Bo mam jeszcze sporo innych...

Naprawdę ma rację, pomyślałem, nie wiem, co mi odbiło. Wielu moich znajomych wpadło w coś, co nazywam drzwiami obrotowymi, z których bardzo trudno się wydostać, i zawsze sobie obiecywałem, że nie popełnię tego błędu.

Gdy wyjeżdżasz daleko na kilka tygodni, przeżywasz więcej przygód niż w domu przez cały rok. A potem wracasz i życie znowu płynie w znanym, nużącym rytmie. Pięć identycznych poniedziałkopiątków, sobota, ta nudna, zmarnowana niedziela i oto minął kolejny tydzień, identyczny jak poprzednie. W domu czas mija w tempie przewijanego filmu, a w podróży dwa tygodnie odczuwasz jak dwa miesiące, i pamiętasz każdy dzień i każdą minutę. Większość znajomych nawet nie zauważyła, że cię nie było, a w tym czasie przeżyłeś więcej przygód niż oni przez całe swoje życie. Do tego to, co widzisz w podróży, jest tak fascynujące, że wydaje się to dobrym sposobem na życie. Życie składające się z chodzenia swoją drogą.

Wyjeżdżasz więc oraz częściej i na coraz dłużej, aż dochodzisz do momentu, w którym czas podróży liczysz w miesiącach, a nie w tygodniach. Wtedy też dopadają cię koszty, których na początku nie zauważasz.

Jesteś gdzieś daleko, skaczesz nad przepaściami, łapiesz krokodyle, zwiedzasz meczety i uciekasz przed burzą piaskową. Żyjesz pełnią życia. A w tym czasie wszystko, co zostało w domu, zaczyna się powoli, z początku niezauważalnie, rozłazić. Twoi przyjaciele trochę się oddalają, mając swoje sprawy, w których nie uczestniczysz. Twoja dziewczyna, narzeczony, mąż, żona, obojętne, ma znów dużo czasu dla siebie i poznaje nowych ludzi. Rachunki rosną w niezapłaconą stertę. Praca już na ciebie nie czeka, bo sześć miesięcy to nie urlop. Odzwyczajasz się od miejskiego rytmu, wiele rzeczy zapominasz.

Przestajesz zapuszczać korzenie.

Moi znajomi wracają po długich miesiącach ogorzali, zarośnięci, z tysiącem zdjęć i milionem opowieści. I po każdym kolejnym wyjeździe czeka na nich w domu coraz mniej. W końcu dochodzą do etapu, w którym po powrocie muszą wszystko zaczynać od zera. Muszą znaleźć mieszkanie i nową pracę, muszą się znowu oswoić z tym swoim zwykłym życiem, a to trwa. Podczas podróży wypadli z rytmu i nie za bardzo mogą się odnaleźć. Dostają jakąś gównianą pracę w podrzędnej firmie, której nienawidzą od pierwszego dnia. Ich znajomi robią się jacyś obcy, coraz mniej mają z nimi wspólnego. I po dwóch miesiącach takiego życia dochodzą do wniosku, że tam daleko świat jest jednak ciekawszy.

A on tylko w y d a j e s i ę ciekawszy.

Wielu z moich podróżujących znajomych pogubiło się w życiu, jak gdyby nie potrafili już nie wyjeżdżać. Żyją z dnia na dzień albo od przyjazdu do wyjazdu. Bez planów, oszczędności i czegokolwiek, co trzymałoby ich w domu. Lubią myśleć, że to wolność i ich wybór. A tak naprawdę kręcą się w kółko w tych obrotowych drzwiach, nie będąc na dobrą sprawę ani tu, ani tam.

– Ach, Malezja... Nie mogę się już doczekać – powiedziała Marianna. Opuściliśmy naszą wyspę i jechaliśmy na południe, zbliżając się do granicy.

Malezja rzeczywiście jest niesamowitym krajem, taką miniaturą Azji. Mieszkają tu obok siebie Hindusi, Chińczycy i Malajowie, których kultura ma sporo z Polinezji. Żyją właśnie obok siebie, a nie razem, przez co kultury nie za bardzo się mieszają. Każda grupa ma swoją dzielnicę, mówi swoim językiem, obchodzi swoje święta, po swojemu dekoruje ulice i buduje domy. A to oznacza, że w dowolnym mieście wystarczy przejść dwa kilometry w linii prostej, by poczuć się jak w trzech różnych krajach.

Malajskie sataye z kurczaka podawane z ostro-słodkim sosem z orzeszków – najlepsze danie świata

No i jedzenie... Malezja zajmuje absolutne i niepodważalne pierwsze miejsce w moim rankingu kulinarnych cudów Azji. Tu można przyjechać tylko na jedzenie i wyjechać szczęśliwym. W Malezji pewnie nawet szpitale podają rarytasy, a w wojsku kucharze mają na ścianach dyplomy z gwiazdkami Michelina.

Kuchnia malajska jest mniej popularna na świecie od tajskiej – nie wiem dlaczego, bo bije ją na głowę. O satayach już wiecie, ale oprócz nich jest cała gama kurczaków tandoori, nasi goreng, sambal udang, otak otak, sosów sojowych i innych cudowności. Jak dzień długi i szeroki. Z knajp, bazarów i ulicznych garkuchni.

– Najlepsze jest to – Marianna się rozmarzyła – że śniadanie będziemy jeść w indyjskiej knajpie, obiad w malajskiej, a kolację w chińskiej. I pewnie przez trzy tygodnie nie zjemy dwóch takich samych potraw.

– Na tę chińską to bym się tak nie napalał – odpowiedziałem.

– A to czemu niby?

– Chińczyk zje wszystko, co ma cztery nogi, z wyjątkiem stołu – powiedział z pełnymi ustami Li.

– No, chyba że się rusza – odpowiedziałem.

– Może się i ruszać, nie ma problemu. Byle było smaczne.

Li jest moim znajomym i uwielbia jeść. Gdy jestem w Hongkongu, przyjmuje rolę kulinarnego przewodnika. Czasem zabiera mnie w ciemnawe miejsca, do których sam bałbym się wejść, a czasem do wykwintnych restauracji, do których wejść bałby się mój portfel.

Siedzieliśmy właśnie na szczycie wzgórza Victoria Peak, patrząc przez szybę na rozświetloną, zwalającą z nóg panoramę miasta. Jedliśmy dla odmiany w europejskiej restauracji, ale rozmawialiśmy o kuchni chińskiej.

– Niektórzy Europejczycy nie jedzą organów wewnętrznych – ciągnął Li, przełykając pesto – na przykład płuc albo nerek, wątroby, rybich oczu. A my owszem, bardzo proszę. Niektórzy nie lubią kurzych łap. My je gotujemy, podajemy z dobrymi sosami, pyszna rzecz.

W otwartej kuchni buchnął płomień. Kucharz w białej czapce podsmażał na woku ryż.

– A robaki? Jecie robaki albo owady? – spytałem.

– O, jasne że tak! W południowych Chinach jest pyszny robak ryżowy. Świetny smak, a do tego bardzo odżywczy. Niektórzy je smażą na oleju, inni pieką, można z niego zrobić kilka sosów...

– Wiesz, że to jest dla nas obrzydliwe?

– Wiem. Ale wy też błędnie myślicie, że my te robaki jemy, bo nam tak bardzo smakują.

– No przecież sam mówisz, że ci smakują.

– Tak, ale to już efekt tradycji i przyzwyczajenia. Kiedyś po prostu nie było co jeść i wcinano cokolwiek, żeby przeżyć.

W Chinach faktycznie jedzenie bądź jego brak było zawsze na pierwszym miejscu. Pierwsze przeludnienie odnotowano bodaj w II wieku przed naszą erą, nawet stolicę przeniesiono do Pekinu, bo Nankin nie był w stanie wyżywić dostatecznej liczby ludzi. Chińskie „co słychać?",

Panorama Hongkongu z Victoria Peak

ni chi le ma, oznacza dosłownie „czy już jadłeś?". A ten popularny w Chinach Pu-Tai, wielki brzuchaty mnich zwany „śmiejącym się Buddą", cieszy się tak, bo jest najedzony.

Głód wymógł więc na Chińczykach pewien liberalizm w doborze menu. Reszty dopełniła magiczna wiara w leczniczą moc różnych korzeni, robaczków, liści i proszków, która to menu wydatnie rozbudowała.

Li nalał sobie wina, powąchał bukiet i przełknął kolejny kęs makaronu. Na jego serwetce na stole leżała już spora kupka chrząstek, resztek i niedojedzonych skórek. Wcześniej jedliśmy kurczaka w papryce oraz panierowane krewetki w sosie ostrygowym. To był wieczór kuchni, powiedzmy, *fusion*. Li wypluł kolejną porcję na stół i wytarł usta. Już dawno się nauczyłem nie zwracać na to uwagi. Wszyscy w Hongkongu jedli jak świnie, obojętnie – w podłym barze czy eleganckim lokalu. Pluło się, siorbało i bekało bez żenady. Zresztą w Chinach właściwych było identycznie.

– Jadłeś kiedyś węża? – zapytał Li.

Wtedy jeszcze nie.

– A chcę?

– Pewnie, że chcesz. Smakuje jak kurczak, zwłaszcza gdy się oddzieli mięso i ugotuje na nim zupę.

Dziś już mógłbym polemizować, ale wtedy jeszcze nie stało doświadczenia.

– Ale najdroższa część węża to nie mięso – ciągnął Li. – Najdroższy jest pęcherz. Na reumatyzm nie ma nic lepszego.

– Jeszcze inne specjały tego typu?

– Drogie czy na reumatyzm?

– Drogie.

– Pewnie, cała masa – odpowiedział Li i nałożył sobie ostatnią krewetkę. – O, to ci się spodoba. Jest takie danie, na które mogą sobie pozwolić tylko najbogatsi. Bardzo trudno je przygotować, bo nie można go za bardzo podgrzać. To wydzielina ptaka, którą karmi małe.

– Dajże spokój...

– Naprawdę! Jest bardzo odżywcza, ma dużo aminokwasów.

– Ile kosztuje? – spytałem.

– To zależy od jakości. Od kilkuset do kilku tysięcy dolarów za gram. Nieźle, nie?

Nie miałem serca powiedzieć Li, że u nas ptasie mleczko kosztuje dwanaście złotych.

– Mamy coś jeszcze, też bardzo drogie i równie zdrowe, po prostu jak lekarstwo. Świetnie robi na kłopoty z płucami. Bardzo, bardzo rzadki robak żyjący w górach. Z czasem część jego ciała zamienia się w roślinę, więc to tak naprawdę pół-robak, pół-roślina.

Po treningu w Korei takie opowieści przy stole nie robiły już na mnie wrażenia. Ale gdyby ktoś podał mi ptasią wydzielinę, to nie wiem, czy nie potrzebowałbym wiadra i miętowego opłatka. Właśnie w tej kolejności.

Następnego dnia siedziałem w knajpce na szóstym piętrze biurowca na Kowloon, przeglądając menu ze zdjęciami. Fotografie pozwalały obejrzeć, co będzie się jadło p r z e d złożeniem zamówienia. Bez nich menu w chińskich robaczkach kryje wiele tajemnic i równie wiele niespodzianek.

– Co to jest? – spytałem kelnera, wskazując zdjęcie numer 76.

– Beeee, beeee – zabeczał kelner i przytknął do głowy palce, imitując rogi.

– Baranina znaczy. Z której części?

Kelner wskazał brzuch.

– Czyli flaki. Jakżeby inaczej. To może jednak tradycyjnie 12 i 95, a do picia 116.

Pod numerem 12 kryły się dim sum, małe przekąski, inne w każdej restauracji. Tu akurat niezłe, co z ulgą odkryłem tydzień wcześniej. 95 to kurczak w sosie cytrynowym. Li uważał, że to potrawa dla białych wymoczków, ale mało mnie to obchodziło, bo była pyszna. 116 to chyba herbata z imbirem, a może niepijalny napar z pszenicy. Do diaska, znowu nie pamiętam.

Przy sąsiednim stole siedział zapewne biznesmen po pracy, bo w garniturze i z teczką. Głośno siorbał i rozchlapywał zupę, machając łyżką w misce trzymanej przy twarzy. Zajmował sam stolik dla sześciu osób i jakimś cudem zdołał cały uświnić śladami poprzednich dań. Dalej siedziało małżeństwo po pięćdziesiątce – ich stół też wyglądał jak pobojowisko. Po przeciwnej stronie miałem z kolei parę w podobnym wieku, ale za to na bank z Rosji. Tlenione tapirowane włosy u niej, wąsy i skórzana kurtka u niego, i sporo złota u obojga. Siergiej i Ludmiła walczyli z obsługą pałeczek. Widać było, że boleśnie odczuwają brak doświadczenia. Ich jedzenie stygło, a oni bezsilnie próbowali podnieść cokolwiek i jakkolwiek przy użyciu dwóch plastikowych patyczków.

Kurczak w cytrynie jak zwykle był wyborny. 116 okazało się jednak nie herbatą, a wywarem z żeń-szenia. Dobre i to. W dim sum przyszły pierożki wonton, dobrze mi znane pyzy bau z zieleniną w środku i kilka innych rarytasów o nieidentyfikowalnej zawartości. Stosunek potraw jadalnych do niejadalnych wynosił cztery do dwóch, więc posiłek należało uznać za udany. W Chinach bez znajomości języka chińskiego zamówienie i otrzymanie tego, co ma się na myśli, jest praktycznie niemożliwe.

Spojrzałem na biznesmena w garniturze. Poluzował krawat, rozpiął pasek i wyciągnął nogi. Siedział najedzony i szczęśliwy, popijając z filiżanki herbatę. Choć wydaje się to niemożliwe, resztki mięsa miał nawet w równo przystrzyżonych włosach. Stół przed nim przypominał śmietnik.

Mąż po pięćdziesiątce beknął na cały głos i dalej pałaszował bez żenady. Jego żona spojrzała po sali, a ujrzawszy mnie, ukłoniła się przepraszająco. W całym lokalu tylko mnie mogłaby przeszkadzać ta powszechna w Chinach oznaka, że się przyjęło. Nie przeszkadzała.

Spojrzałem na Siergieja i Ludmiłę, a ich widok szczerze mnie rozbawił. Oboje poddali się już w walce z pałeczkami. Ludmiła jadła kurczaka po prostu rękami, podwinąwszy rękawy do łokci. Siergiej natomiast przebił swój kawałek pałeczką jak szpikulcem i ogryzał go niczym kolbę kukurydzy.

Do dziś się zastanawiam, kto w tej sytuacji nie potrafił kulturalnie jeść.

Robak ryżowy to *michong*, występuje praktycznie tylko w prowincji Guangdong.

Wydzielina ptaka, o której mówił Li, to *yinwo*, znane też jako *bird's nest*, ptasie gniazdo. Z tej trójki najpopularniejsze danie, możecie znaleźć je w wielu restauracjach w każdym Chinatown.

Pół-robak, pół-roślina to najlepsza część, moim zdaniem. Na początku myślałem, że chodzi o grzyb *Cordyceps*, który też jest bardzo drogi, ale już znany na Zachodzie, nawet niektóre firmy farmaceutyczne robią z niego tabletki. Zwłaszcza że *Cordyceps* to po chińsku *dong chong xia cao*, co oznacza „zimą robak, latem ziele".

Ale Chińczycy mają głębiej skrywany sekret. Li chodziło o *yaxiang bang chong*, larwę, która zimą hibernuje z przyklejonym do siebie grzybem, który ją w tym czasie mumifikuje. I faktycznie latem połowa ciała robaka zamienia się... no, w coś się zamienia, a to nie jest już robakiem i przypomina raczej roślinę.

W wielu restauracjach we wszystkich Chinatown na świecie zobaczycie też shark's fin, zupę na płetwie rekina. W oknach mogą nawet wisieć zasuszone płetwy grzbietowe. Nie zamawiajcie ich. Płetwy są odcinane żywym rekinom, które potem wrzucane są z powrotem do morza. W wodzie powoli umierają, bo bez płetwy nie mogą pływać. Pięćdziesiąt milionów rekinów rocznie. Już lepiej zamówcie sobie kupkę kurzych łap. W przyprawach, z sosami, na pewno wyborne.

Suzhou, Chiny, rok wcześniej

Od tygodnia chodziłem głodny. Moje próby zamawiania czegokolwiek zjadliwego kończyły się każdorazowo fiaskiem. Gdzie nie pojechałem, poza Pekinem i Szanghajem, rozbijałem się o brak zrozumienia. Menu w restauracjach wypełniały równe rzędy chińskich znaczków, które nie mówiły mi absolutnie nic. Zamawianie sprowadzało się więc do strzelania w ciemno w nadziei, że coś się trafi. Zazwyczaj trafiały się potrawy, które ze względu na treść nie przeszłyby mi przez gardło. Strasznego miałem pecha.

Nawet pyzy bau, na które zawsze mogłem liczyć, zawierały za każdym razem jakieś bebechy. Gdy trzy dni wcześniej trafiłem na rosół, klasnąłem z radości. A potem zamieszałem łyżką i na wierzch wypłynął wsad mięsny. Ochłapy były tak strasznie, no, powiedzmy... niedookreślone, że na sam widok robiło mi się niedobrze. Od tygodnia żyłem więc na ryżu i herbacie, bo te jako jedyne są strawne zawsze.

Brak możliwości dogadania się z kelnerami był wprawdzie frustrujący, ale mogłem mieć pretensje tylko do siebie. To przecież mój problem, że nie potrafię wyjaśnić w miejscowym języku, o co mi chodzi. W końcu to ja do nich przyjeżdżam, a nie oni do mnie.

I wreszcie, siódmego dnia, w małym, prowincjonalnym miasteczku Suzhou, liczącym raptem sześć milionów mieszkańców, znalazłem uroczą restauracyjkę, a w niej karty dań po mandaryńsku i angielsku. Wreszcie, wreszcie coś się uda.

Menu w zrozumiałym języku dało mi asumpt do wybrzydzania i delektowałem się rzadką chwilą nieograniczonego w y b i e r a n i a, co chciałbym zjeść. *Beef*, widniało na pierwszej stronie – wołowina. Ilość wołowych flaków, jaką oglądałem przez ostatni tydzień, celując w soczysty kawał mięcha, trochę mnie przerażała. W tej części Chin naprawdę je się wszystko. Przewróciłem stronę. *Seafood*, owoce morza. Makarony i ryż. Dalej. O, kurczaczek, zawsze bezpieczny wybór. A w Chinach stosunek „wybór potencjalnie smaczny a wybór raczej bezpieczny" trzeba ostrożnie ważyć, stawiając bardziej na ten drugi.

Więc kurczak w sosie sojowym. Klasyk, którego nie można zepsuć.

– *Nihao* – przywitałem uśmiechniętą kelnerkę. – To, i to, i to. Kurczaka, ryż i herbatę.

Z głośników płynęła jakaś pogodna muzyczka. Za oknami kropiło, a przechodnie nieśli zakupy. Przejechał na rowerze sprzedawca cykad, zostawiając za sobą świergot owadów. Wystrój mojej ulubionej już teraz knajpy był nieco za bardzo plastikowy, wyglądała jak tania kawiarnia w dowolnej europejskiej stolicy. No, ale w tym przypadku parcie na Zachód mogło mi wyjść tylko na dobre.

Kelnerka przyniosła dzbanek herbaty i miseczkę ryżu. Znałem je aż za dobrze, więc kontynuowałem oczekiwanie na *spécialité du jour*. Minęło kilka przeraźliwie długich minut i oto z wahadłowych drzwi wyłonił się kelner z dymiącym półmiskiem na tacy i skierował kroki w moją stronę. Szedł jak Jack Nicholson na rozdaniu Oscarów, w zwolnionym tempie i pełnym uroku uśmiechem, niosąc mojego kurczaka niczym kopertę z tytułem najlepszego filmu roku. W środku aż się trząsłem, nie mogąc się doczekać momentu, gdy wpakuję do paszczy wreszcie coś konkretnego. Taca wylądowała przede mną, a kelner z uśmiechem jak z reklamy życzył mi smacznego.

I wtedy zobaczyłem, że to już koniec.

Kurczak leżał przede mną w całości, z łapami, szyją i głową. Martwe oczy patrzyły znad otwartego dzioba. Nie był nawet upieczony, tylko podgrzany albo sparzony. Pod zarumienioną skórą świeciło półsurowe mięso. Kucharz dla wygody klienta porąbał go natomiast tasakiem, odsłaniając kości i kręgosłup ociekający krwią i szpikiem. Z żalem odsunąłem od siebie półmisek.

Ale za to herbata, jak to w Chinach, była wyśmienita.

Trasy naszej podróży przez Malezję tym razem nie znaczyły kolejne świątynie, zabytki czy parki narodowe, a odkrywane dania, w których co i rusz się zakochiwaliśmy. Każdej nowej potrawie obiecywaliśmy dozgonną wierność i że od teraz tylko ona i nic więcej, by nazajutrz nieczule porzucić ją dla innej, lepszej, a może po prostu nowej.

Każdy kraj azjatycki ma nieco inną etykietę przy stole, ale bezpiecznie można się trzymać tych zasad:

Nie należy używać pałeczek do czegokolwiek innego niż jedzenie, czyli drapania się, przesuwania talerzy po stole, wybijania rytmu, machania nimi, wskazywania itp.

Nie należy wbijać pałeczek pionowo w ryż – to symbol zarezerwowany na pogrzeby.

Ponieważ je się ze wspólnych półmisków, nie należy raz ugryzionego kawałka maczać ponownie we wspólnym sosie.

Posiłek rozpoczyna zawsze starsza lub ważniejsza osoba.

Nie należy podawać jedzenia z pałeczek do pałeczek. Raczej podsuń półmisek lub połóż porcję bezpośrednio na talerzu drugiej osoby.

Jedzenie pałeczkami jest czasem bardzo trudne, ale mimo to nie należy przebijać jedzenia jak widelcem ani jeść rękami. Poćwiczcie przed wyjazdem w domu, zaoszczędzi wam to sporo nerwów i wstydu.

Jeśli nie jesteście pewni, jak się zachowywać, obserwujcie innych.

W Malezji jest kilka typów restauracji, a w każdej je się inaczej. W indyjskich *banana leaf*, w których za talerze służą liście bananowca, je się rękami. W malajskich lub chińskich jadłodajniach *kedai kopi* wybiera się potrawy samemu z ogólnodostępnego bufetu, a do jedzenia używa się – podobnie jak w innych krajach Azji Południowo-Wschodniej – łyżki i widelca, przy czym widelcem nakłada się jedzenie na łyżkę, a dopiero tę pakuje się do ust. Chińskie knajpy podają do makaronu pałeczki, do ryżu łyżkę. Jedne lokale serwują tylko mięso *halal*, zgodne z regułami islamu, inne nie. Jedne pracują w dzień, inne tylko po południu, a jeszcze inne nocą. Bogactwo różności.

Oglądaliśmy nocne pokazy świetlików z łodzi dryfującej bezgłośnie po jeziorze. Karmiliśmy małpy i patrzyliśmy, jak pracują zespołowo, zrywając z drzew owoce mango. W dwuznacznej sytuacji dowiedzieliśmy się, że Malezyjczycy cmokają, gdy chcą zwrócić na siebie czyjąś uwagę. Kupiliśmy bambusową dmuchawkę do polowania na ptaki podczas wizyty w wiosce plemienia Batek. Straciliśmy autobus, bo Marianna musiała związać włosy, i spaliśmy w ruderze bez okien, bo nie było innego wyboru.

Dla niej cały urlop, dla mnie tylko powrót.

PRZYGLĄDAŁEM SIĘ SOBIE W LUSTRZE. Na twarzy miałem mapę swojej podróży. Byłem zarośnięty i zmęczony, podkrążone oczy dokumentowały nieprzespane noce. Zagojone rozcięcie na czole przypominało o dżungli w Laosie, nierówna opalenizna o wietrze w Nepalu. Wysuszona skóra pękała od słońca. Spojrzałem na swoje ubranie, na spłowiałe, wytarte spodnie, znoszoną koszulę. Poczułem, jak długo już jestem w drodze.

PRZEDOSTATNI PRZYSTANEK, Kuala Lumpur. KL. Kolorowa stolica kolorowego kraju. Nowoczesna metropolia skrywająca pod szklanymi wieżowcami ciasne zaułki pełne egzotycznego bałaganu. W wąskich uliczkach życie brzmi symfonią klaksonów, riksz i bazarów.

W Chinatown cały dzień słychać wszechobecne skrzypce *erhu* i piszczałki *suona*. Z barów niesie się zapach sosu sojowego, na targach możesz kupić setkę rodzajów pałeczek i ubrania w smoki, a neony i ogłoszenia krzyczą chińskimi znakami. Kawałek Państwa Środka przeniesiony do Malezji.

Little India z kolei wygląda jak wysunięta ekspozytura Tamilów. Chodniki zapełnia ruchoma mozaika kolorowych *sari*, ze sklepów z biżuterią dobiega delikatna muzyka *hindustani* albo huczy *bhangra*. Można zjeść sambar, dosy, naan, roti albo chapati czy co tam się chce, maczając je w dowolnym sosie, pod warunkiem że jest to sos z curry i soczewicy. W świątyniach dymią kadzidła i dźwięczą bransoletki, a ulice zapełnia gwarny chaos.

Malajskie Kampung Baru wita starymi drewnianymi domami, spośród których szyje wyciągają meczety. Piękny kontrast z królestwem chromu i szkła dzielnicy białych kołnierzyków, którą widać w oddali.

Na targu Pasar Seni można zostawić majątek, buszując wśród ubrań, ozdób i dzieł sztuki. Na Petaling Street kupić cokolwiek z dowolną metką znanych domów mody. Pod każdym dachem można zjeść zupę z kurczaka w mleku kokosowym albo wołowinę słodko-kwaśną.

Kuala Lumpur to miasto, które nieustannie buzuje życiem.

Przemyłem twarz wodą. Wyszedłem z łazienki i zobaczyłem Mariannę, która kończyła wiązać włosy w elegancki kok. Nie mam pojęcia, jak ona to robi. Zawsze wygląda świeżo i naturalnie, choćbyśmy podróżowali dwa miesiące. Marianna jeździ z sześciokilowym plecakiem, a mimo to ma w środku ze trzydzieści kreacji na każdą okazję. Ja wyznaję zasadę „*travelling ain't fashion show*" – podróżowanie to nie pokaz mody. Ona – „*travelling AND fashion show*", podróżowanie oraz pokaz mody.

– Gotowy?

– Możemy iść.

Wyjechaliśmy tego dnia na południe, do Singapuru, patrząc, jak po niebie suną deszczowe chmury. Już po zmroku dojechaliśmy do Johor Bahru, przygranicznego miasteczka, które nie miało do zaproponowania absolutnie nic. Takie miejsca są zawsze ciemne, w obu znaczeniach, i ściągają wiele typów spod niewłaściwej gwiazdy. Mimo to nalegałem, żebyśmy zostali w nim na noc, zamiast jechać dalej.

W kolejnym pokoju, który oglądaliśmy, farba odłaziła ze ścian, a jedyna żarówka mrugała, strzelając prądem. W kranie nie było wody, a sedes ktoś pozbawił deski. A i tak to był najlepszy tani hotel w mieście.

– Nie bardzo rozumiem, dlaczego nie przejechaliśmy jeszcze tych kilkunastu kilometrów i nie zatrzymaliśmy się w Singapurze.

– Jazda nocą po obcym terenie to nie najlepszy pomysł.

Mówiłem wam, kiedyś tak się wpakowałem w srogie tarapaty.

– Ta dziura to nie najlepszy pomysł. Wyniosą nam stąd rzeczy i nawet nie zauważysz. Popatrz, nawet drzwi się nie zamykają jak trzeba.

– W porządku, jedźmy do Singapuru.

– Nareszcie. Czemu ty masz taką awersję do podróżowania nocą?

No dobra, opowiem wam.

Droga północna, Etiopia, trzy lata wcześniej

– Zostały nam może ze dwie godziny światła – powiedziałem, patrząc na wielką kulę słońca, która chyliła się ku zachodowi.

– Do dupy. Ani stać, ani jechać – odpowiedział Marcin.

Marcina znam od lat. Akurat wtedy podróżowaliśmy razem przez Etiopię. Był wówczas „być może dyplomatą" albo „być może finansistą", w każdym razie *in spe*. Czytał sporo o filozofii i historii polityki, grał w pokera i wyjeżdżał z plecakiem, gdy tylko zebrał wystarczającą ilość pieniędzy. Typ młodego inteligentnego zawadiaki, na którego można liczyć w każdej sytuacji.

Podróżowaliśmy po Etiopii autostopem. Po kraju, w którym jest raptem kilka dróg, a i te w większości bez asfaltu. Nie ma też zbyt wielu samochodów ani jakichkolwiek zabezpieczeń, świateł czy poboczy. W wielu miejscach tak zwane drogi to po prostu odcinki ziemi, na których nie rośnie trawa.

Wracaliśmy właśnie z Lalibeli, górskiej wioski, wokół której w litej skale wyciosano jedenaście gigantycznych kościołów. Lalibela ściągała większość z tej garstki turystów, która co roku odwiedzała Etiopię, i prawie wszyscy oni docierali tam samolotem. My wybraliśmy drogę lądową, trasę, którą prawie nikt nie jeździł. Mieliśmy do pokonania stopem siedemset kilometrów przez pustynię i góry. Jechaliśmy drugi dzień.

Przez większość czasu czekaliśmy w słońcu na kolejną ciężarówkę. Gdy nas ktoś zabrał – trzęśliśmy się na paczce, chroniąc twarze przed pyłem, i tłukliśmy się po górskich bezdrożach trzydzieści na godzinę.

Nie mieliśmy już wody ani jedzenia. Od dwóch dni widok człowieka uznawaliśmy za wydarzenie. To był naprawdę koniec świata. Tam diabeł mówił *dehna yideru*, dobranoc.

Staliśmy przy drodze, po której nic nie jeździło, i patrzyliśmy na mapę. A raczej na ksero mapy, bo oryginał tydzień wcześniej porwał nam wiatr.

Na naszej kopii było widać drogi, ale rzeźby terenu już nie. Zegarek wskazywał szesnastą trzydzieści. Równo o osiemnastej robiło się ciemno, dosłownie w ciągu kilku minut.

– Możemy albo się cofnąć do Dessie i tam przespać, albo zaryzykować i spróbować dojechać do Debre Birhan.

– Ile to jest?

– Jakieś sto dwadzieścia kilometrów, ale na południe, czyli powinno być z górki.

Dywagacje były na dobrą sprawę bezcelowe, bo i tak nic nie jechało w żadną stronę. Postanowiliśmy jednak spróbować z Debre Birhan.

Drogą północną jeździły tylko ciężarówki Isuzu, które w całej Etiopii były najpopularniejszymi samochodami transportowymi. Pewnie miały wystarczająco mocne zawieszenie na etiopskie drogi i były umiarkowanie tanie. Isuzu pędziły zawsze najszybciej jak mogły, więc ich kierowcy byli naszymi najlepszymi przyjaciółmi.

Te dwie godziny na sto dwadzieścia kilometrów to było mało, i wiedzieliśmy o tym. Wiedzieliśmy też, że w nocy lepiej nie jeździć po Etiopii. Etiopczycy są fatalnymi kierowcami i słabo sobie radzą po ciemku na nieoświetlonych drogach. Do tego, gdy jakiś samochód się zepsuje, w roli trójkąta ostrzegawczego układają na drodze wielkie kamienie. Potem naprawiony samochód odjeżdża, a głazy zostają. W Etiopii co pięćdziesiąt kilometrów na poboczu leży wrak samochodu, często na dachu.

W dwie godziny prawie na pewno nie damy rady, ale zakładaliśmy, że dojedziemy na miejsce jakąś godzinę po zmierzchu, co uznaliśmy za akceptowalne ryzyko.

Czerwieniejące słońce oświetlało nas stojących z plecakami na poboczu. Na twarzach mieliśmy skorupy z piasku i pyłu. W zasięgu wzroku nie było nikogo. Mogliśmy tylko czekać.

Zza horyzontu wyłonił się biały punkt, który po kilku minutach urósł do rozmiaru ciężarówki Isuzu. Hamulce zaskrzeczały i kierowca się zatrzymał. Wrzuciliśmy plecaki i usadowiliśmy się na pustakach przykrytych brezentem. Kierowca jechał do Debre Sina, nie tak daleko, jak byśmy chcieli, ale i tak nieźle. Ciężarówka, jak wszystkie pozostałe, rwała do przodu, pokonując przy pełnej prędkości wszystkie nierówności i ubytki w drodze. Już dawno się do tego przyzwyczailiśmy, a teraz dodatkowo czas działał na naszą niekorzyść, więc byliśmy bardzo zadowoleni z tempa kierowcy.

Do Debre Sina dotarliśmy tuż przed zmierzchem. Według mapy zostało nam jeszcze trzydzieści pięć kilometrów, ale już kilka razy zawiedliśmy się na niej, więc naprawdę mogło być dużo więcej. Ponownie stanęliśmy przy drodze. Z Debre Sina na południe mogło jeździć trochę więcej samochodów, więc może mieliśmy jakąś szansę.

Zatrzymała się przy nas kolejna ciężarówka Isuzu, a kierowca ponaglającym ruchem kazał nam wskakiwać do kabiny. W Etiopii za autostop płaci się jak za autobus, więc dwóch białych chłopaków przy drodze oznaczało nieplanowany zarobek.

Kierowca jechał do Debre Birhan ze swoim synem i bardzo mu się spieszyło. Okazało się, że nawet mówi jakimś szczątkowym angielskim, więc istniała nić komunikacji.

– Ile stąd jest do Debre Birhan? – spytał Marcin.

– Być... pięćdziesiąt kilometrów – odpowiedział kierowca.

Jechaliśmy po całkiem niezłej drodze w świetle zachodzącego słońca. Silnik nie radził sobie jednak za dobrze. Z wiatrem w plecy wyciągaliśmy może sześćdziesiątkę. Gdy trzeba było podjechać pod górę, za każdym razem obawialiśmy się, że sturlamy się do tyłu. Spojrzałem na zegarek. Nie było mowy, że dojedziemy wcześniej niż za dwie godziny, zwłaszcza że przed nami przejazd przez góry. Ale wyboru też nie mieliśmy.

Z głośników płynęła trzeszcząca etiopska muzyka, tak różna od europejskiej jak to tylko możliwe. Kierowca pochylony w skupieniu nad kierownicą wpatrywał się w drogę, a jego syn drzemał na desce rozdzielczej.

Zaczęliśmy mozolnie wspinać się pod górę, patrząc, jak na zewnątrz gęstnieje szarówka. To był chyba jedyny Isuzu w Etiopii, który tak wolno jechał. Teraz już i tak było za późno na zmianę planu, mieliśmy za daleko do jakiejkolwiek osady. Zauważyłem za to, że kierowca robi się coraz bardziej spięty i zaniepokoiło mnie to trochę.

– Ile jeszcze do Debre Birhan?

– Być... pięćdziesiąt kilometrów – padła odpowiedź.

Popatrzyliśmy na siebie z Marcinem znacząco.

Noc zapadła jak zwykle bez zapowiedzi. Samochód ciężko posuwał się do przodu, wspinając się pod górę. Pod kołami zachrzęścił żwir. Na drodze skończył się asfalt. Kierowca dopiero teraz włączył światła. Po prawej stronie cały czas mieliśmy niezabezpieczoną przepaść. Już wiele razy widzieliśmy w Etiopii takie miejsca. We wszystkich na dole leżały szkielety samochodów.

Droga nie była oświetlona. To nie była nawet droga, tylko raczej szlak po skałach, którym jeździły ciężarówki. Od jakiegoś czasu nie odzywaliśmy się, a atmosfera robiła się coraz bardziej nerwowa. W pewnym momencie kierowca wdusił hamulce i zaciągnął ręczny. Zatrzymaliśmy się.

– Co ty robisz?

– Tu niebezpiecznie – odpowiedział wyraźnie zdenerwowany. – Miejsce bandyta. Bezpiecznie... dwa samochód.

– Coraz lepiej – szepnął Marcin.

– Czy ja dobrze zrozumiałem, że on mówi, że tu jest niebezpiecznie, bo grasują bandyci, i lepiej jechać w dwa samochody?

– Dobrze zrozumiałeś.

Wiedziałem. Wiedziałem, że nie należy jeździć po nocy. I nie słuchałem już nawet siebie samego.

– Dobra, nie panikujmy, na razie nic się nie dzieje. Dowiedzmy się więcej.

Odwróciłem się do kierowcy.

– Co to za bandyci?

– Oni brać pieniądze i telefon... Ty kłamać, nie mieć, oni...

– No oni co? Bić? Przeszukać?

– Szukać, szukać. A jak znaleźć... to... to...

– To co!?

Kierowca przygryzł nerwowo dolną wargę.

– To zabić.

Gwałtownie zaschło mi w gardle.

Staliśmy pośrodku niczego, w całkowitej ciemności. Staliśmy, czekając na jakikolwiek inny samochód, który posłuży za wsparcie i ochronę. Minuty mijały, nikt się nie odzywał. W końcu przez drzewa za nami przebiły się słabe światła i usłyszeliśmy dźwięk zbliżającej się ciężarówki. Kierowca wychylił się przez okno i gestem zatrzymał drugie Isuzu. Wymienili kilka zdań po amharsku.

– Być dobrze. On jechać z nami – powiedział do nas.

Drugi samochód odjechał, sypiąc spod kół kamieniami. Nasza ciężarówka z mozołem ruszyła z miejsca, starając się za nim nadążyć. Silnik pracował na najwyższych obrotach. Dystans do naszej eskorty jednak zwiększał się cały czas. Nie było szans, żebyśmy za nim nadążyli. Kilka minut później drugi samochód oderwał się od nas na dobre. Najwyraźniej tamten kierowca zrozumiał, że musiałby na nas czekać, a nie miał takiego zamiaru. Znowu musieliśmy sobie radzić sami.

Naszego kierowcę ogarnęła widoczna panika, jego syn patrzył przed siebie nieprzytomnie i ogryzał nerwowo paznokcie. Światła odsłaniały poszarpaną krawędź urwiska i drzewa rosnące niżej. Silnik rzęził.

– Co tu tak ciemno? – zauważył nagle Marcin.

Rzeczywiście, zrobiło się jakoś ciemniej. Przytknąłem nos do brudnej szyby.

– Marcin, światła wysiadły, on jedzie na pozycyjnych.

– Chyba żartujesz.

– Nie żartuję.

Kierowca stężały z nerwów udawał, że nic nie zauważył. Marcin odkręcił boczną szybę i wystawił głowę za okno. Na drzewach zobaczyłem pomarańczowy odblask.

– Właśnie wysiadły pozycyjne – zakomunikował. – Jedziemy już tylko na awaryjnych.

– Zatrzymaj się, ale już! – krzyknąłem do kierowcy.

– Nie! Nie!!! – wybuchł Etiopczyk, zdradzając ogromne napięcie. – Bandyci! Bandyci! Zabić! My jechać, jechać!

Za oknami nie było widać nic. Przez głowę galopem przelatywały myśli.

– Stary, my jesteśmy jego okupem – powiedział nagle Marcin. – Jeśli nas zatrzymają, on powie „bierzcie białasów, oni mają pieniądze".

Miał rację, na sto procent. Drzewa po prawej zniknęły, mieliśmy obok urwisko.

– Zatrzymaj się natychmiast – powiedziałem chłodno. Kierowca popatrzył na mnie i zatrzymał ciężarówkę.

– Wyskakuj – rzuciłem do Marcina, patrząc cały czas na Etiopczyka. Usłyszałem za sobą otwierane drzwi. Nie patrząc, wyrzuciłem na zewnątrz swój plecak i sam też opuściłem kabinę.

– Ja naprawić światło! Naprawić światło! – krzyczał za nami spanikowany kierowca. Zobaczyłem, że wyskakuje ze skrzynką na narzędzia i z latarką szuka bezpieczników albo może żarówek.

– Marcin, szybko, co robimy?

– Nie mamy wielkiego wyboru.

– Możemy spać w krzakach, nikt nas tu nie znajdzie.

– Tu będzie w nocy koło zera, to nie jest dobry pomysł.

– No to co chcesz zrobić?

– Nie mam pojęcia.

– Ja też.

Bezpiecznik wskoczył na miejsce i samochód błysnął światłami.

– Jechać, jechać! Światło działać! – krzyknął do nas kierowca.

Popatrzyliśmy po sobie. Faktycznie nie było wielkiego wyboru. Roger dawał wyraźne sygnały, żeby zostać na drodze. Nie posłuchałem.

Wgramoliłem się z powrotem do kabiny i samochód ponownie ruszył. Mogłem znowu przyjrzeć się poszarpanej przepaści pod nami. Światła ponownie zaczęły przygasać, ale coś tam jeszcze było widać. Kierowca wyciągnął zza swojego fotela dwie latarki. Podał mi jedną i gestem polecił wystawić rękę za okno. Sam zrobił to samo. Latarki miały służyć za dodatkowe reflektory.

– Ile jeszcze do Debre Birhan? – wycedziłem.

– Pięćdziesiąt kilometrów – odpowiedział drżącym głosem kierowca.

– Mówiłeś to samo dwie godziny temu!

– Nie wiem! Nie wiem! Jechać tędy pierwszy raz!

Za nami zaczęło coś błyskać. Zobaczyłem, że naszym śladem jedzie inny samochód. Pokonywał zakręty serpentyn kilkaset metrów za nami. Kierowca też to zauważył i pobladł.

– Myśli, że to bandyci – Marcin powiedział głośno to, co wszystkim przemknęło przez głowę.

Samochód z tyłu zbliżał się, a jego jasne światła rozpraszały mrok.

– To Isuzu – powiedziałem. – *Yeehe Isuzu no.*

Kierowca spojrzał w lusterko, upewniając się, czy mówię prawdę, i ustawił swoją ciężarówkę dokładnie na środku drogi, tak by nie można jej było ominąć. Potężne reflektory samochodu z tyłu zaczęły nas razić. Widzieliśmy jednak też trasę przed sobą i mogliśmy jechać, korzystając z długich świateł ciężarówki za nami. Posuwaliśmy się bardzo wolno, droga wciąż się wznosiła. Kierowca z tyłu trąbił zdenerwowany.

– Przesiądźmy się do tego drugiego – zaproponował Marcin.

– Bardzo dobry pomysł.

Marcin nakazał naszemu kierowcy, by się zatrzymał. Ten odruchowo zjechał na bok drogi. Ciężarówka za nami też przystanęła.

– Chcemy jechać z nim – Marcin powiedział do kierowcy i wyskoczył z samochodu.

Patrzyłem w lusterko, obserwując sytuację. Marcin zbliżył się do szoferki nowego samochodu, machając przyjaźnie. Zanim do niej doszedł, silnik ciężarówki stojącej za nami ryknął. Wóz zaczął mozolnie wykręcać, wciskając się na styk między naszym Isuzu a skałą. Udało mu się jakoś przecisnąć, spod kół sypnęło żwirem i Isuzu odjechał pospiesznie, znikając w ciemności.

Nasz kierowca zaklął po amharsku i ruszył. Marcin dogonił nas i wskoczył w biegu. Etiopczyk cały czas oświetlał sobie drogę latarką, która nic nie dawała, i trząsł się z nerwów.

– Marcin, to samobójstwo!

– Damy radę!

Opona prawego koła zgrzytnęła o krawędź skały. Kierowca w ciemności nie zauważył w porę zakrętu. Stało się oczywiste, że jest tylko kwestią czasu, kiedy zwalimy się w przepaść.

Roger darł się przerażony. Serce waliło mi ze strachu jak oszalałe. Jeden błąd kierowcy i wszyscy giniemy.

– Koniec tego, wysiadamy. Marcin, wypad!

Marcin otworzył drzwi szoferki i w biegu wyrzucił plecak, a potem sam wyskoczył. Cisnąłem przez drzwi również swój bagaż. Kierowca zatrzymał ciężarówkę. Wyskoczyłem na kamienistą ziemię i podbiegłem do Marcina. Z samochodu dobiegały przerażone krzyki kierowcy i jego syna.

– Śpimy w skałach – powiedziałem.

– Możemy też poczekać na inny samochód – odpowiedział Marcin.

Kierowca wyskoczył z wozu i znowu próbował naprawić światła. Zrobiłby wszystko, żebyśmy jechali z nim dalej. Panicznie bał się bandytów i jego nerwy udzielały się nam. Nie znaliśmy stopnia zagrożenia, ale mieliśmy tylko jedno źródło wiedzy, a strach kierowcy sugerował, że niebezpieczeństwo może być realne.

I wtedy zobaczyliśmy światła. Daleko za nami, poniżej, dwa snopy reflektorów znaczyły kolejne zakręty. Obcy samochód zbliżał się nieubłaganie. Staliśmy w ciemności.

Przełknąłem ślinę. Marcin patrzył na światła w oddali. Nasz kierowca zamarł w bezruchu i mamrotał coś do siebie. To mogła być kolejna ciężarówka Isuzu albo bandyci. Zwyczajna przejażdżka do bezpiecznego miejsca albo zbrojny napad. Mieliśmy może minutę na decyzję, co robić.

– Marcin, skup się. Popatrz na mnie. Jakie mamy opcje?

– Zatrzymujemy ich.

– Skaczemy między skały i kryjemy się gdzieś wyżej.

Czterdzieści sekund.

– Ten Etiopczyk jest strasznie spanikowany. Bredzi o bandytach i karabinach. Prawdopodobny scenariusz?

– Słyszałeś, co było na drodze do Awash. To samo. Jest prawdopodobny.

Trzydzieści sekund.

– Mijaliśmy jakieś wojskowe checkpointy?

– Dwa, na jednym nas zatrzymali.

– Racja. Ile minęliśmy samochodów na tej drodze? Razem trzy przez cztery godziny. Mało kto tędy jeździ.

Dwadzieścia sekund.

– Jeśli w nocy będzie kilka stopni, nie zamarzniemy przecież, nie?

– Nie, ale rano będziesz wyczerpany od chłodu. Lekarza masz w Addis, pół dnia drogi stąd.

Dziesięć sekund.

– Kurwa mać.

Światła wyłoniły się zza zakrętu. Ostatni moment.

– Zostajemy.

W świetle reflektorów nadjeżdżający kierowca zobaczył dwóch chłopaków w bojówkach z plecakami przy ziemi, którzy patrzyli na niego chłodno, może nawet groźnie. Za nimi tył ciężarówki Isuzu migający awaryjnymi.

Halogeny nadjeżdżającego samochodu oślepiły mnie. W kieszeni bojówek ciążyło ostrze noża. Ciężarówka zatrzymała się, szorując po kamieniach. W snopach świateł podniósł się kurz.

Patrzyliśmy na samochód uważnie, gotowi w każdej chwili skoczyć w dół zbocza i uciec w las. Mijały sekundy całkowitego bezruchu i pełnej napięcia ciszy.

Zza reflektorów dobiegło nas ciche meczenie kozy. Przetarłem nerwowo czoło. To było kolejne Isuzu.

Ciężarówka wiozła stado kóz ciasno stłoczonych na paczce. W szoferce siedziało czterech mężczyzn. Przyglądali nam się równie badawczo, co my im. Podszedłem do okna.

– Debre Birhan?

– *Auo.*

– *Sente no?* Ile?

Mężczyźni wymienili kilka słów.

– *Meto.*

Sto birrów. Majątek jak za taką trasę.

– Nie mamy zbyt silnej pozycji negocjacyjnej... – zauważył Marcin.

– *Seba* – odpowiedziałem kierowcy. – Siedemdziesiąt.

I tak dużo za dużo.

– *Ishii*. Zgoda.

W kabinie siedziało już ciasno czterech ludzi. Wspiąłem się po kole, żeby zajrzeć na paczkę. Zobaczyłem kilkadziesiąt kóz i wciśniętego w róg pasterza, który patrzył na mnie wrogo. Nie było tam jak wcisnąć szpilki. Została szoferka.

Etiopczycy ścisnęli się jeszcze bardziej, robiąc nam odrobinę miejsca. Nasz dotychczasowy kierowca dopiero teraz odważył się wyjść zza swojego samochodu. Podbiegł do nas i głośno zaczął się domagać pieniędzy za swoją część trasy.

Autostop w Etiopii to nie przysługa, tylko kontrakt. Płacimy za transport, a kierowca zarabia. Mieliśmy być na miejscu w dwie i pół godziny, jechaliśmy już prawie pięć. Miał zepsuty samochód. Z premedytacją nie uprzedził nas o napadach na drodze i był gotów bez skrupułów sprzedać nas w razie kłopotów. Ani z jego, ani z naszej strony nie było mowy o wzajemnym przywiązaniu i lojalności.

Rzuciliśmy mu kilka groszy, uznając, że nie wypełnił warunków umowy, ale to go nie zadowoliło. Coraz głośniej krzyczał i robił się coraz bardziej nieprzyjemny. Jego syn stał kawałek dalej, trzymając w ręku śrubokręt. W końcu zapłaciliśmy połowę uzgodnionej stawki i zaczęliśmy wciskać się do nowej ciężarówki. Jeszcze przez jakiś czas kierowca pokrzykiwał do nas niezadowolony. Nie obchodziło nas to.

W szoferce nie było już miejsca nawet dla jednej osoby, nie mówiąc o dwóch facetach słusznego wzrostu, i to z plecakami.

– Stary, nie ma wyjścia, któryś będzie musiał siedzieć drugiemu na kolanach.

Marcin skwitował to stwierdzenie beznamiętnym spojrzeniem, które mówiło wszystko.

– Ile ważysz?

– Siedemdziesiąt. Ty?

– Dziewięćdziesiąt.

– Wskakuj pierwszy.

Wgramoliłem się do samochodu, przepychając jeszcze kawałek dalej chudych Etiopczyków, którzy odpowiedzieli stekiem przekleństw i pomrukiwań. Marcin podał mi plecak, który wcisnąłem na kolana tym obok. Potem wspiął się do kabiny i usadowił trochę na desce rozdzielczej, a trochę na moich nogach, po czym jeszcze dodatkowo obciążył nas swoim bagażem, który też gdzieś musiał się zmieścić. W szoferce przewidzianej na trzy osoby jechaliśmy już teraz w sześciu, i to z plecakami.

Zostawiliśmy na drodze kierowcę pierwszego Isuzu wraz z jego synem i samochodem bez świateł. Będą sobie musieli sami poradzić. Właśnie wygasło im ubezpieczenie.

Nasza nowa ciężarówka zdecydowanie podniosła poziom bezpieczeństwa podróży. Widzieliśmy drogę przed sobą, a silnik nie zawodził pod górkę. Co kilka kilometrów kierowca lub jeden z pasażerów próbował od nas wydębić pieniądze, jakby nie zauważając, że nasze możliwości ruchu są ograniczone do minimum. Zasłanialiśmy się tym, wiedząc, że chwilę po zapłaceniu znajdziemy się ponownie na poboczu.

Do Debre Birhan dojechaliśmy koło północy. Wręczyłem kierowcy siedemdziesiąt birrów. Wszyscy czterej podnieśli wrzask, że umawialiśmy się na sto. Teraz nasza pozycja negocjacyjna była jednak dużo mocniejsza, więc po prostu zabraliśmy rzeczy i odeszliśmy w mrok, nie zważając na urągania i groźby.

Jechaliśmy do tego Debre Birhan, jakby czekało w nim na nas wybawienie. Sam nie wiem, czego się spodziewaliśmy po tranzytowym miasteczku na odludziu. Debre Birhan było brudną dziurą, w której zatrzymywali się tylko kierowcy ciężarówek. Były w nim pewnie jakieś hotele, ale o tej porze wszystkie już były zamknięte na głucho. Pozostały nam tylko trzy przybytki, w których mogliśmy szukać miejsca do spania. Wszystkie pełniły funkcje burdeli.

O północy w Etiopii nic już nie jest czynne. Miasteczko pogrążone było w ciemności rozświetlonej jedynie kilkoma latarniami dającymi mdłe, żółte światło. Burdele wabiły klientów głośną muzyką z baru. Z pierwszego lokalu zostaliśmy przegonieni bez podania przyczyny. Weszliśmy do drugiego, pytając o pokój. W odpowiedzi usłyszeliśmy, że wszystko jest zajęte. Na końcu głównej ulicy stał ostatni przybytek, mniejszy niż pozostałe i bardziej zniszczony.

Przeszliśmy przez rozpadającą się werandę i weszliśmy do środka. Dziwki spoglądały na nas chłodno, z głośników waliła muzyka, przy której nie dało się rozmawiać. Kilku klientów popijało wódkę, piwo albo tej, obłapiając dziewczyny. Ktoś zaśmiał się głośno, brzęknęły szklanki.

To nie było miejsce, do którego wszedłbym z własnej woli, a już na pewno nie w nocy i z plecakiem, ale nie mieliśmy wyboru. Za barem stała burdelmama, paląc papierosa. Popatrzyła na nas pytająco.

– *Ynglezenya teczeyalesz?* – spytał Marcin jednym z niewielu amharskich zwrotów, jakie znaliśmy. – Mówisz po angielsku?

– *Yes* – odpowiedziała. – Trochę.

– Potrzebujemy pokoju. Masz jakiś wolny?

– Mam.

Burdelmama zdjęła z kołka klucze i gestem nakazała, by za nią iść. Przecisnąłem się obok mężczyzny w skórzanej kurtce, który spojrzał na mnie groźnie. Odsłonił pieńki zębów w złowrogim grymasie. Weszliśmy na ciemne zaplecze. Zza drzwi jednego z pokojów dochodził rytmiczny stukot łóżka o gipsową ścianę i skrzypienie sprężyn. Śmierdziało moczem. Korytarzem przebiegła prostytutka, poprawiając brudny stanik.

Właścicielka wyprowadziła nas na podwórze z tyłu, oświetlone fabryczną lampą przymocowaną pod powałą. Dobudówka na zapleczu wyglądała jak komórka na narzędzia. W niej musiały się mieścić pokoje wynajmowane na dłużej niż godzinę.

– Mam pokój pierwszej klasy i pokój drugiej klasy – powiedziała szefowa burdelu.

– Obejrzyjmy ten drugiej klasy.

Drzwi sklecone ze starych desek otworzyły się, ukazując norę wielkości małej łazienki. W środku stało łóżko przykryte zawilgotniałym kocem, które zajmowało praktycznie cały pokój. Farba odpadała ze ścian płatami, a pod sufitem na kablu dyndała goła żarówka.

– Obejrzyjmy jeszcze ten pierwszej klasy.

Identyczne drzwi, z których można było wyjąć deski jednym ruchem, skrzypnęły zardzewiałymi zawiasami. Spojrzałem do środka. Pokój pierwszej klasy nie różnił się prawie niczym od poprzednika. Stały w nim za to dwa łóżka.

– Ile kosztuje? – spytałem.

– Czterdzieści birrów – odpowiedziała burdelmama.

– A ten drugiej klasy?

– Trzydzieści birrów.

– Czym się różnią?

– W tym lepszym jest nocnik.

Wybraliśmy droższy pokój, w którym przynajmniej było gdzie położyć plecaki. Marcin próbował zamknąć drzwi, ale nie było w nich zamka. Przystawiliśmy je krzesłem, żeby chociaż narobiło hałasu, gdyby ktoś wchodził. W pokoju śmierdziało brudną miłością i szczynami. Pluskwy nie bały się nawet światła i pełzały po obu łóżkach. Spleśniałe koce przykrywały spleśniałe materace. Z popękanych ścian wiało mokrym chłodem i stęchlizną. Żarówka na kablu dawała słabe, nieprzyjemne światło, a zza drzwi waliła głośna muzyka i dźwięki części usługowej. To była najgorsza dziura, w jakiej spałem w życiu.

Tę noc spędziliśmy w pełnym ubraniu i w śpiworach, leżąc na karimatach, które rozłożyliśmy na łóżkach. Za poduszkę służyły podkoszulki i podróżny ręcznik. Do rana bardziej nerwowo czuwaliśmy, niż spaliśmy, bo w każdej chwili jakiemuś pijanemu klientowi mógł wpaść do głowy pomysł, by wzbogacić się kosztem białych gówniarzy. Rano uciekliśmy o pierwszym brzasku.

Nigdy więcej nie jechałem stopem nocą. I raczej nigdy tego nie zrobię. Z tego co wiem, Marcin też nie.

SINGAPUR NAS ZACHWYCIŁ, zachwyca za każdym razem. Nowoczesne, świetlne miasto z przyszłości, w którym jest tak czysto, że można jeść z chodnika, a za wyrzucenie na niego papierka dostaje się mandat. Miasto,

Singapurskie metro

w którym nie ma korków ani smogu, za to jest wszystko, czego można oczekiwać od azjatyckiej metropolii. Biznesowa dzielnica drapaczy chmur, która co noc daje spektakl świateł i błyszczącego chromu. Little India, Chinatown i mnóstwo malutkich dzielniczek, które zachwycają odrestaurowanym urokiem.

Singapur jest miastem, którym europejskie stolice będą może za trzydzieści lat.

Zatrzymaliśmy się w paskudnym hoteliku w chińskiej dzielnicy, najtańszym, jaki znaleźliśmy. Marianna testowała granice swojej wytrzymałości, starając się nie zauważać delikatnie tylko ujawniającej się pleśni i rozpłaszczając karaluchy przy pomocy buta.

Podróż nadwerężyła też jej budżet.

Ostatniego dnia odkryliśmy małą dzielnicę przypominającą londyńskie Portobello Road. Niskie kamienice odnowiono w postkolonialnym stylu, uwydatniając ich piękno. Na pierwszym piętrze mieściły się pracownie artystów i małe butiki projektantów. Na parterze przytulne knajpki albo sklepy i galerie. Przyjemna strona futurystycznego metropolis.

– Zjedzmy sobie dla odmiany lekki obiadek, tak na do widzenia – zaproponowała Marianna. – Może jakieś penne albo coś francuskiego?

Teraz już oboje byliśmy na etapie powracania myślami do domu. Żadne z nas nie szukało więcej przygód, chcieliśmy się tylko wyciszyć i trochę odpocząć.

Weszliśmy do wyjątkowo ładnej knajpki, która wyglądała bardzo obiecująco. Przy stolikach siedzieli eleganccy ludzie w drogich garniturach i szykownych garsonkach, rozmawiając cicho. Kelnerka przywitała nas uśmiechem. Marianna otworzyła kartę dań i zaczęła ją spokojnie przeglądać. Przez ramię zobaczyłem jakąś zupę w cenie małego domku na wsi. Zdecydowanie nie nasza liga.

– Nie mają państwo strucli po wiedeńsku? – Marianna, nie tracąc rezonu, spytała ze zdziwieniem.

– Obawiam się, że nie – odpowiedziała kelnerka.

– Wielka szkoda, wielka szkoda. No nic, będziemy musieli poszukać gdzie indziej...

Obiad zjedliśmy w końcu jednak w taniej chińskiej knajpce, serwującej może nie penne, a ryżowe kway teow. To też w końcu makaron.

Wieczorem pakowałem plecak, przygotowując go do podróży przez pół świata. Na łóżku leżały rozłożone pamiątki. Koszula z surowej bawełny z Katmandu. Kadzidła z Indii, które pachniały pod moim oknem na zagrzybionej Sudder Street. Zwykłe bambusowe pałeczki z baru z sajgonkami w Hanoi. Dwie małe drewniane figurki z Laosu. Paczka trawy cytrynowej z targu amuletów w Bangkoku oraz naszyjnik z Khao San. I dmuchawka z Malezji. Ta ostatnia nijak nie dała się wcisnąć do plecaka. Ciągle wystawała co najmniej na dwadzieścia centymetrów. Owinąłem ją w końcu ręcznikiem, który związałem mocno linką w ciasny pakunek. Na bagaże działają spore siły, miałem nadzieję, że takie usztywnienie zachowa dmuchawkę w całości.

Te pamiątki pachniały miesiącami podróży. To było dla mnie coś więcej niż zwykłe bibeloty. Te przedmioty stanowiły pamiętnik zapisany minionymi wydarzeniami.

Na lotnisku w Singapurze stanęliśmy w kolejce do odprawy. Związaliśmy wszystkie luźne paski w plecakach, żeby nie łapały ich urządzenia do tranzytu bagażu. Wyjęliśmy wszystkie metalowe przedmioty i wrzuciliśmy je do podręcznej torby, żeby jak najszybciej przejść bramki kontroli. Z głośników cały czas płynęły komunikaty w sześciu językach. Azjatycki hub lotniczy rozsyłał ludzi we wszystkie strony świata.

Para z Japonii stojąca przed nami odebrała swoje karty pokładowe i podziękowała grzecznym *arigato*. Pani siedząca za kontuarem gestem zaprosiła nas do siebie. Podaliśmy paszporty. Kobieta zaczęła stukać w klawisze.

– Jakie życzą sobie państwo miejsca?

– Najchętniej z przodu, w dwójce przy oknie, jeśli są jakieś wolne.

– Ile sztuk bagażu?

– Dwie.

– Proszę położyć na wagę.

Klawiatura stukała miarowo. Drukarka wypluła etykiety bagażowe.

– Najmocniej przepraszam – zwróciłem się do kobiety za kontuarem. – Mam w plecaku dmuchawkę z Malezji, która jest nieco za długa. Boję się, że doleci w strzępach. Czy byłby jakiś problem, gdybym wziął ją ze sobą na pokład?

Pracownica odprawy spojrzała na mnie z uspokajającym uśmiechem.

– Proszę chwilę zaczekać – powiedziała.

Podniosła słuchawkę telefonu i wcisnęła guzik.

– Ochrona, pasażer ma broń.

Pięć sekund później, nim zdążyłem się zorientować, co się dzieje, stało koło mnie trzech uzbrojonych funkcjonariuszy w mundurach.

– Proszę pana – zwróciła się do mnie kobieta. – Według prawa w Singapurze dmuchawka jest uznawana za broń. Czy zgłaszał ją pan przy wjeździe do kraju?

– Ale przecież to zwykła bambusowa rurka! Kupiłem ją może za dolara. Jaka znowu broń?

– Proszę za mną – powiedział śmiertelnie poważnie jeden z policjantów.

Zostałem odprowadzony na bok i polecono mi rozpakować dmuchawkę. Rozwinąłem pakunek, odsłaniając pustą bambusową rurkę, której nie wyróżniało absolutnie nic oprócz kilku artystycznych nacięć. Jeden z funkcjonariuszy oddalił się gdzieś z moją pamiątką. Drugi gestem polecił mi spocząć na krześle. Trzeci trzymał rękę na kolbie pistoletu przypiętego do pasa i obserwował mnie bez słowa.

Po kwadransie oddelegowany policjant wrócił z moją dmuchawką, a za nim pojawiła się pracownica odprawy.

– Proszę pana, zostanie pan oskarżony o przemyt broni na teren Singapuru. Czy wie pan, co grozi za takie przestępstwo?

– Więzienie.

Każdy przy wjeździe do Singapuru musiał podpisać oświadczenie zawierające długą listę kar za rozmaite wykroczenia.

– Czy jest pan w posiadaniu innych przedmiotów objętych restrykcjami? Takich jak leki, narkotyki, alkohol, materiały pornograficzne?

– Nie.

Za przemyt narkotyków groziła kara śmierci.

– Proszę pani – poczułem, że muszę zacząć się bronić – jestem w posiadaniu bambusowej rurki. Gdybym nie użył słowa „dmuchawka", nie byłoby tej rozmowy. Nie byłem świadomy faktu, iż bambusowa rurka jest uznawana za broń.

– Czy ma pan do niej strzałki?

Miałem. Leżały w twardym opakowaniu na samym dnie plecaka. Nie były zatrute, ale w rozumieniu prawa te bambusowe drzazgi stanowiły amunicję.

Od odpowiedzi na to ostatnie pytanie zależało praktycznie wszystko. Spojrzałem na Mariannę. Patrzyła na mnie z daleka zaniepokojona, została wcześniej odseparowana przez jednego z policjantów. Jeśli się przyznam, że mam strzałki, zostanę oskarżony o przemyt i czeka mnie areszt przynajmniej do czasu wyjaśnienia. Jeśli powiem, że mam tylko dmuchawkę, mogą przeszukać mój bagaż. A wtedy nie dość, że będę przemytnikiem, to jeszcze złożę fałszywe oświadczenie, a tego policja bardzo nie lubi. I wtedy pobyt w areszcie zmieni się w pobyt w więzieniu. Nadal jednak trzymali mnie na terenie publicznej hali odpraw, więc sytuacja nie była jeszcze bardzo poważna, bo wtedy siedziałbym w kajdankach na zapleczu.

Jasna cholera, od tej odpowiedzi zależy bardzo dużo.

Kropla potu spłynęła mi w dół pleców.

Raz matka rodziła.

– Nie. Mam tylko dmuchawkę.

Pani z odprawy powiedziała coś do krótkofalówki. Po chwili dostała trzeszczącą odpowiedź. Przełknąłem nerwowo ślinę.

– Proszę pana, jesteśmy w stanie uczynić wyjątek ze względu na turystyczny charakter pana pobytu oraz okoliczności nabycia przez pana tego przedmiotu. Jednocześnie informuję pana, że dmuchawka może polecieć jedynie w luku bagażowym, a próba wniesienia jej na pokład zostanie potraktowana jak próba uprowadzenia samolotu. Czy zrozumiał pan?

– Zrozumiałem. Bardzo pani dziękuję.

– Życzę miłego lotu.

Pół godziny później siedzieliśmy w hali odlotów, w wygodnych fotelach masujących stopy, popijając z papierowych kubków herbatę. Ciśnienie już trochę ze mnie zeszło. Mieliśmy przed sobą łącznie czternaście godzin lotu i dużo czasu na przeróżne rozmyślania.

– Wiesz co? – odezwała się Marianna. – Po powrocie do domu wybiorę się do swojej mamy na naleśniki albo na wołowinę z porami... I zrobię sobie wieczór filmowy. I wezmę gorącą kąpiel. I zasnę we własnym łóżku... Takie małe sprawy, za którymi tęsknię. A ty?

Poczułem, jak długo nie było mnie już w domu.

– A ja... będę zapuszczać korzenie.

WYSZEDŁEM Z LOTNISKA witany deszczową polską pogodą i wsiadłem do autobusu jadącego do centrum. W kraju było strasznie zimno. Po półgodzinie, już zakatarzony, ruszyłem spod przystanku w stronę domu, taszcząc swój wysłużony plecak.

Artystycznie obdrapana kamienica powitała mnie znajomymi dźwiękami. Pan Bogusław jak zwykle pijackim rykiem obwieszczał przez balkonowe okno, co sądzi o sąsiadce z góry, pozdrawiając jej matkę i babkę, i nie szczędząc epitetów. Woda kapała miarowo z odpadających tynków, wypełniając podwórko mokrym chłodem kamieni. Z piwnicy dobiegał metaliczny hałas zakładu produkcji sprężyn. Szczekał pies. Nic się nie zmieniło.

Wiem, że na koniec spodziewaliście się jakiejś puenty. Czegoś w stylu: jechał, jechał i dojechał. Albo: miał odwiedzić dwadzieścia krajów i na ostatniej stronie celnik wbija mu dwudziestą pieczątkę.

Ale takiej puenty nie będzie.

To jest coś, co próbowałem wam powiedzieć przez całą tę książkę. Nieważne dokąd jedziesz i po co, ważne, że masz odwagę jechać. Ja nie podróżuję, żeby się wspiąć na jakąś górę. Ja podróżuję dla tych tysięcy drobnostek, o których czytaliście. Moje góry to każdy kolejny kilometr stopem, talerz zupy z pędami bambusa albo ruiny świątyń. Nawet każda niedospana noc albo zapchlony hotel w miasteczku, do którego nikt nie jeździ, jeśli nie musi. Moim szczytem do zdobycia jest przeżycie każdego dnia tak, by go pamiętać do końca życia.

Wdrapałem się na to swoje trzecie piętro i włożyłem klucz do zamka. Wtedy jeszcze nie wiedziałem, że w ciągu nadchodzących miesięcy będę uczył się na Saharze życia od Berberów, jeździł w psim zaprzęgu, nurkował z rekinami i oszukiwał kasyna w Las Vegas.

Bo gdy wracasz do domu, też nigdy nie wiesz, co czeka za zakrętem.

Multimedia:

www.tomekmichniewicz.pl/samsara

Kontakt z Tomkiem, zdjęcia,
ciepłe słowa i kalumnie:

tomek@tomekmichniewicz.pl

Poradnik przed pierwszą podróżą:

www.koniecswiata.net/poradnik

Strona autora:

www.tomekmichniewicz.pl

Wystąpili

ADAM BORATYŃSKI – obojętnie, czy bardzo daleko, czy bardzo blisko, zawsze szuka miejsc bez turystów. Jest instruktorem strzelectwa bojowego i sportowego oraz narciarstwa, od siedemnastu lat trenuje wietnamską sztukę walki viet vo dao. Jego drugie imię to „sporty podwyższonego ryzyka": spadochrony, paralotnia, nurkowanie, wspinaczka, narciarstwo freeride'owe, survival... Jego dwa ulubione miejsca na świecie to miejscowość Suryty na Warmii i tunele Cu Chi pod Sajgonem w Wietnamie.

TOMEK KOCZOROWSKI, KACZOR – zawodowo informatyk, architekt systemów IT w międzynarodowej firmie telekomunikacyjnej. Prywatnie specjalista od westernów z Clintem Eastwoodem, dziejów drugiej wojny światowej, brydża i siatkówki. Zna na pamięć wszystkie polskie piosenki z lat 1970–1989 i jest gotów stoczyć debatę z każdym, kto twierdzi, że *Misja* (reż. Roland Joffé) nie jest najlepszym filmem wszechczasów. Jego miejsca na świecie to Rybakowo, mała wioska pod Gorzowem Wielkopolskim, i piaszczyste wydmy na Saharze.

MARIANNA LUTOMSKA – na co dzień dyrektor w jednej z firm rynku medialnego. W wolnych chwilach zajmuje się rozpoznawaniem drugo- i trzecioplanowych aktorów filmowych. Choć po polonistyce – nie umie prawidłowo stawiać przecinków, za to nałogowo czyta biografie pisarzy i teoretyków teatru oraz literaturę rosyjską (gdy czyta Dostojewskiego – nieświadomie zaczyna zaciągać). Nerwowo reaguje na widok piesków przy drodze. Krzyczy, by nie wchodziły na jezdnię, albo zamyka z przerażeniem oczy, co bywa trochę niebezpieczne, gdy sama prowadzi. Jej miejsca na świecie: nowojorskie Soho i koralowe wyspy w Tajlandii.

Azja, której już nie ma

Himalaje

Najpopularniejszym szlakiem wędrówkowym w Himalajach jest Annapurna Circuit, pętla wokół Annapurny. Kiedyś – Wielka Samotnia, teraz – Wielka Pielgrzymka. Na szlak wchodzi codziennie dwieście osób. Herbaciarnie, które onegdaj były tylko drewnianymi chatami z paleniskiem, teraz coraz częściej mają klimatyzację i telewizory. Bo turyści tak chcą.

Everest jest nazywany najwyższym śmietniskiem świata. Szczyt zdobyło już tysiąc dwieście osób, a tylko kilka zniosło z powrotem swój sprzęt. Na górze zostają butle z tlenem, porwane namioty, liny, opakowania, śmieci. W ostatnich latach na Everest wysłano dwie ekipy s p r z ą t a j ą c e. Gdy nepalski rząd obliczył, ile tam leży śmieci i butli z tlenem, stwierdził że dwadzieścia pięć tysięcy dolarów, które pobiera za zgodę na wejście (czasem mniej, czasem więcej), to zdecydowanie za mało.

Rok temu jedna z agencji przekonywała mnie, że nawet jeśli w życiu nie widziałem góry, to oni mnie wprowadzą na Everest jak na półpiętro. Trzydzieści pięć tysięcy, w tym tydzień szkolenia wspinaczkowego, tlen, radia, tragarze, jaki i wszystko, co potrzeba. „Panie

kierowniku – mówię – ale przecież ja się nie potrafię wspinać!" A on na to: „Co ty opowiadasz? Jeśli czternastolatek bez żadnego przygotowania mógł się wspiąć, to ty miałbyś nie móc?".

W obu przypadkach – głupota w pogoni za pieniędzmi.

Luang Prabang, Laos

Luang Prabang jest uważane za najładniejsze miasto Laosu, który z kolei ma opinię dzikiego, nieskomercjalizowanego kraju. To już niestety przeszłość.

Luang Prabang jest ładne w pocztówkowym stylu, polegającym na dopasowaniu rzeczywistości do wyobrażeń turystów. Miasto, czy raczej jego reprezentacyjna część, jest ucieleśnieniem tęsknot francuskich eks-kolonialistów do czasów minionych. W czasie przenoszą ich skrzypiące tekowe domy i tarasy z widokiem na Mekong, na których można wypić kawę z mlekiem, pogryzając croissantem, i porozmawiać o pogodzie o tej porze roku.

Panie przemierzają ulice ubrane w modne niegdyś kapelusze niczym Catherine Deneuve w *Indochinach*. Doglądają swoich plantacji i kłaniają się sobie uprzejmie. Co chwilę jakiś dżentelmen w korkowym kapeluszu, z sumiastym wąsem i wydatnym brzuchem niesie upolowanego tygrysa albo gazelę. Służący w charakterystycznych czapkach i liberii wyprasowanej w kant zamiatają werandy szczotkami z trawy słoniowej, a poszukiwacze przygód siodłają konie, szykując się do kolejnej wyprawy.

Tak to przynajmniej musi wyglądać w ich oczach, bo ja widziałem spasionych nuworyszy opychających się naleśnikami oraz panie w klapkach i szortach, którym najwyraźniej wydaje się, że to wciąż 1948 rok.

Z innego miasta Laosu, Vang Vieng, ruszają spływy na oponach, bardzo popularna atrakcja. Młodzi ludzie rozwalają się na dętce i spływają leniwie rzeką Nam Song, zatrzymując się w barach, które stoją przy brzegu co pięćdziesiąt metrów, a w nich zamawiają kolejne piwa i drinki, w efekcie upijając się do nieprzytomności.

Na prawdziwy, nieturystyczny Laos w mojej opinii zostało jeszcze tylko kilka lat.

Padaungowie, Mae Hong Son, Tajlandia

PADAUNGOWIE są plemieniem najbardziej znanym z powodu swoich kobiet, które noszą ciężkie mosiężne obręcze wydłużające szyje. Padaungowie są jednym z klanów plemienia Karen*, zamieszkującym pogranicze birmańsko-tajskie. Słowo „*padaung*" oznacza w języku Shan „długa szyja". Ludność Shan stanowi większość na terenach, na których żyją Karenowie, więc ci ostatni nie lubią określenia Padaung. Sami określają się mianem Kayan Lahwi.

Setki lat temu przywędrowali z Tybetu na tereny dzisiejszej Birmy i osiedlili się tam. Jednak ciągłe walki między plemionami, a zwłaszcza z wojskowym reżimem spowodowały, że część Karenów przekroczyła granicę i od lat osiemdziesiątych żyją też w trzech wioskach po tajskiej stronie, w północno-zachodniej prowincji Mae Hong Son.

Tajlandia oficjalnie przymyka oko. Padaungowie nie są obywatelami Tajlandii i nie mogą legalnie pracować. Żyją w permanentnym obozie dla uchodźców, choć Tajowie nijak go nie wspierają. Czyli muszą utrzymywać się sami. A ponieważ turyści ściągają do wszystkich trzech wiosek Padaungów tłumnie, rozwiązanie nasuwa się samo.

Przy wejściu czekają wycieczkowe minibusy, strażnik pobiera słone opłaty, a po zakupie biletu trzeba się przebić się przez setkę kramów z pamiątkami. Ostateczny sygnał, że jest już za późno. Komercja dotarła tu z całą swoją niszczycielską mocą.

Wiele osób z Chiang Mai i Bangkoku chciało oglądać kobiety żyrafy. Tak wiele, że Padaungowie w końcu się dostosowali i wytworzyli pełną infrastrukturę dla przyjezdnych. Picie, jedzenie, pamiątki, muzyka, kadzidła, pamiątki, maści, pamiątki, legendy, pamiątki. Pamiątki, pamiątki, pamiątki. Nie ma już wiosek Padaungów w Tajlandii. Jest skansen-zoo, w którym turystom pokazuje się to, co chcą zobaczyć.

Kobiety Padaung chodzą swobodnie po części wioski przeznaczonej dla turystów. Każda bez wyjątku ma swój kram z suwenirami. Wszystkie

* W zależności od języka i terenu Karenowie nazywają się też Kayan, zwłaszcza w Birmie.

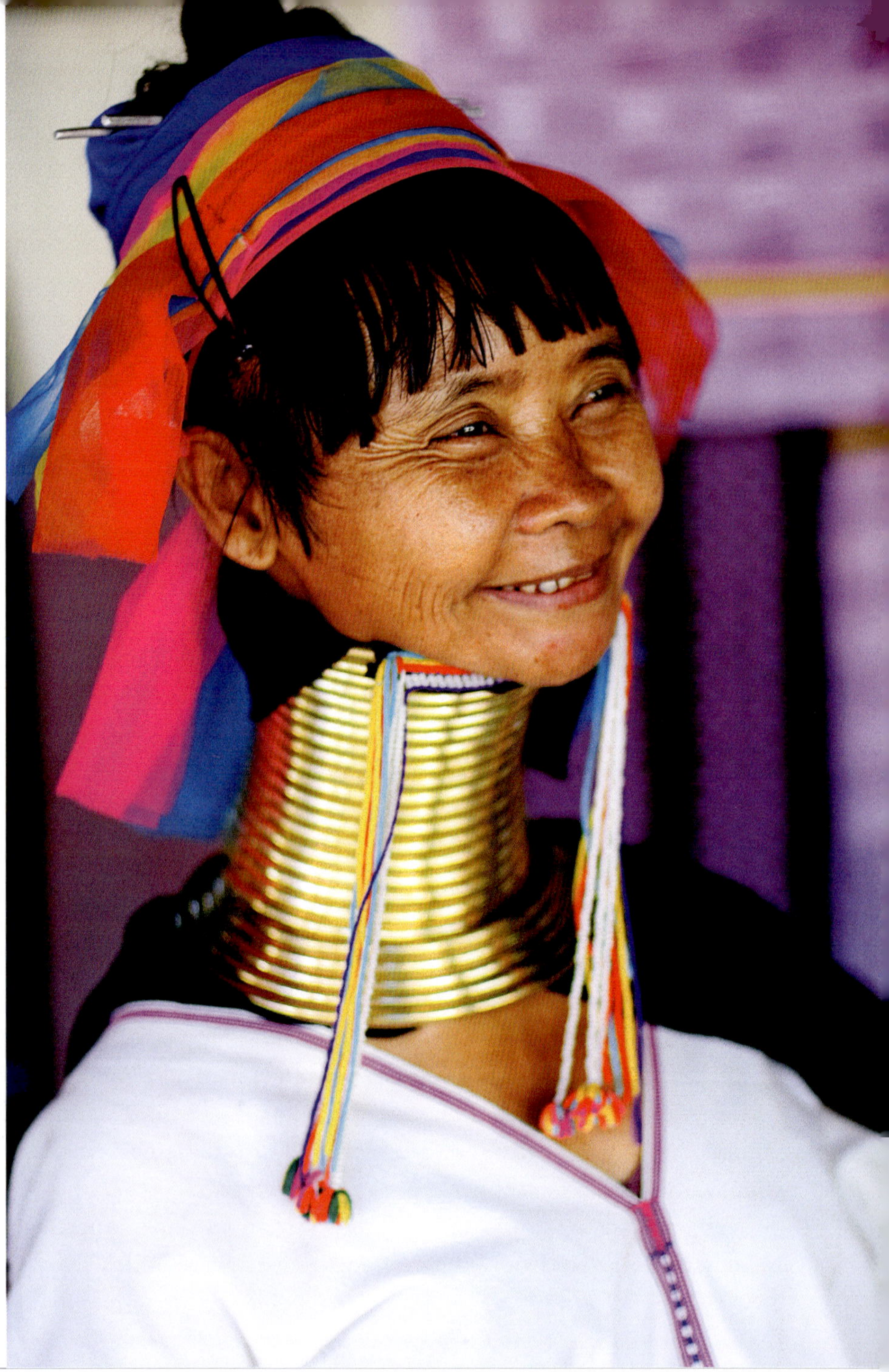

noszą mosiężne obręcze, które swym ciężarem obniżają obojczyki i prasują żebra, stwarzając pozór wydłużonej szyi. Przyjezdni w zachwycie ustawiają się do zdjęć, a turystki przywdziewają niby-obręcze i udają Padaungów, śmiejąc się hałaśliwie. Kobiety z plemienia przyjaźnie opowiadają o swoich zwyczajach, a potem zapraszają do kupna rzeźbionych figurek i bawełnianych narzut. Flesze błyskają, turyści proszą o ustawienie się bokiem, nikt z Padaungów nie ma nic przeciwko temu. Jak to w parku rozrywki.

Geneza tradycji noszenia obręczy ginie w mrokach historii. Legendy głoszą, że to celowe oszpecanie się, by łowcy niewolników nie porywali kobiet. Inne, że to dla urody, bo długa szyja jest piękna, albo na podobieństwo smoczycy-matki lub *naga*, węża. Dziś już nikt nie dojdzie, skąd się wzięły mosiężne naszyjniki. Pytanie, czy dziś są bardziej ozdobą, czy łańcuchem.

Po klepisku każdej wioski biegają małe dziewczynki. Jedne w obręczach, inne bez. Podobno rodzice nie zmuszają ich do noszenia tych deformujących ozdób, ale większość i tak je nosi, bo uważa, że długa szyja jest piękna. Wiele osób zarzuca Padaungom, że tak wychowują swoje dzieci, by chciały nosić obręcze, bo dzięki temu turyści będą płacić za wstęp jeszcze jedno pokolenie dłużej.

W każdej z tajskich wiosek Karenów turyści są cały czas – noszą aparaty, dżinsy i gadżety. Dzień w dzień. Trudno uwierzyć, że dzieci Padaungów nie ciągnie w stronę Zachodu i jedyne, co cenią, to własna tradycja, której oddadzą się bez reszty. To byłby ewenement na skalę światową. Już nawet Indianie w Amazonii noszą chińskie podkoszulki.

Dziewczynki zakładają obręcze, gdy mają kilka lat, a potem co trzy wiosny zmieniają je na cięższe. Gdy osiągną pełnoletniość, noszą już na szyi pięć lub sześć kilogramów. Niektóre starsze kobiety dźwigają nawet dwunastokilogramowe obręcze. Zdeformowane szyje powinny powodować problemy zdrowotne. Nie powodują. Oprócz pokrzywki i podrażnień skóry kobiety nie mają żadnych problemów. Zresztą przed podrażnieniami chronią się, nosząc pod obręczą kawałek materiału.

Obiegowa opinia głosi, że atrofia mięśni powoduje, iż po zdjęciu obręczy głowa bezwładnie opada. Również mit – kobiety mogą zdejmować i zakładać obręcze, kiedy chcą, i nic podobnego się nie dzieje. Ale zgodnie z tradycją zdejmują je tylko, rodząc dziecko lub podczas wizyty w szpitalu. Śpią, jedzą i pracują w obręczach.

Niektóre kobiety w wiosce mają też porozciągane za pomocą drewnianych wkładek małżowiny uszne. To nie tylko ładnie wygląda, ale – według wierzeń Karenów – „ten kto ma duże uszy, nie ulega łatwo kłamstwom, bo lepiej je słyszy".

Ma Tia jest mamą trzech córek, poznaliśmy ją w wiosce. Gra na gitarze i sprzedaje swoje płyty turystom.

– Obręcz sprawia, że moja szyja jest długa i piękna. Gdy wkładam do niej ładną sukienkę i pozostałe ozdoby, jestem po prostu piękną kobietą. Czasem obręcz uwiera i jest niewygodna, ale zazwyczaj mi w niczym nie przeszkadza – powiedziała mi.

Ma Tia wychowuje pięcio-, sześcio- i jedenastolatkę. Dwie z nich noszą obręcze. Trzecia nie, bo mosiądz podrażnia jej skórę.

Świątynia Tygrysów, Kanchanaburi, Tajlandia

W 1999 ROKU do zwykłej jeszcze wtedy świątyni przyniesiono małego tygryska, którego matkę zabili kłusownicy. Wieśniacy nie wiedzieli, co z nim zrobić, i uznali, że kto jak kto, ale mnisi w pobliskim klasztorze wiedzieć powinni. Duchowni zaczęli się opiekować kociakiem, a ten rósł jak na drożdżach. Zainteresowała się nimi telewizja, napisało kilka gazet i wieść się rozeszła. Ludzie z całej Tajlandii zaczęli przysyłać chore lub odbite z rąk przemytników zwierzęta „do tej świątyni, w której opiekują się tygrysami". Minęło kilka lat i mnisi zajmują się kilkunastoma kotami, a na terenie świątyni rodzą się już nawet tygrysie bobasy. Piękne, prawda?

Tak naprawdę Tiger Temple, Świątynia Tygrysów to fatalne miejsce, gdzie w celach zarobkowych męczy się zwierzęta. Za bilet płaci się kosmiczne pięćset bahtów, za możliwość zrobienia sobie zdjęcia z kotem kolejny tysiąc.

Ścieżka do Tiger Temple prowadzi po zaśmieconym bagnie, po kikutach drzew skacze kilka wychudzonych małp, a w błocku siedzi zazwyczaj po uszy stado krów.

Małe koty są przywiązane do zagrody, żeby każdy mógł im się z bliska przyjrzeć. Każdego popołudnia do kanionu na terenie świątyni wyprowadza się też dorosłe tygrysy, na sesję fotograficzną.

Gdy byliśmy tam z Marianną, kanion wypełniały radosne okrzyki, śmiech i muzyka z tranzystorowego radia. Setka turystów stała w długiej kolejce, którą chłodziły wielkie wiatraki aplikujące wodną mgiełkę. Panie w szortach i panowie w sandałach aż przebierali nogami, by podejść do tygrysów, które leżały w pełnym słońcu przykute do ziemi łańcuchami. Mnichów nie było nigdzie widać. Zamiast nich ruchem sterowało kilkanaście osób w fioletowych koszulkach z emblematem „Świątynia Tygrysów". Pod jednym z parasoli można było kupić zmrożone napoje, a pod innym uiścić opłatę za zdjęcie.

Co kilkadziesiąt sekund osoba z obsługi podchodziła do kolejki, sprawdzała dowód wpłaty i podprowadzała turystę do leżącego tygrysa. Zwierzęta musiały były najwyraźniej już bardzo oswojone z ludźmi i równie bardzo najedzone, bo żadne nie wykonywało jakichkolwiek gwałtownych ruchów. Nie zdziwiłbym się, gdyby były też uspokajane farmakologicznie.

Każdy turysta po kolei kucał przy tygrysie i uśmiechał się do obiektywu. Strzał migawki i bardzo dziękujemy, następny. Niektórzy chcieli jeszcze poczochrać tygrysa za uchem, ale byli kulturalnie, acz stanowczo odprowadzani. W kolejce czekało jeszcze wiele innych osób.

Jeden z tygrysów nie chciał pozować i kładł się na niewłaściwym boku. Amerykanin w czapce założonej daszkiem do tyłu i ze złotym kolczykiem w uchu bezceremonialnie złapał kota za uszy i odwrócił w stronę obiektywu. Tygrys nawet nie mruknął, opiekun z obsługi też nie. Zrobił regulaminowe dwa zdjęcia i zaprosił następną osobę.

Mnisi utrzymują, że pobierają opłaty, bo chcą zbudować „wyspę dla tygrysów", by koty mogły się swobodnie poruszać. Tiger Temple codziennie odwiedza dziewięćset osób, a „świątynia" działa od 1999 roku. Nigdy nie byłem dobry z matematyki, ale jeśli na każdym turyście zarabiają trzydzieści pięć dolarów, to codziennie do kasy wpływa trzydzieści tysięcy. Coś mi mówi, że gdyby chcieli wybudować ochronkę dla zwierząt, to już dawno by to zrobili. Ale wtedy turyści przestaliby przynosić pieniądze, prawda?

Na marginesie

SAMSARA

Nepal

[s. 12] Gompa to tybetańskie słowo oznaczające klasztor buddyjski, miejsce nauki i medytacji. W Azji Południowo-Wschodniej, w tradycji Theravady, innego odłamu buddyzmu, zwana jest watem. Nie należy gompy mylić z pagodą, stupą ani czedi, które są miejscami modlitwy, odpowiednikami kaplicy.

[s. 14] Klasztor, w którym mieszkaliśmy, to Kopan Monastery pod Katmandu. Obcokrajowcy mogą w nim odbyć kursy buddyzmu i medytacji trwające dziesięć dni lub miesiąc; www.kopan-monastery.com.

[s. 15] Droga Środka to buddyjska zasada unikania skrajności. Według Buddy „struna za mocno napięta pęknie, a jeśli będzie napięta za słabo, instrument nie wyda dźwięku". Człowiek powinien zatem unikać skrajności. Asceza nie przynosi skutków, bo osłabia ciało, a życie dla przyjemności osłabia ducha. Należy więc dbać o potrzeby ciała, ale jednocześnie wyrzec się niepotrzebnych doczesnych pragnień.

Koło Życia to natomiast symbol wędrówki dusz w reinkarnacji zawierający sześć światów, w których może się odrodzić człowiek – piekieł, głodnych duchów, zwierząt, ludzi, półbogów i bogów. Koło Życia jest nasycone metaforami i symbolami – piękny obraz.

[s. 17] Viet vo dao jest wietnamską sztuką walki, pełną akrobacji i widowiskowych technik z wyskoku. Do tego bardzo elegancką, podoba się nawet ludziom, których sztuki walki na co dzień odrzucają.

[s. 19] Katmandu. Obowiązkowym zestawem do obejrzenia w stolicy Nepalu jest:

Thamel – dzielnica turystyczna, wspaniałe miejsce, zwłaszcza nocą, gdy nie ma prądu i wszędzie płoną świece; tu też jest najwięcej tanich hoteli,

Boudhanath – buddyjska stupa w środku równie ciekawej buddyjskiej okolicy,

Paśupatinath – świątynia Sziwy, patrz niżej,

Monkey Temple – kolejna buddyjska świątynia, wspaniałe widoki i gromady małp,

plac Durbar – dla zwiedzaczy – architektoniczny majstersztyk plus dom Kumari (patrz niżej).

Pod Katmandu polecam:

Dakshinkali – świątynia Kali, krwawej manifestacji Sziwy. Jeśli chcecie zobaczyć na własne oczy składanie ofiar, interesują was wtorki i soboty. Ale uprzedzam, że nie jest to sympatyczne doświadczenie. I nie ma nic wspólnego z filmem *Indiana Jones i Świątynia Zagłady*, tak na marginesie,

Patan – kolejna architektoniczna perła,

Nagarkot – trek lub autobus, punkt widokowy na Himalaje. Sprawdźcie tylko, czy o wybranej porze roku je widać.

[s. 20] Do Paśupatinath najlepiej wybrać się wcześnie rano lub późnym popołudniem, wtedy najwięcej się tam dzieje. Robienie zdjęć w czasie kremacji uważa się za bardzo niegrzeczne. Pamiętajcie, że to miejsce kultu. *Sadhu* znajdziecie codziennie rano na schodach powyżej ghatów.

[s. 33] **Drogi w Nepalu.** Ich sieć jest bardzo uboga i często są w fatalnym stanie. Autobusy kursują regularnie, ale jadą strasznie wolno. Na każdy odcinek przeznaczcie dwa razy więcej czasu, niż normalnie byście planowali. Na zachodzie dróg nie ma w ogóle, poruszać się można tylko pieszo i tam czas podróży liczy się w tygodniach.

[s. 33] **Większość poważnych treków i wszystkie raftingi** trzeba organizować za pośrednictwem agencji turystycznych (zresztą bez nich jest to niezwykle trudne). Treki dodatkowo wymagają karty TIMS – zapytajcie w agencji. Zdarza się, że niektóre rejony Nepalu zostają w ogóle zamknięte dla turystów, a inne wymagają specjalnych pozwoleń (Mustang, Humla). Najpopularniejszym trekiem jest trzytygodniowy Annapurna Circuit.

Moją sprawdzoną agencją jest WhiteWater Nepal (+977 1 470 08 99, info@raftnepal.com, www.raftnepal.com). Bardzo odpowiedzialni i profesjonalni ludzie, z właściwym podejściem do kwestii ochrony środowiska, ceny jak gdzie indziej.

[s. 35] Do **Gorkha** można się dostać z trasy Katmandu – Pokhara, łapiąc minibusa lub autobus w wiosce Abu Khaireni. Kursują regularnie. Świątynia Kali w Gorkha nie robi wielkiego wrażenia zwłaszcza w porównaniu z Dakshinkali w Kotlinie Katmandu. Do świątyni w Gorkha warto przyjechać na święto Dasain, tu są największe obchody w kraju. Pod warunkiem, że ktoś lubi krew i zarzynane zwierzęta.

[s. 38] Rajendra mówił „**Ittras Pande**" i „**Kulman Kesi**", dokładnie tak. W angielskiej transkrypcji w formie pisemnej nazwiska liderów spotkałem w formie „Hit Raj Pandey" oraz „Kul Bahadur K.C.".

[s. 50] **Masakra rodziny królewskiej** w 2001 roku nie była jedynym takim przypadkiem w historii Nepalu. W 1846 roku oficer Jung Bahadur Rana zgładził kilkadziesiąt osób, które brały udział w posiedzeniu zorganizowanym w rządowym arsenale. Jedyną osobą, która ocalała z tej egzekucji, był król Rajendra Bikram Shah, który po masakrze stracił praktycznie całą władzę. Jung Bahadur Rana ogłosił się następnie premierem, porozstawiał swoich ludzi na wysokich stanowiskach i zapoczątkował dziedziczną linię władców, która rządziła Nepalem przez następne sto lat.

Pragnę zauważyć, że nie mówimy tu o średniowieczu, tylko o czasach, w których jesteśmy już po powstaniu listopadowym, mamy nitroglicerynę i za chwilę zostaną wynalezione pierwsze jeansy.

[s. 52] Do Bandipuru można dojechać tylko jeepem. Kursują z Dumre co kilkanaście minut. Bandipur niestety już się trochę skomercjalizował, ale nadal można spać w jednym z kilku domów Newari z XVIII i XIX wieku, myć się w miednicy i patrzeć na zamglone doliny. Jeśli się postaracie, możecie trafić na wieczór opowieści legend i śpiewania piosenek, które rodzice urządzają dzieciom. Zupełnie nieturystyczna atrakcja.

[s. 60] Jazda na dachu autobusu jest zazwyczaj niebezpieczna, często jest też chłodno lub piekielnie gorąco, a zawsze niewygodnie. Jeśli w środku jest tłok, wybieram jednak zawsze miejsce na dachu. Zakładam, że w przypadku, gdy przeciążony autobus się przewróci albo zjedzie w dół zbocza, w środku zostanę zmiażdżony, a na zewnątrz mam jakieś szanse, choćby niewielkie.

[s. 62] Park Narodowy Chitwan – bardzo go nie polecam, ale jeśli ktoś już naprawdę musi zobaczyć słonia, sugeruję zatrzymanie się pod Saurahą, a nie w niej. Ja spałem w Jungle Resort (+977 56 5800 39, jungleresort@hotmail.com) i mogę ten hotel polecić. Tanio, w miarę czysto i poza tą fatalną częścią dla turystów.

[s. 65] Jeśli też nie możecie ścierpieć ludzkiej głupoty w stosunku do zwierząt, zajrzyjcie na stronę www.wwf.pl, a potem zakładka „Co robimy".

[s. 76] Park Narodowy Bardia. Większość turystów dociera do Bardii, wykupując pakiet w Katmandu lub Pokharze. Jeśli jedziecie na własną rękę, musicie sobie zapewnić transport z Ambassy do któregoś z ośrodków w lesie. Wszystko trzeba zorganizować wcześniej.

Do Bardii nie warto przyjeżdżać na krócej niż trzy dni, bo stosunek czasu poświęconego na podróż do czasu pobytu przestanie się opłacać. Wbrew temu, co przeczytacie w przewodnikach, w Bardii jest wiele hoteli, a wśród nich są też tanie ośrodki. Karnali Lodge jest najdroższym z nich, ale jeśli macie zasobny portfel... www.tigermountain.com.

[s. 78] Jeśli szukacie węży, przeglądajcie kępy bambusa i kamienie lub zarośla na brzegach rzek. Nocą zaś sprawdzajcie otwarty teren – ścieżki, chodniki, piasek. Wszędzie, gdzie wąż może zobaczyć swoją ofiarę. W trawie jest to raczej trudne.

[s. 81] Słonie są w Azji wykorzystywane do pracy tak jak konie czy woły w Europie. Głównymi ośrodkami szkolenia słoni są Indie i Tajlandia. Indyjska szkoła trenerów stosuje te same techniki od dwóch tysięcy lat. Słonie tresuje się, przyzwyczajając je do ludzi, zamieszania i hałasu, by nie panikowały podczas pracy. Wykorzystuje się też ból i straszy je ogniem, by wymusić posłuszeństwo.

Ocena tego procederu nie jest natomiast jednoznaczna. Wielu ekspertów uważa, że gdyby słonie nie były sztucznie rozmnażane i wykorzystywane w pracy, gatunek wyginąłby, ponieważ dzikie stada w Azji można policzyć na palcach. Z drugiej strony nie ulega wątpliwości, że zwierzęta cierpią. Zwracajcie więc baczną uwagę na to, jak właściciel traktuje słonia, zanim zdecydujecie się mu za cokolwiek zapłacić.

[s. 86] Obóz maoistów leży kilka kilometrów na zachód od Chisapani, ale nie można się do niego dostać z ulicy. Zresztą i tak nikomu tego nie polecam. To jest jednak obiekt wojskowy, a sytuacja polityczna w Nepalu zmienia się z dnia na dzień, poziom bezpieczeństwa również. Jeśli ktoś jednak uzna, że wizyta tam to świetny pomysł, polecam nieco lektur o maoistach w Nepalu. Warto wiedzieć, z kim ma się do czynienia.

[s. 89] Maksyma wojskowa o głodnym żołnierzu. Mimo usilnych starań nie udało mi się dojść, kto jest autorem tej sentencji. Mógł to być Napoleon, mógł to być mój tata, a mogłem sam ją wymyślić, będąc pacholęciem. Jeśli jest jakiś autor, to go ogromnie przepraszam.

[s. 91] Granica Indie – Nepal dla obywateli obu krajów jest otwarta, ale Europejczycy przechodzą wszystkie formalne procedury. Na granicy nie można dostać wizy indyjskiej, trzeba ją zdobyć wcześniej. Nepalską można otrzymać na przejściu. Najpopularniejsze przejścia to Mahendragar (najbardziej na zachód, do Delhi), Bhairawa (do Waranasi) i Birganj (do Kalkuty). Podróż z Delhi do Katmandu trwa jakieś trzy dni.

Indie

[s. 95] Lucknow. Hotel z właścicielem adwokatem w bieliźnie to Shimla Inn – 140, G.B. Marg, Latouche Road, Hewette Road (0522 22 00 106).

[s. 98] Durga Pudża jest obchodzona się przede wszystkim w północno-wschodnich Indiach i Bangladeszu, choć mniejsze uroczystości odbywają się w wielu miastach w całych Indiach. Mimo że bogini Durga w hinduskiej mitologii jest powiązana z Kali, w trakcie festiwalu nie odbywają się żadne krwawe rytuały. Zamiast nich spodziewajcie się improwizowanych scen i namiotów, w których składa się ofiary, świateł, procesji i mnóstwa muzyki.

[s. 99] Sudder Street jest typową dzielnicą backpackerów, z tanimi hotelikami, pralniami, barami i agencjami lotniczymi, ale wyróżnia ją trochę ponury, brudny i zniszczony styl. Jako jedna z niewielu na świecie ma wciąż ten sam nieturystyczny klimat co w „starych, dobrych czasach". Czyli wtedy, gdy po Indiach wędrowało się w poszukiwaniu siebie, Prawdy albo haszyszu. Albo wszystkiego na raz.

[s. 107] Kino Paradise znajdziecie na Bentinck Street przy Esplanade. Jak we wszystkich kinach w Indiach wchodzić do sali można bez skrępowania praktycznie przez cały seans.

Wietnam

[s. 112] Zupa pho to coś w rodzaju rosołu z wsadem mięsnym, kurczakiem (pho ga) lub wołowiną (pho bo). Dodaje się do niej makaron ryżowy, limonki, świeżą bazylię i kiełki sojowe, choć ma oczywiście niezliczoną liczbę lokalnych wariantów. Pho podaje się z pałeczkami i łyżką, a jada w całym Wietnamie, ale to na północy ma status równy prawom człowieka.

[s. 114] Te lotne brygady policji w Hanoi są złożone po części z byłych rajdowców. Policja też ma podkręcone do oporu motocykle, przeważnie hondy wave (oficjalnie 110cc). Jeden policjant prowadzi maszynę, a drugi zajmuje się polowaniem. Pościgi przelatują nocami po centrum Hanoi, superwąskimi ulicami, często bez świateł.

[s. 115] Na Hanoi warto poświęcić trochę czasu, choć nie ma tam zbyt wielu zabytków. Chodzi raczej o ogólny klimat tego miasta, zwłaszcza Old Quarter, labiryntu uliczek pełnych azjatyckiego gwaru. Warto zajrzeć do Świątyni Literatury (Van Mieu), wybrać się do Teatru Lalek na Wodzie (Thang Long), no i oczywiście zobaczyć mauzoleum Ho Chi Minha, o ile wódz nie przebywa właśnie na *body spa & wellness* w Moskwie.

W Old Quarter jest mnóstwo tanich hoteli o najlepszym stosunku cena / jakość w całej Azji, około dziesięciu dolarów za pokój. Hotel, o którym piszę, to Star Old Quarter (29 Bat Dan St., +84 4 3923 3614). Mało elegancki, ale najtańszy w okolicy.

Bar z genialnymi makaronami z mięsem znajdziecie pod oddziałem banku naprzeciwko, rozstawia się po zmroku. Knajpa z sajgonkami i panią w fartuchu piwa Tiger jest na skrzyżowaniu Hang Manh i Han Non. Ceny mogą was zdziwić, ale Wietnamczycy płacą tyle samo. Naprawdę rewelacja.

[s. 117] Do niedawna przybytkami seksu w Wietnamie były lokale karaoke. Po kolejnych zakazach i nalotach to się zmieniło. Dziś przybytkami seksu są więc salony fryzjerskie, restauracje z różowym oświetleniem i wspomniane lokale z masażem. Niby nigdzie nie ma zgody na „bum bum", ale kto ich tam wie...

[s. 118] Oto moje paranoiczne zasady dotyczące jedzenia w podróży. Podstawowa zasada: ugotuj, obierz, usmaż lub zapomnij. Nie pij wody z kranu, nie jedz sałatek, nie pij soków, nie bierz lodu do napojów. Woda to *killer*, bo zazwyczaj jest zanieczyszczona i pływają w niej straszne świństwa. Owoce kupuj sam, myj je, SUSZ ręcznikiem i dopiero obieraj. Nie jedz ciepłych makaronów czy potrawek ryżowych, jeśli widać, że leżą na straganie już kilka godzin. Muchy i temperatura robią swoje.

[s. 126] Denga to wirusowa gorączka krwotoczna, którą w tropikach przenoszą komary. Jest potencjalnie chorobą śmiertelną i nie za bardzo są na nią leki, pacjenta leczy się objawowo. Chronić się można tak jak przed malarią: repelenty, długie spodnie i koszule z długim rękawem.

[s. 128] Motor czy motocykl. Puryści pewnie chcieliby, żebym używał słowa „motocykl", ale uwierzcie, że złom, który jeździ po Azji, nie zasługuje na to miano, więc zostańmy przy protekcjonalnych „motorkach".

[s. 132] Niektóre węże, w tym grzechotniki, pytony i boa, są wyposażone w czujnik ciepła. Przy nich stanie w miejscu nie pomoże. Odskoczenie na bok pewnie też nie.

[s. 132] Jedzenie węży w wielu krajach Azji ma znaczenie nieco magiczne, podnosi podobno sprawność seksualną i przydaje życiowej mocy. Restauracje serwujące węże możecie znaleźć też w Chinach i Japonii oraz na Tajwanie. W Indiach natomiast spróbujcie trafić na letni festiwal węży Naga Panchami.

[s. 149] Na przykład ostatnim odkryciem Kaczora w kwestii filmów grozy był *The Burrowers* niejakiego J.T. Petty'ego. Jak Kaczka sam go reklamuje, „prekursor i jedyny przedstawiciel gatunku horror-western".

[s. 150] Między krajami Azji Południowo-Wschodniej można się bez przeszkód poruszać, otrzymując wizy na granicach. W każdym większym mieście znajdziecie transport do dużego miasta innego kraju albo agencje turystyczne, które załatwiają papiery w trybie ekspresowym.

[s. 152] Zawsze przed wyjazdem warto opanować kilka podstawowych zwrotów w lokalnym języku. Należy do nich seria grzecznościowa (proszę, dziękuję, przepraszam), liczby (od jednego do dziesięciu oraz te, które przydadzą się przy pieniądzach), pytania o kierunek (gdzie jest? którędy?) oraz hasła typu „hotel", „autobus", „restauracja". Warto też poznać kilku popularnych artystów i sportowców – taka wiedza przełamuje wszelkie lody.

[s. 155] W watach, klasztorach Theravady, istnieje hierarchia, która jest tak zagmatwana, że nie sposób się w niej zorientować. Krzyżują się co najmniej trzy porządki: wieku, stażu i funkcji. Mnisi dzielą się na przykład na tych, którzy spędzili w klasztorze mniej niż pięć lat (*navaka*), od pięciu do dziesięciu (*majjhima*), dziesięć–dwadzieścia (*thera*) i więcej (*maha-thera*). Do tego dochodzą tytuły honorowe (*raj*, *thep*, *tham*, *somdet*) i zwyczajowe tytuły niepoparte żadnymi oficjalnymi dokumentami (*luang phi*, *luang ta*, *luang pho*, *chao khun*). W innym porządku mnisi dzielą się na uczniów (*dek*), nowicjuszy (*samanen*) i mnichów (*biku*). Starsi mnisi są ważniejsi niż młodsi, ale nie ma jednego, który by „rządził" watem. Jest tylko mnich od spraw organizacyjnych.

[s. 155] Karma to w indyjskiej i buddyjskiej filozofii prawo przyczyny i skutku, które działa również w sferze duchowej, emocjonalnej i etycznej.

Podstawowa karmiczna zasada mówi, że każdy dobry bądź zły uczynek wraca do człowieka w postaci nagrody lub cierpienia w tym lub następnym wcieleniu. W odróżnieniu od tradycji judeochrześcijańskiej skutki prawa karmy są odczuwane w życiu ziemskim, a nie po śmierci.

[s. 160] A oto i wspomniany ranking najlepszych ról filmowych Toma Berengera, Erica Robertsa i Dolpha Lundgrena:

Na miejscu piątym Eric Roberts jako Alex Grady w pierwszej części *Najlepszych z najlepszych*. Tylko piąte, bo miał mocną konkurencję w postaci Tommy'ego Lee z tego samego filmu. W końcu każdy chciał być dobrym karateką (Tommy), a nie kochającym tatą, weteranem i płaczliwą panienką (Alex). Poza podium, ale piąte miejsce wyszarpał.

Na miejscu czwartym Tom Berenger jako sierżant Barnes w filmie *Pluton*. Złoty Glob i nominacja do Oscara powinny uplasować go wyżej, ale my przyznajemy Złote Kaczki, a nie Oscary, więc niech się cieszy z czwartej lokaty.

Trzecie miejsce, i tu zaskoczenie, *Ślepa furia* oraz Rutger Hauer, który niespodziewanie przebił się do naszego rankingu. Niewidomy mściciel z samurajskim mieczem, który tnie w locie arbuzy? Iluż chłopaków straciło mleczne jedynki, wpadając na trzepak, gdy z zawiązanymi oczami naśladowali Hauera. Niezapomniane.

Na drugim miejscu Dolph Lundgren w *Rockym IV* i jego Ivan Drago, czyli Wielki Zły Rusek, z którym przez lata był później utożsamiany. Wspaniały szwarccharakter! Kaczor lobbował za rolą Rutgera Hauera z *Fatherland* (Niemcy wygrywają drugą wojnę światową, Rutger gra hitlerowskiego oficera), ale został zganiony za prywatę.

No i na miejscu pierwszym Tom Berenger jako sierżant Thomas Beckett w filmie *Snajper*. Komandos w panamskiej dżungli tropi narkotykowych baronów, niesie armatę z celownikiem optycznym i szkoli żółtodzioba, którego rozkazów musi jeszcze słuchać. Do tego dwa zakończenia filmu, z happy endem i bez, do wyboru. „*One shot, two kills*". Hit.

[s. 162] Potrawy ze skorpionem. W Chinach szukajcie zha xiezi (czytaj dża siedzy), czyli smażonego skorpiona. W Pekinie możecie go znaleźć na Wangfujing.

Wężówki, czyli wódki z kobrą (która często trzyma w pysku skorpiona), sprzedaje się w Wietnamie i krajach ościennych. Wężówki robi się wprawdzie z węży hodowlanych, ale i tak wwóz tego produktu do Europy jest nielegalny. A że celnicy na polskich lotniskach traktują przemytnika wężówki tak samo jak przemytnika narkotyków, spodziewajcie się nocki w areszcie.

[s. 167] Dlaczego niewiele mnie dziwi w Azji? Bo dawniej w Chinach, gdy bóstwo mimo próśb nie dawało deszczu, bito je pałkami aż do skutku.

A w wielu krajach jada się kurze embriony w jajku.

A w Japonii są muzea seksu.

A w...

[s. 169] Z jakiegoś powodu Tajowie mają najwyraźniej problem z szacowaniem odległości, gdy nie mają jej podanej na znakach drogowych. Kaczor, gdy próbowaliśmy się dowiedzieć, ile kilometrów mamy jeszcze do przejechania: „Ten mówi, że do Na Noi dziesięć kilometrów, ten że sześćdziesiąt... Nie dziwię się, że nie mieli spektakularnych sukcesów w żadnej wojnie".

– Dolecimy na tym baku?

– Tak jest, panie kapitanie, dolecimy!

I pięćset kilometrów przed lotniskiem pierdut w ziemię.

Laos

[s. 175] W Nam Tha mieszka więcej plemion, więc oddajmy im wszystkim sprawiedliwość. Oto one: Akha, Hmong, Khamu, Lahu, Lantan, Tai Dam, Tai Lue, Yao.

[s. 177] Agencje trekkingowe w Luang Nam Tha. Jest ich kilka i bardzo różnią się cenowo. Co ciekawe, korzystają z tych samych przewodników, więc nie dajcie się zwieść świetnemu angielskiemu sprzedawcy w biurze, bo to nie on będzie z wami szedł do lasu. Porównajcie uważnie programy, między nimi są największe różnice – każde plemię ma swoją specyfikę, więc wybierzcie trasę, która najbardziej odpowiada waszym zainteresowaniom. Programy mogą też być nastawione bardziej na kontakt z plemionami albo na przyrodę, można spać w wioskach lub w szałasach w lesie.

Ja polecam agencję Along The NamTha. +856 20 528 93 15, along.the.namtha@gmail.com.

[s. 177] Co trzeba mieć ze sobą w dżungli. Nie ma jednego uniwersalnego zestawu, ale na pewno nie zawadzi wam: hamak, nóż, maczeta, kompas, latarka z dodatkowymi bateriami, światła chemiczne, wojskowy repelent na insekty (30% DEET), buty za kostkę, koszula z kołnierzem i długimi rękawami, wysokokaloryczne jedzenie (batony, suszone orzechy), linka, filtr do wody (na dłuższe wyprawy warto mieć dwa – mechaniczny i UV), menażka do gotowania.

[s. 184] Pięcioletni chłopiec z Nepalu nazywa się Tenzin Nyudrup, choć Dalajlama nadał mu imię Phuntsok Rinpoche.

Kolejna inkarnacja lamy zostaje zawsze odnaleziona przez poszukujących jej mnichów. Kandydat musi przejść też testy polegające między innymi na wybraniu spośród wielu przedmiotów tych, które należały do poprzedniego lamy. To jedna z rzeczy, których nie potrafi wytłumaczyć zachodnia nauka – jak spośród dwudziestu przedmiotów kilkuletni chłopiec wybiera pięć należących do starego mnicha, z którym nigdy nie miał szansy nawiązać kontaktu. A w Tybecie i Nepalu dzieje się to regularnie.

[s. 188] Akha wierzą, że mężczyzna ma dziewięć dusz (duchów?) zlokalizowanych w głowie, oczach, uszach, ustach, klatce piersiowej, sercu, plecach, dłoniach i stopach. Kobiety mają o jedną duszę więcej, w piersiach.

[s. 190] Wujek Hiob, gdy byłem dziecięciem, odkrywał przede mną różne tajemnice rozrabiactwa, zazwyczaj za plecami moich rodziców.

Sztuczka z kciukiem była jedną z wielu rzeczy, jakich mnie nauczył. Zaraz obok robienia gwizdka z witki wierzbowej, gaszenia zapałki na języku i oblewania się woskiem ze świecy, tak żeby nie bolało. Wujek Hiob to postać wyjątkowa. Przyjaciel naszej rodziny, artysta plastyk, człowiek piekielnej inteligencji i niesamowitego dowcipu, a do tego animator abstrakcyjnego humoru towarzyskiego, przy którym nie można się nudzić. Typ faceta, który w czasach studenckich znalazł gdzieś starą sztuczną szczękę, wyparzył ją, wyczyścił, a potem poszedł z kolegami do fotografa, gdzie wszyscy wykonali sobie eleganckie zdjęcia portretowe z nowym zestawem zębów.

[s. 200] Pyton, który nie jest głodny, nie jest niebezpieczny. No dobrze, może nie do końca. Pytony świetnie pływają i potrafią przebywać pod wodą do pół godziny. Mogą nie jeść nawet pół roku (odnotowano przypadek pytona, który przeżył mimo dwuletniego postu, choć stracił siedemdziesiąt procent masy ciała), potrafią upolować świnię lub kozę, a w Stanach Zjednoczonych znane są przypadki pytonów atakujących aligatory.

[s. 215] Luang Prabang. W miasteczku jest sporo hotelików, większość naprawdę stylowa, ale za odpowiednią cenę. Najlepszą ofertą wydawał mi się Namsok Guesthouse 3, Sisavndvathana Road (+856 71 254 426) oraz Sivilay Guesthouse Silichith (na tej samej ulicy naprzeciwko, +856 20 570 07 65).

[s. 215] *Sinh* to laotański strój kobiecy, spódnica. W przeciwieństwie do sarongu nie wiąże się jej, gdyż jest zszyta na stałe. Niektóre wzory *sinh* są naprawdę prześliczne. Najładniejsze kupicie w Luang Prabang na nocnym targu.

Kambodża

[s. 220] Angkor i Siem Reap. Angkor zbiera różne opinie (że tłum i w sumie nie warto albo że rewelacja i najpiękniejsze miejsce w Azji). Dla tych, którzy chcą się przekonać na własne oczy, czy opłaca się tam jechać, pakiet informacji. Angkor jest sporym terenem, można się po nim poruszać w tuk-tuku, na *moto*, rowerem lub pieszo.

Największy ścisk jest o zachodzie słońca. W ciągu dnia jest ciasno, ale można przyjąć jedną z dwóch taktyk – ruszyć bardzo wcześnie rano albo celować w środek dnia, kiedy grupy autobusowe udają się na lunch. Warto też wybrać się do najdalej położonych kompleksów, gdzie dociera relatywnie mniej zwiedzających. Na solidne poznanie całego Angkoru potrzeba mniej więcej trzech dni.

W Siem Reap jest świetny zadaszony targ z pamiątkami. Fantastyczne rzeczy za śmieszne pieniądze. Polecam piękne kolorowe kramy, czyli męskie przepaski na głowę lub biodra, i figurki z brązu.

[s. 221] Heritage Watch. Jeśli chcecie dowiedzieć się więcej o działalności tej organizacji, zajrzyjcie na www.heritagewatchinternational.org. Adres ich biura: 2nd Floor, Building B1, Sothearos Boulevard, Phnom Penh, Kambodża. Heritage Watch przyjmuje też wolontariuszy.

[s. 231] Namiary na pasera przekazałem oczywiście Heritage Watch. Choć w ten sposób mogłem ich wspomóc w walce z przemytnikami.

Tajlandia: Phuket, Bangkok

[s. 234] Transwestyci w Tajlandii. Jeden z najlepszych w historii zawodników muay thai był transwestytą. Nong Thoom, mistrz kraju z 1998, walczył, by zarobić na operację zmiany płci, o czym rozpisywały się wtedy wszystkie gazety. Na ringu się malował, potrafił pocałować pokonanego przeciwnika, a gdy zarobił wystarczająco dużo, wycofał się z walk. Nong Thoom doczekał się nawet filmu o sobie, w 2003 roku jego historię opowiedział obraz *Beautiful Boxer*.

[s. 241] Wiele osób, którym opowiadałem o Festiwalu Wegetariańskim, reagowało niedowierzaniem albo oburzeniem. Często słyszałem też komentarze, że uczestnicy festiwalu są dzikusami, barbarzyńcami lub głupimi dziwakami.

Tymczasem co najmniej kontrowersyjne rytuały religijne znajdziemy też na własnym podwórku kulturowym. Pomyślcie tylko o kaleczącej opasce noszonej do dziś przez księży z Opus Dei na udach albo o samookaleczaniu, włosienicy i biczowaniu się, które do Soboru Watykańskiego II (1962–1965!) było wręcz promowane przez Kościół katolicki.

Andrea Tornielli, wybitny włoski dziennikarz z kręgu katolickiego, podał niedawno informację, że nawet papież Jan Paweł II biczował się, gdy poruszał się jeszcze o własnych siłach, i potwierdziło to wiele osób z Watykanu oraz Castel Gandolfo. To są wiarygodne źródła, panowie i panie.

W niektórych wsiach w Małopolsce i na Śląsku do dziś żywy jest rytuał Palenia Judasza, zwany również Paleniem Żyda. Kukła ze słomy i sznurka, ucharakteryzowana na pejsatego Żyda, w Wielki Czwartek zostaje powieszona przed kościołem (albo najpierw zrzucona z kościelnej wieży i dopiero potem powieszona). Następnie przez dwa dni wisi na widoku publicznym, będąc okaleczana i obrzucana kamieniami. Na koniec Judasza się pali, karząc za zdradę. No nie wiem, jak dla mnie pachnie to średniowiecznym stosem.

Na koniec katoliccy fanatycy w Hiszpanii, Włoszech, Meksyku i na Filipinach (patrz niżej), którzy się krzyżują i otwierają sobie rany, nie mówiąc o pielgrzymkach na pokrwawionych kolanach.

I to jest nasz świat, a nie jakaś odległa egzotyka.

[s. 251] Inne widowiskowe święta w Azji, już nie tak „magiczne", ale nadal robiące wrażenie, to na przykład wspomniana już wcześniej Kumbha Mela, hinduskie święto *sadhu*, którzy wyprawiają cuda ze swoimi ciałami. Kumbha Mela odbywa się mniej więcej co trzy lata i przyciąga kilkanaście milionów uczestników.

Zainteresujcie się też kolorowym świętem Holi (wiosna, Indie i okolice) – widowiskowa sprawa, świat obrzucany farbami zmienia barwy.

Ci o mocniejszych nerwach mogą zmierzyć się z szyicką Aszurą (zima, większość społeczności muzułmańskich na świecie). Wypełnia go rytualne biczowanie i zadawanie sobie ran upamiętniające śmierć Husajna ibn Alego, wnuka Mahometa.

Japonia zaprasza na Hadaka Matsuri, festiwal nagich mężczyzn. Dziesięć tysięcy facetów w ogólnej przepychance. Z tej samej serii – Hounen (w innych częściach Japonii – Kanamara Matsuri), uliczny festiwal męskiego przyrodzenia obchodzony zimą. Rozmiar ma znaczenie, przynajmniej tu.

[s. 258] *Ma-song* oprócz chodzenia po węglach demonstrują też umiejętność wspinania się po drabinach z ostrzy i chodzenia po gwoździach.

SWOJĄ DROGĄ

[s. 267] Muay Thai w Bangkoku można oglądać na Ratchadamnoen Stadium (poniedziałki, środy, czwartki i niedziele) oraz na Lumphini Stadium (wtorki, piątki, soboty). Najdroższe bilety w pierwszej strefie (*ringside*) są niby najlepsze, ale ja polecam drugą i trzecią strefę. I tak wam nie pozwolą robić zdjęć spod samego ringu, a to jedyny argument za najdroższą wejściówką. Atmosfera i widok są zdecydowanie lepsze na tańszych miejscach.

[s. 275] Co zobaczyć w Bangkoku. Mój ulubiony zestaw (w nawiasach nazwy dzielnic):

Wspomniany targ amuletów za świątynią Wat Mahathat (Banglamphu),
Khao San (Banglamphu),
Farmę Węży (Queen Saovabha Memorial Institute, okolice Patpong),
Chinatown w dzień i w nocy (Yaowarat),
Nowoczesne centra handlowe (Siam Square do Chitlom),
Erawan Shrine (Chitlom),
Patpong nocą (Patpong),
Wat Pho i Leżącego Buddę (Banglamphu),
MBK wieczorem; zazwyczaj coś się dzieje, jak nie lekcja aerobiku, to pokazy tańca albo muay thai (Siam Square),
Koniecznie przejazd tuk-tukiem i Chao Phraya Express.
Świątynię Wat Hua Krabeu, w której jest zupełnie niebuddyjski cmentarz bawolich czaszek i kolekcja mercedesów (pod miastem, trudny dojazd).

[s. 276] Świątynia Penisów mieści się na tyłach hotelu Swissotel Nai Lert Park. Trzeba ominąć budynek schodami z prawej strony od głównego wejścia i przejść przez parking.

[s. 279] Przedstawienia Buddy. Buddę można przedstawiać w pozycji siedzącej, leżącej, stojącej lub – w Tajlandii – idącej. Postać musi mieć ręce ułożone w któryś z charakterystycznych gestów (mudr). Jakikolwiek nieregulaminowy element pozbawi amulet mocy.

[s. 280] Phra Phrom jest tajskim przedstawieniem hinduistycznego boga Brahmy. Kolejny przykład na to, jak w Tajlandii kolorowo mieszają się religie.

[s. 285] Na Khao San załatwicie wszystko, co jest potrzebne w podróży: od sprzętu przez bilety po mapy. Jest tam również mnóstwo tanich hotelików, ale zajrzyjcie też na równoległe ulice oraz niedaleką Soi Rambuttri – trochę ciszej, a liczba noclegowni taka sama. Najtańsze hotele są nieco syfiaste, najlepszy stosunek cena / jakość ma Happy House na 46 Soi Chanasongkhram (ale tylko gdy mają promocje – czyli prawie cały czas).

[s. 287] W Tajlandii można odnieść wrażenie, że jest się jedyną osobą na świecie, która nie ma tatuażu. W miejscowej kulturze tatuaż ma znaczenie magiczne oraz ochronne i związanych jest z nim wiele sztywnych reguł, których należy przestrzegać. Turyści pod wpływem ogólnego tatuażowego szaleństwa też masowo decydują się na obrazki na ciele. A potem wracają do domu, patrzą w lustro i drapią się ze zdumieniem po głowie.

Malezja, Etiopia, Singapur

[s. 294] Wizę Malezji można otrzymać na lotnisku i na każdym przejściu granicznym bez żadnej opłaty (stempel w paszporcie).

[s. 307] Dlaczego nie należy chodzić z plecakiem nocą po mieście. Bo każdy zbir wie, że:

a) w podróży masz pieniądze i paszport, a pewnie również aparat fotograficzny,
b) jeśli idziesz z dużym plecakiem, wiadomo że wszystko masz przy sobie,
c) jest ciemno, nie znasz miasta, a on tak. Jesteś na pierwszym miejscu potencjalnych celów dla każdego opryszka.

[s. 319] Tej to etiopski alkohol wyrabiany na bazie miodu.

[s. 322] Kway teow to szeroki makaron ryżowy wykorzystywany w chińskiej kuchni. Zresztą rodzajów ryżu i makaronów ryżowych (jajecznych, mącznych, innych...) jest multum i trudno się w nich połapać, więc to w sumie bez znaczenia.

[s. 322] Co przywozić na pamiątkę. Prawie nigdy nie kupuję drogich suwenirów. Wolę przywieźć coś, co będzie mi się kojarzyło z konkretnym miejscem. Z Małych Antyli mam łupinę kokosa z plaży, z Utah w USA wielką szyszkę, z Chin zwykłe szorstkie pałeczki z ulicznego baru itp. Lepsze, droższe i bardziej eleganckie przedmioty przywożę przede wszystkim jako prezenty dla bliskich.

Banał, ale: nie kupujcie kości słoniowej, rogów nosorożca i małpich łap, nie odrywajcie kawałka piramidy na pamiątkę, nie kupujcie torebek ze skóry krokodyla etc. Każdy taki zakup rozkręca krwawy biznes – kolejne krokodyle zostaną ukatrupione, bo interes się opłaca.

Jeśli to was nie przekonuje, niech was przekona fakt, że i tak wszystkie egzotyczne pamiątki pochodzenia zwierzęcego zabiorą wam na lotnisku. A w zamian dadzą mandat.

[s. 323] Jakie wybierać miejsca w samolocie.

Z przodu – bo jest ciszej i szybciej dostaje się jedzenie (*ergo* – jeszcze ciepłe). W kwestii bezpieczeństwa nie ma to znaczenia. Jeśli samolot wryje się w pas startowy i tak wam nic nie pomoże.

Na długich trasach latają 777 i 767 oraz A330 i A340. Wszystkie mają trzy rzędy foteli – środkowy i dwa po bokach. Często dwa boczne składają się z dwóch foteli, a środkowy z czterech. Odpowiedzcie sobie sami, który wybrać.

Wysocy ludzie jak ja stale mają problem z miejscem na nogi. Rozwiązanie jest następujące: *emergency exit row seat*, miejsce przy wyjściu ewakuacyjnym. Jest tam zawsze dwa razy więcej miejsca na nogi, ale fotel się nie rozkłada. Cóż, nie można mieć wszystkiego.

[s. 324] Czego nie wolno wwozić do Singapuru i generalne zasady tego typu w Azji. Żeby wam oszczędzić podobnej akcji z celnikami, podaję, uwaga! Do Singapuru wwozić nie wolno: gum do żucia (tak, tak), zapalniczek w kształcie pistoletu, narkotyków i psychotropów, broni, produktów zwierzęcych pochodzących z zagrożonych gatunków, porno w jakiejkolwiek formie, petard, pirackich płyt i filmów, tytoniu do żucia oraz dużej liczby papierosów.

W wielu krajach Azji przemyt broni i narkotyków to naprawdę ciężkie przestępstwo i nie ma litości dla turystów. Spytajcie Michała Pauli, który odsiaduje wyrok w więzieniu w Bangkoku.

Do Polski za to nie można przywozić: żywych zwierząt i roślin, wypreparowanych zwierzaków, pamiątek z chronionych gatunków, większości atrakcyjnych skór (krokodyl, zebra, wąż), skorup żółwi i kości słoniowej, motyli, muszli, koralowców i paru innych.

Spis treści

E-booki dostępne na

woblink.com